"十二五"普通高等教育本科国家级规划教材

计算机科学与技术专业实践系列教材

教育部"高等学校教学质量与教学改革工程"立项项目

网络安全实验教程

——Linux系统安全实验

孙建国 主编

申林山 刘泽超 李思照 郎大鹏 编著

清华大学出版社

北京

内 容 简 介

本书基于网络安全实用软件 Kali Linux 和相关技术，设计了网络安全实验内容。

本书共 10 章，介绍了网络安全基本知识和研究内容，并设计了攻防系统实验、内网穿透实验、渗透测试实验、网络嗅探实验、ARP 嗅探实验、拒绝服务攻击实验、漏洞攻击实验和 DNS 劫持实验。

本书取材新颖，采用实例教学形式，内容由浅入深，循序渐进。书中给出了大量设计实例及扩展方案，不仅可以作为教学内容进行学习，而且具有工程实践价值。本书可作为高等院校计算机类、电子类和自动化类等有关专业的教材和参考书。

图书在版编目（CIP）数据

网络安全实验教程：Linux 系统安全实验/孙建国主编. —北京：清华大学出版社，2021.7
计算机科学与技术专业实践系列教材
ISBN 978-7-302-58311-0

Ⅰ. ①网…　Ⅱ. ①孙…　Ⅲ. ①计算机网络－网络安全－高等学校－教材　Ⅳ. ①TP393.08

中国版本图书馆 CIP 数据核字（2021）第 107315 号

责任编辑：张瑞庆　战晓雷
封面设计：傅瑞学
责任校对：胡伟民
责任印制：朱雨萌

出版发行：清华大学出版社
　　网　址：http://www.tup.com.cn，http://www.wqbook.com
　　地　址：北京清华大学学研大厦 A 座　　**邮　编**：100084
　　社 总 机：010-62770175　　**邮　购**：010-83470235
　　投稿与读者服务：010-62776969，c-service@tup.tsinghua.edu.cn
　　质量反馈：010-62772015，zhiliang@tup.tsinghua.edu.cn
　　课件下载：http://www.tup.com.cn，010-83470236
印 装 者：天津安泰印刷有限公司
经　销：全国新华书店
开　本：185mm×260mm　　**印　张**：13　　**字　数**：330 千字
版　次：2021 年 8 月第 1 版　　**印　次**：2021 年 8 月第1 次印刷
定　价：39.90 元

产品编号：088947-01

前　言

目前，我国高等教育的信息安全学科和专业方向设置问题受到非常大的关注。对于信息安全专业的本科生教育而言，其基本的培养方案、课程设置和教学大纲都需要根据新的形势进行变革。保密与信息安全专业方向也在积极地进行准备。

在新形势下，信息安全专业人才的培养标准是：具有宽厚的理工基础，掌握信息科学和管理科学专业基础知识，系统地掌握信息安全与保密专业知识，具有良好的学习能力、分析与解决问题能力、实践与创新能力。特别是在能力方面，要求专业学生具有设计和开发信息安全与防范系统的基本能力、获取信息和运用知识解决实际问题的能力、良好的专业实践能力以及基本的科研能力。

实践学时的设置不仅可以起到加深学生理论知识的作用，还有助于培养学生建立理论联系实践、解决实际问题的能力，对于实现当前的高等教育改革目标，提高毕业生综合素质具有重要的意义。但是，受实验设备所限，各课程的实验环节比较分散，分布在不同的实验平台或实验课程中，缺乏连贯性和整体性。网络安全实践环节的设立是对计算机网络、现代密码学、信息系统安全、网络安全、软件安全、信息安全管理等专业核心课程的有效支撑。

本书首先介绍网络安全基本知识和研究内容，然后给出攻防系统实验、内网穿透实验、渗透测试实验、网络嗅探实验、ARP 嗅探实验、拒绝服务攻击实验、漏洞攻击实验和 DNS 劫持实验。通过这些网络安全实验使学生了解网络安全的基本概念、原理和技术，掌握基本的网络安全攻防技术、常用工具的原理及使用方法，加深对理论知识的理解，培养学生的实验技能、动手能力和分析问题、解决问题的能力。

本书兼顾高等学校理论教学需要与培养学生实践能力的需求，借鉴国外名校信息安全专业课程设置及相关课程内容安排，组织相关理论知识及实验内容，力求理论详尽、用例科学、指导到位。本书配合高等学校的计算机网络、现代密码学、信息系统安全、网络安全、软件安全、信息安全管理等课程的实践教学环节，突出实用性，所有实验可操作性强，与实践结合紧密。本书不仅介绍网络安全的核心理论和主要技术，而且着眼于在网络安全管理和实践过程中如何运用系统软件支撑和维护网络健康运行。

本书可作为信息安全专业及相关专业计算机网络、现代密码学、信息系统安全、网络安全、信息安全管理等课程的实践教材。本书中的全部实验都经过精心的设计和完整的调试，可以放心使用。

本书的内容安排如下：

- 第 1 章介绍网络安全的基本概念和发展历程，以及网络安全与信息安全的密切联系，并介绍网络安全实验的基本要求。
- 第 2 章介绍网络安全的研究内容，主要包括密码技术、防火墙技术、入侵检测和计算机病毒学。
- 第 3 章介绍 Kali Linux 及其基本攻防技术，重点介绍 Kali Linux 虚拟机环境下的攻防实验。

➢ 第 4 章介绍内网穿透的知识和实验。

➢ 第 5 章介绍 Wireshark 的知识，并在 Kali Linux 虚拟机环境下利用 Wireshark 完成渗透测试实验。

➢ 第 6 章介绍网络嗅探的知识，并在 Kali Linux 虚拟机环境下使用 WebScarab 软件完成网络嗅探实验。

➢ 第 7 章介绍 ARP 嗅探的知识，并完成 ARP 嗅探实验。

➢ 第 8 章介绍 Ubuntu 的知识，并利用 Ubuntu 完成拒绝服务攻击实验。

➢ 第 9 章介绍漏洞攻击的知识，并完成漏洞攻击实验。

➢ 第 10 章介绍 DNS 劫持的知识，并利用 Ettercap 软件完成 DNS 劫持实验。

➢ 附录给出第 3～10 章思考题的参考答案。

感谢哈尔滨工程大学计算机科学与技术学院计算机实验教学中心的各位老师和研究生的大力支持和热情帮助。以下同学参与了本书实验示例代码的编写和调试以及资料翻译和整理工作：韩新宇、贺子天、黄若文、王福焱、田左、张澜、董喆、王世博等，感谢他们付出的辛勤劳动。感谢本书主审印桂生老师对编者的热情帮助。

感谢评阅专家对本书提出的宝贵修改意见，这些意见对于完善和提高全书质量起到了关键的作用。

感谢清华大学出版社的张瑞庆老师，没有她的热情鼓励和无限耐心，本书是不可能完成的。

本教材获得 2020 年教育部-恒安嘉新（北京）科技股份公司产学合作协同育人项目（第二批）“新工科背景下网络安全人才培养模式研究”项目资助，感谢恒安嘉新（北京）科技股份公司王红虹总监对本书内容的建议与指导。

编者虽然从事信息安全实践教学多年，但是限于水平，书中难免存在不足，诚恳地希望读者提出宝贵意见，编者的联系方式为 sunjianguo@hrbeu.edu.cn。

编　者

2021 年 6 月

目　　录

第1章　网络安全概述 ······ 1
1.1　引论 ······ 1
1.1.1　网络安全现状及发展 ······ 1
1.1.2　黑客及黑客入侵技术 ······ 6
1.1.3　网络安全的主要影响因素 ······ 13
1.2　网络安全基本知识 ······ 14
1.2.1　网络安全研究内容 ······ 14
1.2.2　网络安全体系结构 ······ 15
1.2.3　网络安全评价标准 ······ 18
1.2.4　信息安全定义 ······ 20
1.3　网络安全实验目的、要求和内容 ······ 21
1.3.1　实验目的 ······ 21
1.3.2　实验要求 ······ 21
1.3.3　实验内容 ······ 21

第2章　网络安全研究内容 ······ 22
2.1　密码技术 ······ 22
2.1.1　密码学简介 ······ 22
2.1.2　密码算法 ······ 25
2.1.3　网络安全应用 ······ 28
2.2　防火墙技术 ······ 28
2.2.1　防火墙体系结构 ······ 29
2.2.2　包过滤防火墙 ······ 37
2.2.3　代理防火墙 ······ 42
2.2.4　防火墙技术发展趋势 ······ 47
2.3　入侵检测 ······ 49
2.3.1　入侵检测产品分类 ······ 49
2.3.2　入侵检测系统结构 ······ 51
2.3.3　几种重要的入侵检测系统 ······ 52
2.3.4　入侵检测发展方向 ······ 53
2.4　计算机病毒学 ······ 54
2.4.1　病毒简介 ······ 54
2.4.2　病毒的特性 ······ 55
2.4.3　病毒的分类 ······ 56

2.4.4 病毒的发展 …… 58
2.4.5 蠕虫病毒及其变种——“熊猫烧香” …… 60

第3章 Kali Linux 攻防系统实验 …… 62
3.1 Kali Linux 及基本攻防技术简介 …… 62
3.1.1 Kali Linux 简介 …… 62
3.1.2 Kali Linux 基本攻防技术简介 …… 64
3.2 攻防实验 …… 69
实验器材 …… 69
预习要求 …… 70
实验任务 …… 70
实验环境 …… 70
预备知识 …… 70
实验步骤 …… 70
实验报告要求 …… 87
思考题 …… 87

第4章 Kali Linux 内网穿透实验 …… 88
4.1 内网穿透简介 …… 88
4.1.1 内网穿透的基本概念和原理 …… 88
4.1.2 内网穿透工具 …… 91
4.2 内网穿透实验 …… 94
实验器材 …… 94
预习要求 …… 94
实验任务 …… 94
实验环境 …… 94
预备知识 …… 94
实验步骤 …… 94
实验报告要求 …… 99
思考题 …… 101

第5章 Kali Linux 渗透测试实验 …… 102
5.1 Wireshark 简介 …… 102
5.1.1 Wireshark 的特点 …… 102
5.1.2 安装 Wireshark …… 103
5.1.3 Wireshark 入门 …… 106
5.2 渗透测试实验 …… 109
实验器材 …… 109
预习要求 …… 109

实验任务 …… 109

实验环境 …… 109

预备知识 …… 109

实验步骤 …… 109

实验报告要求 …… 114

思考题…… 114

第6章 Kali Linux 网络嗅探实验 …… 115

6.1 网络嗅探简介 …… 115

6.1.1 网络嗅探的基本概念和原理 …… 115

6.1.2 网络嗅探技术分类 …… 116

6.1.3 网络嗅探技术的应用 …… 119

6.2 网络嗅探实验 …… 120

实验器材 …… 120

预习要求 …… 120

实验任务 …… 121

实验环境 …… 121

预备知识 …… 121

实验步骤 …… 121

实验报告要求 …… 128

思考题…… 128

第7章 Kali Linux ARP 嗅探实验 …… 129

7.1 ARP 嗅探简介 …… 129

7.1.1 ARP 嗅探的基本概念 …… 129

7.1.2 ARP 嗅探的基本原理 …… 129

7.1.3 ARP 嗅探技术 …… 131

7.2 ARP 嗅探实验 …… 133

实验器材 …… 133

预习要求 …… 133

实验任务 …… 133

实验环境 …… 133

预备知识 …… 133

实验步骤 …… 133

实验报告要求 …… 147

思考题…… 147

第8章 Kali Linux 拒绝服务攻击实验 …… 148

8.1 Ubuntu 简介 …… 148

8.1.1 Ubuntu 分类 …… 148
8.1.2 Ubuntu 的发展 …… 149
8.2 拒绝服务攻击实验 …… 150
实验器材 …… 150
预习要求 …… 150
实验任务 …… 150
实验环境 …… 151
预备知识 …… 151
实验步骤 …… 151
实验报告要求 …… 159
思考题 …… 159

第 9 章 Kali Linux 漏洞攻击实验 …… 160
9.1 漏洞攻击简介 …… 160
9.1.1 安全漏洞介绍 …… 160
9.1.2 安全漏洞攻击方法 …… 160
9.1.3 漏洞攻击原理 …… 161
9.1.4 常见 Web 漏洞及其防范 …… 163
9.2 漏洞攻击实验 …… 166
实验器材 …… 166
预习要求 …… 166
实验任务 …… 166
实验环境 …… 166
预备知识 …… 167
实验步骤 …… 167
实验报告要求 …… 180
思考题 …… 180

第 10 章 Kali Linux DNS 劫持实验 …… 181
10.1 DNS 劫持简介 …… 181
10.1.1 DNS 简介 …… 181
10.1.2 DNS 原理 …… 181
10.1.3 DNS 劫持 …… 183
10.1.4 防范 DNS 劫持 …… 186
10.2 DNS 劫持实验 …… 186
实验器材 …… 186
预习要求 …… 187
实验任务 …… 187
实验环境 …… 187

预备知识 …… 187
实验步骤 …… 187
实验报告要求 …… 191
思考题 …… 191

附录 A　第 3～10 章思考题答案 …… 192
A.1　第 3 章思考题答案 …… 192
A.2　第 4 章思考题答案 …… 193
A.3　第 5 章思考题答案 …… 193
A.4　第 6 章思考题答案 …… 193
A.5　第 7 章思考题答案 …… 194
A.6　第 8 章思考题答案 …… 194
A.7　第 9 章思考题答案 …… 195
A.8　第 10 章思考题答案 …… 195

参考文献 …… 196

第 1 章　网络安全概述

1.1　引　　论

1.1.1　网络安全现状及发展

网络安全是指网络系统的软件、硬件及其存储的数据处于受保护状态，网络系统不会由于偶然的或者恶意的攻击受到破坏，网络系统能够连续可靠地运行。网络安全是一门涉及计算机科学、网络技术、通信技术、密码技术、信息安全技术、应用数学、信息论等多个研究领域的综合性学科。概括地说，凡是涉及网络系统的保密性、完整性、可用性和可控性的相关技术和理论都是网络安全的研究内容。

1. 网络安全问题

随着计算机技术和互联网技术的飞速发展，数字化信息已经成为社会发展的重要保证。例如，数字化城市、数字化国防的建设都需要大量数字化信息支持。快速发展的各类网络将这些数字化信息紧密地联系在一起，与之相伴的则是随时可能发生的各类安全问题：

- 人为安全问题，如信息泄露、信息窃取、数据篡改、计算机病毒。
- 设备安全问题，如自然灾害、设计缺陷、电磁辐射。

近来，我国网络安全状况逐渐得到改善，我国网民未遭遇过任何网络安全问题的比例有所提升。截至 2020 年 12 月，61.7％的网民表示过去半年在上网过程中未遭遇过网络安全问题，较 2020 年 3 月提升了 5.4％。网民遭遇各类网络安全问题的比例均有所下降，如图 1-1 所示。其中，遭遇网络诈骗的网民比例较 2020 年 3 月下降了 4.7％，遭遇账号或密码被盗的网民比例较 2020 年 3 月下降了 4.3％。

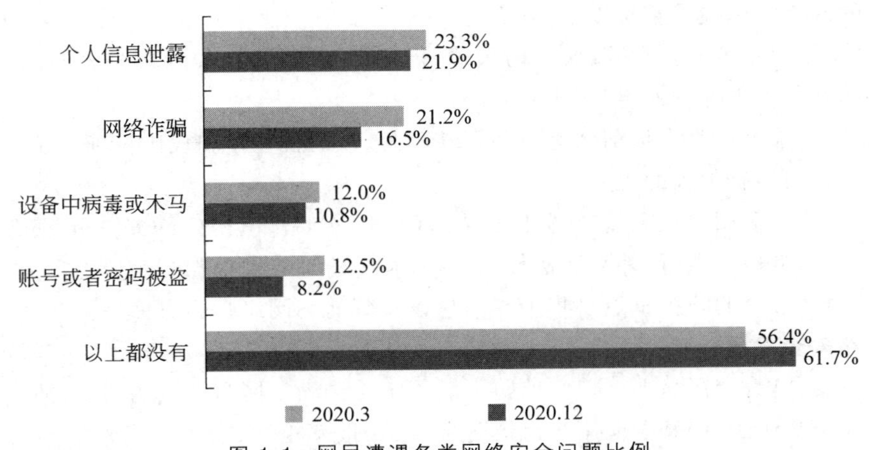

图 1-1　网民遭遇各类网络安全问题比例

通过对遭遇网络诈骗的网民的进一步调查发现：虚拟中奖信息诈骗仍是网民最常遭遇的网络诈骗类型，占比为47.9%，较2020年3月下降了4.7%；冒充好友诈骗的占比为31.4%，较2020年3月下降了9.8%；钓鱼网站诈骗的占比为24.7%，较2020年3月下降了3.5%。网民遭遇各类网络诈骗问题比例如图1-2所示。

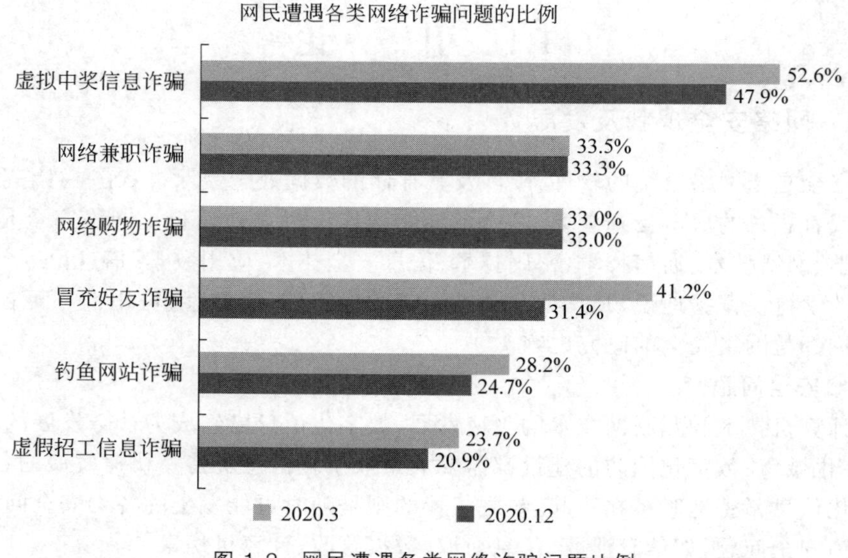

图1-2　网民遭遇各类网络诈骗问题比例

中国的网络安全技术在近几年得到快速发展。一方面，这得益于从中央到地方政府的广泛重视；另一方面，随着网络安全问题日益突出，网络安全企业不断研发最新网络安全技术，不断推出满足用户需求、具有时代特色的网络安全产品，促进了网络安全技术的发展。

2. 网络安全技术

网络安全技术主要包括防火墙技术、入侵检测技术以及防病毒技术。这3种网络安全技术也是针对数据、单一系统以及软硬件本身的安全保障。

现有的网络安全技术存在以下不足：

首先，从用户角度看，虽然安装了防火墙，仍避免不了蠕虫、垃圾邮件、病毒以及拒绝服务攻击等网络危害事件的发生。

其次，入侵检测产品在提前预警方面存在不足，在危害程序和代码精确定位以及系统全局管理能力方面还有很大的提升空间。

最后，虽然很多用户在系统终端上安装了防病毒产品，但是内网安全问题仍然十分突出，尤其是安全策略的执行、外来非法侵入防御、补丁管理以及操作行为监控等方面。

目前，网络安全的防护重点将集中在信息语义范畴和网络行为方面。

3. 网络安全发展趋势

在网络复合攻击时代，功能单一的防火墙系统无法满足网络安全的需要，防火墙技术必须具备多种安全功能，如基于应用协议层防御、低误报率检测、高可靠高性能平台和统一组件化管理技术等，由此，UTM(Unified Threat Management，统一威胁管理)技术应运而生。

UTM在统一的产品管理平台下，集防火墙、VPN(Virtual Private Network，虚拟专用网络)、网关防病毒、IPS(Intrusion Prevention System,入侵防御系统)、拒绝服务攻击防御等众多产品功能于一体,实现了多种防御功能。向UTM方向演进将是防火墙的发展趋势。

UTM设备应具备以下特点:

(1) 网络安全协议层防御。主要针对IP地址、端口等静态信息进行防护和控制,除了传统的访问控制外,还需对垃圾邮件、拒绝服务、黑客攻击等外部威胁进行综合检测和主动防御。

(2) 通过分类检测技术降低误报率。串联接入的网关设备一旦误报率过高,将会严重影响系统的正常服务,给用户带来灾难性的后果。IPS的概念在20世纪90年代就被提出,但是目前IPS部署非常有限,影响其部署的一个重要原因就是其误报率过高。分类检测技术可以大幅度降低误报率,针对不同的攻击类型,采取不同的检测技术,例如防御拒绝服务攻击、防御蠕虫和黑客攻击、防御垃圾邮件攻击等,从而显著降低误报率。

(3) 高可靠性、高性能的硬件支撑平台。

(4) 一体化管理。UTM设备具有能够统一控制和管理的平台,使用户能够有效地管理UTM设备。设备平台可以实现标准化并具有可扩展性,用户可在统一的平台上进行组件管理。同时,一体化管理也能消除信息产品之间由于无法沟通而形成的信息孤岛,从而在应对各种各样攻击威胁的时候更好地保障用户的网络安全。

4. 网络威胁趋势分析

2021年,绿盟科技公司发布《2020网络安全观察》。该报告从全球疫情背景下所面临网络安全挑战、新基建推动网络安全新发展、网络安全战场和攻防模式日趋复杂、人工智能步入AI对抗时代及国家政策切实保障数据安全5个方面进行了2020年网络安全宏观态势阐述,总结了2020年网络安全领域三大关注热点:利用新冠疫情为诱饵发起APT攻击、IPv6规模部署面临安全威胁以及大规模数据泄露信息被挂暗网。

此外,该报告还对物联网、工业互联网、5G网络、人工智能、数据安全新领域的安全风险、攻击热点和防护方案进行了分析,提醒读者关注新的安全挑战,将安全意识融入各行各业,做到安全和发展同步,切实保障我国信息化发展和数字化转型的顺利推进。

下面对该报告的一些重要信息进行概要介绍。

(1) 宏观态势。

2020年初,新冠病毒全面爆发,利用疫情发起的网络攻击活动更加频繁。物联网、工业互联网、5G网络、人工智能网等新型基础设施建设蓬勃发展,进一步催生了网络安全新需求。全球网络安全产业变革在逐步加速。

(2) 漏洞。

根据美国国家通用漏洞数据库——NVD数据库已收录的公开发布的漏洞统计数据,截至2020年12月31日,2020年新增加的漏洞数量为14 443个,与2019年相比呈下降趋势,而且从2018年开始NVD新增加的漏洞数量就逐年下降。其中,跨站脚本CWE-79类型的漏洞数量最多,Windows ms17-010系列漏洞扫描攻击事件最多,服务器中Web服务器受到的攻击最多,Web服务器中CGI的漏洞利用数量最多。在绿盟科技公司发布的《2020互联网安全事件观察》中,2020年漏洞数量呈上升趋势。这两个报告中给出的趋势相反,其主要原因是:2020年更新和修改往年的漏洞数据数量高达3107,将这部分漏洞数量加入2020年的统计数据中,就导致了2020年漏洞总数呈上升趋势。绿盟科技公司建议,对于潜在漏洞风险，不仅需要关注每年新增加的漏洞，同时也要关注往年修改和更新的漏洞。

(3) 恶意软件。

COVID-19 phishing 成为 2020 年上半年整个网络安全领域的关键词，相关话题成为恶意邮件攻击中的极佳诱饵。Mirai 和 Gafgyt 两大 IoT 平台 DDoS 木马家族的变种层出不穷，黑客使用各种新漏洞尝试横向移动。

(4) 恶意流量。

2020 年，DDoS 攻击次数和总流量下降，国家净网专项治理效果明显。受新冠疫情暴发的影响，2 月 DDoS 攻击数量激增，74.21%的攻击来自国外。5G 环境下的 DDoS 攻击带宽增加，中小型攻击占主导地位。

(5) 高级持续性威胁。

2020 年，Lazarus 和 Kimsuky 两个朝鲜 APT 组织被披露的次数最多，其次是 APT-C-35、APT 32 和 Dropping Elephant(东南亚 APT 组织)。APT 组织利用疫情发起攻击活动越来越频繁，其中，利用新冠肺炎疫情诱饵信息为主的攻击是最多的。

(6) IPv6 安全威胁。

国内企业面临的 IPv6 威胁流量中，88%来自国内攻击源。教育、运营商行业依旧是被攻击的重灾区，两者合计超过 90%。挖矿、蠕虫等依旧是 IPv6 环境下黑客的主要攻击方式，针对 IPv6 网站的漏洞利用明显增加。

(7) 暗网数据泄露。

2020 年，数据泄露事件呈现出少量多次的“小作坊”特点，沿海经济发达地区数据泄露较为严重，博彩及金融领域是数据泄露的重灾区。在个人信息泄露的途径中，攻击者主要通过使用伪基站截取手机短信获得用户个人信息。绿盟科技公司建议用户将手机网络模式设置为仅使用 4G 或 5G 网络，以规避这种针对个人信息的攻击。

(8) 物联网。

2020 年，暴露情况较为严重的物联网资产排在前三位的是路由器、VoIP 电话和视频监控设备。全球物联网漏洞以远程命令执行类漏洞为最多。WS-Discovery 反射攻击最受攻击者欢迎，这种与物联网相关的反射攻击给 DDoS 攻击防护带来了一定的挑战。

(9) 工业互联网。

2020 年，与工控相关的网络安全事件相比 2019 年有一定的增长趋势。针对工控环境和运营的主要威胁是勒索软件。在全球工控资产中，ENIP 协议的相关工控资产暴露量最多，Modbus 协议次之。

(10) 5G 安全威胁。

世界各国都把 5G 安全提升至国家安全战略层面。5G 安全标准聚焦于 5G 网络自身业务安全，5G 安全协议(包括加密、相互认证、完整性保护、隐私和可用性的增强等)得到重视。

(11) 人工智能安全威胁。

新基建场景下人工智能面临的安全风险主要来自基础设施、训练数据、算法模型和人工智能应用滥用等。对抗样本是人工智能系统面临的第一大安全威胁，后门攻击和训练数据投毒是第二大安全威胁。

(12) 数据安全。

2020 年，全球数据安全问题依旧严峻，互联网错误配置和黑客攻击是造成大规模数据泄露事件的主要原因。全球大部分国家已经制定了数据安全与隐私方面的法律。企业及用户应增强对自身隐私及数据的保护意识。

从目前来看,网络威胁趋势主要为以下几方面:

(1) 网络时间协议攻击成为新目标。

网络时间协议(Network Time Protocol,NTP)与基于时间的 Windows 服务器等协议已经成为黑客群体攻击的新目标。各类组织多使用这些协议控制各项事务的时间安排。一旦时间发生问题,从许可服务器到批处理事务都有可能遭遇失败,并导致互联网及组织后端流程中的某些关键基础设施面临拒绝服务攻击。

(2) 机器学习训练数据受到污染。

企业越来越广泛地利用机器学习进行自动化决策,攻击者也从中寻求新的可利用因素。攻击者在窃取了原始训练数据副本之后,即可将污染数据注入训练池,以操纵由此生成的模型,最终建立一套与预期训练目标不符的系统。由于整个下游应用程序都以此模型为基础进行自动处理,因此机器学习训练数据污染造成的影响将被成倍放大,最终破坏其他合法处理数据的完整性。

(3) 机器学习武器化泛滥。

攻击者利用机器学习加速针对网络及系统的攻击。机器学习引擎将使用成功攻击中的数据进行训练,以识别防御体系中的模式,快速查明类似系统或环境中存在的漏洞。以此为基础,所有后续攻击数据都可作为素材继续训练网络攻击引擎。通过这种方式,攻击者能够更快、更隐蔽地清理攻击痕迹,确保每一次攻击尝试涉及更少的漏洞,以避免由于大面积尝试而被安全工具发现。

(4) Deepfake 将全面爆发。

Deepfake 浪潮很可能全面袭来,令人们难以判断聊天窗口或者视频通话的另一端到底是不是本人甚至是不是真人。例如,人们可能很快就会看到由某国前任总统甚至是已故亲人录制的视频内容。这可能会扰乱人们的认知,使人们更难以做出准确、可靠的判断。

(5) 远程办公将成为黑客第一大攻击目标。

新的攻击因素可能将矛头指向远程工作人员以及远程访问路径。网络罪犯将不断发起社会工程攻击,并尝试入侵个人设备,进而横向移动至企业网络。社会工程攻击的主要形式为网络钓鱼,具体包括通过电子邮件、语音、文本、即时消息乃至第三方应用程序窃取敏感信息。根据预测,到 2021 年,偏远地区的办公人员和设备将成为最主要的攻击目标。

(6) 数据隐私合规严重过载。

2020 年,欧盟法院推翻了由欧盟与美国共同制定的治理保护条例——《隐私盾》(*Privacy Shield*)。展望 2021 年,企业需要努力适应新的、更为严苛的数据隐私法律法规,同时还要适应法院系统有可能推翻既定政策的新情况;跨国企业必须快速适应并重新设计客户数据处理方式;而在同一国家内多个行政区域间开展业务的企业也需要考虑如何遵循各行政区域的数据管理规定,如何在集中位置处理数据,并围绕数据删除及违规通报制定新的程序性方法。

(7) 社交媒体攻击因素将在社交隔离时代继续扩散。

除了针对个人发动社会工程攻击以外,攻击者还将利用社会工程手段攻击企业目标。攻击者可能会破坏身份认证与验证机制,借此实施社交媒体入侵。恶意二维码或简写 URL

也可能被用于恶意网站。由于社交媒体在发布、验证以及控制 URL 重定向方面表现不佳，因此预计很可能由此衍生出新的攻击方式。

(8) 网络罪犯利用窃取的个人身份进行伪装攻击。

为了降低攻击成本并提高获利能力，网络罪犯会通过非网络形式的强制手段(贿赂、勒索)侵扰个人，借此在网络环境中取得初步立足点。这类攻击可能主要针对公众人物(政治人物、演员、激进主义者、企业高管等)。随着更多个人数据遭到窃取，公众对于伪装个人身份的恶意行为或者数据/隐私意外泄露的担忧也更加强烈。

(9) 网络保险成为强制性要求，可能反向催生网络犯罪。

网络罪犯将矛头指向制定了保险政策的知名品牌。企业可能更愿意使用保险赔偿支付赎金，以找回被盗数据，而非采取补救性措施，这最终会给攻击者提供新的、更稳定的收入来源。

(10) 以身份验证为中心的安全机制兴起。

随着系统与服务逐渐脱离传统网络/数据中心环境，安全保障工作开始更多地依赖于身份验证。如今，身份验证正快速成为一切访问活动的唯一"密钥"。2021 年，针对身份验证机制的攻击活动将有所增加。

1.1.2 黑客及黑客入侵技术

1. 黑客的定义

黑客是计算机专业中的一个特殊的群体。随着计算机系统被攻击事件的逐渐增多，黑客成为业界的关注焦点。黑客是英文 hacker 一词的音译，指计算机系统的非法入侵者。

在早期麻省理工学院的校园俚语中，黑客有恶作剧之意，尤指手法巧妙、技术高明的恶作剧。在日本的《新黑客词典》中，对黑客的定义是"喜欢探索软件程序奥秘，并从中增长了个人才干的人"。一般认为，黑客起源于 20 世纪 50 年代麻省理工学院的实验室，他们热衷于解决难题。

20 世纪 60—70 年代，黑客富于褒义，专指那些独立思考、奉公守法的计算机爱好者，这些人智力超群，对计算机技术全身心投入，在他们看来，黑客活动意味着对计算机的最大潜力进行智力上的自由探索，为计算机技术的发展做出巨大贡献。正是这些黑客倡导了一场个人计算机革命，倡导了现行的计算机开放式体系结构。现在黑客使用的入侵计算机系统的基本技巧，如破解口令(password cracking)、开天窗(trapdoor)、走后门(backdoor)、安放特洛伊木马(Trojan horse)等，都是在这一时期形成的。从事黑客活动的经历成为后来许多计算机业巨子的行业经历中不可或缺的一部分。苹果公司创始人之一乔布斯就是一个典型的例子。

20 世纪 80—90 年代，计算机越来越重要，大型数据库也越来越多，信息越来越集中在少数人的手里。一些黑客认为，信息应共享，而不应被少数人所垄断。于是他们将注意力转移到涉及各种机密的信息数据库上。而这时，计算机化空间已私有化，成为个人拥有的财产，社会不能再对黑客行为放任不管，而必须采取行动，利用法律等手段进行控制。黑客活动受到了打击。同时，许多政府机构邀请黑客为他们检验系统的安全性，甚至请他们设计新的安保规程。

与黑客相对的是骇客，骇客是 cracker 的音译，是破坏者的意思。骇客是贬义的，骇客做的事情更多的是破解商业软件，恶意入侵他人网站并造成损失，利用网络漏洞破坏网络。他们具备广泛的计算机知识，但与黑客不同的是，他们以破坏为目的。

黑客和骇客的根本差异在于，黑客是有建设性的，而骇客则专门搞破坏。对于黑客来说，学会入侵和破解是必要的，但最主要的还是编程；而对于骇客来说，他们只追求入侵的快感，不在乎技术，他们可以不会编程，也可以不知道入侵的具体细节。

还有一种情况是攻击者试图破解某系统或网络，以提醒该系统所有者注意到系统安全漏洞，这群人往往被称作白帽黑客（white hat hacker）、匿名客（sneaker）或红客（honker）。许多这样的人是计算机安全公司的雇员，他们是在完全合法的情况下攻击某系统。

2. 黑客活动

黑客的活动具有以下特点。

(1) 黑客在找到系统漏洞并侵入的时候，往往都会很小心地避免造成意外，并且善意地提醒系统管理员。黑客不随便攻击个人用户及站点。

(2) 编写一些开源软件，这些软件都是免费的、公开的。

(3) 帮助其他黑客测试和调试软件。

(4) 以探索漏洞与编写程序为乐。在黑客的圈子里有许多活动，例如，维护和管理相关的黑客论坛、新闻组以及邮件列表，维持大的软件提供站点，推动 RFC 和其他技术标准，等等。

(5) 黑客不随意破解商业软件并将其广泛流传，也不恶意侵入网站并造成损失，黑客的所作所为更像是对网络安全的监督。

3. 黑客事件

历史上发生过许多著名的黑客入侵事件。

1979 年，年仅 15 岁 Kevin Mitnick 仅凭计算机和调制解调器就闯入了北美空中防务指挥部的计算机主机。

1987 年，美联邦执法部门指控 16 岁的 Herbert Zinn 闯入美国电话电报公司的内部网络和中心交换系统。他是美国 1986 年《计算机欺诈与滥用法案》生效后被判有罪的第一人。

1988 年，年仅 23 岁的大学生 Robert Morris 在互联网上释放了世界上首个蠕虫程序。Morris 最初是把这个 99 行的程序放在互联网上进行试验，可结果却使得他的计算机被感染并使这个程序迅速在互联网上蔓延开来。Morris 也因此在 1990 年被判入狱。

1990 年，为了获得在洛杉矶地区 KIIS-FM 电台第 102 个呼入者的奖励——保时捷跑车，Kevin Poulsen 控制了整个地区的电话系统，以确保他是第 102 个呼入者。最终，他如愿以偿获得跑车并为此入狱 3 年。

1995 年，来自俄罗斯的黑客 Vladimir Levin 成为历史上第一个通过入侵银行计算机系统获利的黑客，他侵入美国花旗银行并盗走 1000 万美元。

1996 年，美国黑客 Timothy Lloyd 将一个 6 行的恶意软件放在其雇主——Omega 工程公司（美国航天航空局和美国海军最大的供货商）的网络上，此事件导致 Omega 公司损失 1000 万美元。

1999 年，Melissa 病毒诞生，它是世界上首个具有全球破坏力的病毒。David Smith 在编写此病毒的时候年仅 30 岁。Melissa 病毒使世界上 300 多家公司的计算机系统崩溃。该病毒造成的损失接近 4 亿美元。David Smith 随后被判处 5 年徒刑。

2000年，年仅15岁的MafiaBoy(由于该人年龄太小，因此没有公布其真实身份)在情人节期间成功侵入包括eBay、Amazon和Yahoo公司在内的大型网站服务器，阻止这些服务器向用户提供服务。他于2000年被捕。

2002年11月，英国人Gary McKinnon在英国被指控非法侵入美国军方90多个计算机系统。

1998年6月16日，上海某信息网工作人员在例行检查时发现网络遭到不速之客的袭击。7月13日，犯罪嫌疑人杨某被逮捕。这是我国第一例计算机黑客事件。

4. 黑客入侵技术

黑客入侵一般分为信息收集、探测分析系统安全弱点以及实施攻击3个步骤。

信息收集是为了了解攻击目标的详细信息。通常，黑客会利用相关的网络协议或实用程序收集这些信息，常用的信息收集途径如下：

- SNMP。用来查阅网络系统路由器的路由表，了解目标主机所在网络的拓扑结构及其内部细节。
- TraceRoute程序。用该程序能够获得到达目标主机要经过的网络数和路由器数。
- Whois协议。该协议的服务信息能提供所有有关的DNS域信息和相关的管理参数。
- DNS服务器。该服务器提供了系统中可访问主机的IP地址表和它们所对应的主机名。
- Finger协议。可以用该协议获取一台指定主机上所有用户的详细信息。
- Ping实用程序。可以用来确定一台指定主机的位置。

当收集到目标的相关信息以后，黑客会利用探测分析系统寻找系统的安全漏洞或设计缺陷。黑客发现“补丁”程序的接口后，会自己编写程序，通过该接口进入目标系统。黑客还会使用talnet、FTP等软件向目标主机申请服务。如果目标主机有应答，就说明其开放了这些端口的服务。黑客在进入目标系统后，使用一些公开的工具软件，如互联网安全扫描程序ISS(Internet Security Scanner)、网络安全分析工具SATAN等对网络进行扫描，确定安全漏洞；或使用特洛伊木马非法获取攻击目标系统的访问权。

在非法获得目标系统的访问权后，黑客会实施攻击。攻击可分为被动攻击与主动攻击：

- 被动攻击。攻击者只观察和分析某个协议数据单元(Protocol Data Unit，PDU)而不干扰信息流，例如监听截获操作等。
- 主动攻击。攻击者对某个连接中通过的数据包进行各种处理，例如更改报文流、拒绝报文服务、伪造连接初始化等。

攻击程度分为以下等级：

- 获得访问权(登录名和口令)。
- 获得访问权，并毁坏、侵蚀或改变数据。
- 获得访问权，并获得系统一部分或整个系统的控制权，拒绝拥有特权的用户访问系统。
- 未获得访问权，通过攻击程序引发网络进入持久性或暂时性的运行失败、重新启动、挂起或其他无法操作的状态。

5. 黑客攻击过程

黑客攻击过程主要包括以下步骤：

(1) 隐藏自己的踪迹。通过清除日志、删除副本文件、隐藏进程、隐藏连接、使日志紊乱等方法销毁入侵痕迹,并在目标系统中为自己建立新的后门,以便继续访问该系统。

(2) 在目标系统内安装探测软件,如特洛伊木马或其他远程控制程序,继续收集感兴趣的信息和敏感数据。黑客还可以以目标系统为跳板向其他系统发起攻击。

(3) 在目标系统上进一步获得特许访问权,展开对整个目标系统的攻击,毁坏重要数据,甚至破坏整个网络系统。

6. 主要入侵方式

黑客的入侵方式可分以下 8 种。

1) 密码破解

密码破解包括字典攻击、伪造登录程序、密码探测程序、口令攻击等。

- 字典攻击是一种被动攻击。黑客获取目标系统的口令,然后利用字典进行匹配比较。字典攻击成功率较高。
- 伪造登录程序是指通过伪造登录界面获得用户输入的账号和密码。
- 密码探测程序能够反复模拟 Windows NT 的编码过程,并与 Windows NT 的 SAM 密码数据库内的数据进行匹配。
- 口令攻击是指通过网络监听非法得到用户口令、利用软件强行破解用户口令、获得用户口令文件后暴力破解用户口令等攻击方式。

2) 网络监听

网络监听又称为 IP 嗅探,是主机的一种工作模式。在这种模式下,主机可以接收到本网段在同一条物理通道上传输的所有信息。高级的窃听程序具有生成假数据包、解码等功能,甚至可锁定服务器的特定端口,自动处理与这些端口有关的数据包。利用上述功能,黑客可监听他人的联网操作、盗取信息。

当信息以明文的形式在网络中传输时,黑客便可以使用网络监听的方式进行攻击。将网络接口设置为监听模式,便可以源源不断地将网络中的信息截获。网络监听可以获取网络中所有的数据包。

3) 系统漏洞与欺骗

漏洞是指系统本身的设计、操作和实现上的错误。这些漏洞在补丁程序未被开发出来之前一般很难防御黑客的破坏。

欺骗是主动式攻击,是将网络中的某台计算机伪装成另一台计算机,以此欺骗网络中的其他计算机向伪装计算机发送数据或赋予其某种权限。常见的欺骗方式包括 IP 欺骗、路由欺骗、ARP 欺骗以及 Web 欺骗。

4) 端口扫描与特洛伊木马

在连续的非授权访问过程中,攻击者为了获得网络内部的信息,通常使用端口扫描这种攻击尝试,典型示例包括 SATAN 扫描、端口扫描和 IP 半途扫描等。

黑客可以利用一些端口扫描软件(如 SATAN、IP Hacker 等)对攻击目标进行端口扫描,查看其是否存在开放端口并与其进行通信操作。端口扫描软件是自动监测远程或本地主机安全性弱点的程序。通过使用端口扫描软件可以不留痕迹地发现远程主机的各种 TCP 端口的分配、提供的服务和软件版本,从而了解到远程主机存在的安全问题。

特洛伊木马是一种基于远程控制技术的黑客工具。木马程序寄生在普通程序内部,暗中进行某些破坏性操作或盗窃数据，以完成某些特殊任务。

特洛伊木马不能自我复制，这是它与病毒最显著的区别。特洛伊木马本质上只是一种远程管理工具，而且本身不带破坏性，也没有感染力，所以不能称之为病毒。但它常常被视为病毒，有些人将其称为木马病毒。目前的杀毒软件对木马有一定的预防和清除作用。

5）拒绝服务攻击

最基本的拒绝服务(Denial of Service，DoS)攻击方式就是利用合理的服务请求占用过多的服务资源，从而使合法用户无法得到服务。DoS攻击分为4种：

- 利用TCP/IP中的漏洞(bug)进行攻击，如Ping of Death和Teardrop。
- 利用TCP/IP的脆弱性进行攻击，如SYN Flood和LAND Attacks。
- 用大量无用数据淹没一个网络，如Smurf攻击和Fraggle攻击。
- 分布式拒绝服务攻击。

一般情况下，拒绝服务攻击是通过使被攻击对象(工作站或服务器)的系统关键资源过载，从而使被攻击对象停止部分或全部服务。目前已知的拒绝服务攻击有几百种，它是最基本的入侵攻击手段，也是最难对付的入侵攻击之一，典型示例有SYN Flood攻击、Ping Flood攻击、Land攻击、WinNuke攻击等。

6）WWW欺骗技术

WWW欺骗技术将用户浏览网页的URL指向黑客设定的服务器。当用户浏览目标网页的时候，实际上是向黑客设定的服务器发出请求。黑客以此达到欺骗的目的。

7）电子邮件攻击

电子邮件攻击主要表现为两种方式：

- 电子邮件轰炸。向同一信箱发送数以千计、万计甚至无穷多次内容相同的垃圾邮件，致使电子邮件服务器的操作系统瘫痪。
- 电子邮件欺骗。在正常邮件的附件中加载病毒或其他木马程序。

8）缓冲区溢出攻击

缓冲区溢出攻击是一种系统攻击手段。这种攻击方式通过往程序的缓冲区写入超出其大小的内容，造成缓冲区溢出，从而破坏程序的堆栈，使程序转而执行其他指令，以达到攻击的目的。据统计，通过缓冲区溢出进行的攻击占系统攻击总数的80%以上。一般情况下，覆盖其他程序的缓冲区的数据是没有意义的，最多造成程序错误。但是，如果输入的数据是经过精心设计的，覆盖缓冲区的数据恰恰是入侵程序代码，入侵者就获取了程序的控制权。

除了上面介绍的攻击方式外，黑客的攻击手段还包括社会工程学攻击、黑客软件攻击以及跳板攻击等。

7. 主要防范措施

可采取的主要防范措施包括身份认证、完善访问控制策略、审计等。

- 身份认证是指通过密码或特征信息确认用户身份的真实性，对重要主机单独设立一个网段，以避免重要主机被攻破后造成整个网段通信全部暴露。
- 完善访问控制策略。设置访问权限、目录安全等级控制、防火墙安全控制等，研究清楚各进程必须的端口，关闭不必要的端口。
- 审计是指把系统中和安全相关的事件全部记录下来，将对用户开放的各主机的日志文件全部定向并集中管理，定期检查和备份日志主机上的数据、系统日志文件和关键配置文件。

- 下载安装最新的操作系统及其他应用软件的安全和升级补丁程序，安装必要的安全加强工具，定期对系统进行完整性检查。
- 制订详尽的入侵应急措施以及汇报制度。发现入侵迹象，立即打开进程记录功能，同时保存内存中的进程列表以及网络连接状态，保护当前的重要日志文件。

8. 入侵检测技术

入侵检测技术（反攻击技术）的核心问题是截获有效的网络信息。目前主要是通过两种途径获取网络信息：

- 通过网络监听程序（如 Sniffer、Vpacket 等）获取网络信息（数据包信息、网络流量信息、网络状态信息、网络管理信息等）。
- 通过对操作系统和应用程序的系统日志进行分析，发现入侵行为和系统潜在的安全漏洞。

入侵检测的基本手段是采用模式匹配的方法发现入侵攻击行为。下面介绍典型入侵的检测方式。

1）Land 攻击

Land 攻击是一种拒绝服务攻击。由于 Land 攻击的数据包中的源地址和目标地址是相同的，因此，当操作系统接收到这类数据包时，不知道该如何处理堆栈中通信源地址和目标地址相同的情况，或者循环发送和接收该数据包，消耗大量的系统资源，从而造成系统崩溃或死机。

检测方法：判断网络数据包的源地址和目标地址是否相同。配置防火墙或过滤路由器的过滤规则，并对这种攻击进行审计，记录事件发生的时间、源主机和目标主机的 MAC 地址和 IP 地址。

2）TCP SYN 攻击

TCP SYN 攻击是一种拒绝服务攻击。它利用 TCP 客户机与服务器之间 3 次握手过程的缺陷进行攻击。攻击者通过伪造的源 IP 地址向被攻击主机发送大量的 SYN 数据包。当被攻击主机接收到大量的 SYN 数据包时，需要使用大量的缓存处理这些连接，并将 SYN ACK 数据包发送回伪造的源 IP 地址，并一直等待 ACK 数据包的回应，最终导致缓存用完，不能再处理其他合法的 SYN 连接，无法对外提供正常服务。

检测方法：检查单位时间内接收到的 SYN 连接数是否超过系统设定的值。当接收到大量的 SYN 数据包时，通知防火墙阻断连接请求或丢弃这些数据包，并对这种攻击进行审计。

3）Ping of Death 攻击

Ping of Death 攻击是一种拒绝服务攻击。它利用部分操作系统接收到大于 65 535B 的数据包时会造成内存溢出、系统崩溃等后果的缺陷达到攻击的目的。

检测方法：判断数据包是否大于 65 535B。使用补丁程序，当收到大于 65 535B 的数据包时，丢弃该数据包，并对这种攻击进行审计。

4）WinNuke 攻击

WinNuke 攻击是一种拒绝服务攻击，其特征是攻击目标端口，被攻击的目标端口号通常是 139、138、137、113、53，而且 URG 位设为 1，即紧急模式。

检测方法：判断数据包目标端口号是否为 139、138、137、113、53 等，并判断 URG 位是否为 1。配置防火墙设备或过滤路由器，并针对这种攻击进行审计。

5）Teardrop 攻击

Teardrop 攻击是一种拒绝服务攻击，其工作原理是：向被攻击主机发送多个分片的 IP 包，某些操作系统收到含有重叠偏移的伪造分片数据包时将会出现系统崩溃、重启等现象。

检测方法：对接收到的分片数据包进行分析，计算数据包的片偏移量（offset）是否有误。添加系统补丁程序，丢弃收到的病态分片数据包，并针对这种攻击进行审计。

6）TCP/UDP 端口扫描

TCP/UDP 端口扫描是一种预探测攻击。对被攻击主机的不同端口发送 TCP 或 UDP 连接请求，探测被攻击主机运行的服务类型。

检测方法：统计外界对系统端口的连接请求，特别是对除了 21、23、25、53、80、8000、8080 等以外的非常用端口的连接请求。当收到多个 TCP/UDP 数据包对异常端口的连接请求时，通知防火墙阻断连接请求，并对攻击者的 IP 地址和 MAC 地址进行审计。

9. 计算机取证

计算机取证又称为数字取证或电子取证，是指对计算机入侵、破坏、欺诈、攻击等犯罪行为，利用计算机软硬件技术，按照符合法律规范的方式进行证据获取、保存、分析和出示的过程。从技术上，计算机取证是一个对受侵计算机系统进行扫描和破解，以及对整个入侵事件进行重建的过程。

计算机取证包括物理证据获取和信息发现两个阶段：

- 物理证据获取是指调查人员到计算机犯罪或入侵现场，寻找并扣留相关的计算机硬件。
- 信息发现是指从原始数据中寻找可以用来证明或者反驳的证据，即电子证据。

物理取证是核心任务。物理证据的获取是全部取证工作的基础。获取物理证据时，要保证原始数据不受任何破坏，应遵守如下操作规定：

- 不改变原始记录。
- 不在作为证据的计算机上执行无关的操作。
- 不要给犯罪嫌疑人销毁证据的机会。
- 详细记录所有的取证活动。
- 妥善保存得到的物证。

如果被入侵的计算机处于工作状态，取证人员应该设法保存尽可能多的犯罪信息。

物理取证不但是基础，而且是技术难点。案件发生后，应立即对目标计算机和网络设备进行内存检查并做好记录，根据所用操作系统的不同，可以使用内存检查命令对内存中的易失数据进行保存，尽可能不对硬盘进行读写操作，以免改变数据的原始性。利用专门的工具对硬盘进行逐扇区读取，完整地克隆硬盘数据，以便对原始硬盘的映像文件进行分析。

在道德感化、技术防范的同时，无疑也离不开法律的作用，需要依靠一定刑事处罚威慑力作为保障。美国是世界上最早发明计算机的国家，也是世界上最早针对计算机黑客行为立法的国家。从某种意义上讲，美国反计算机犯罪的立法活动为其他国家开展相关工作提供了许多可资借鉴的经验和教训。其中，最著名的有 1984 年发布的《计算机欺诈和滥用法》。

在我国,1994 年国务院颁布的《计算机信息系统安全保护条例》是第一个对计算机信息系统安全进行保护的法规。该条例没有规定计算机犯罪的罪名,但是第 24 条规定,对于违反本条例的规定构成犯罪的,依法追究刑事责任。1996 年,国务院发布《计算机信息网络国际联网管理暂行规定》(1997 年做了修订)。1997 年,公安部发布《计算机信息网络国际联网安全保护管理办法》。1998 年,国务院信息化工作领导小组发布《计算机信息网络国际联网管理暂行规定实施办法》,国家保密局发布《计算机信息系统保密管理暂行规定》,公安部、中国人民银行发布《金融机构计算机信息系统安全保护工作暂行规定》。这一系列法律法规和相关规定共同构成了我国计算机信息系统和网络安全保护的初步法律框架。

随着计算机安全与犯罪问题日益严重,公安部起草了涉及计算机安全与犯罪问题的专门性法条。在 1997 年修订的《中华人民共和国刑法》中,增加了关于计算机安全与犯罪的 3 个条款,即第 285 条、第 286 条和第 287 条。1997 年 12 月 9 日,最高人民法院审判委员会第 951 次会议通过《关于执行〈中华人民共和国刑法〉确定罪名的规定》,其中规定了两项罪名,即非法侵入计算机信息系统罪和破坏计算机信息系统罪。2000 年 12 月 28 日,第九届全国人大常委会第十九次会议表决通过《全国人民代表大会常务委员会关于维护互联网安全的决定》,该决定规定,对于侵入国家事务、国防事务、尖端科学技术领域的计算机信息系统的行为构成犯罪的,依照《中华人民共和国刑法》的有关规定追究刑事责任。该决定进一步强化了我国打击计算机黑客行为的法律体系。

2015 年 8 月 29 日,第十二届全国人大常委会第十六次会议表决通过《中华人民共和国刑法修正案(九)》,自 2015 年 11 月 1 日起施行。在涉及公民个人信息和网络安全的犯罪方面,该修正案修订、新增的罪名将进一步遏制规制信息非法提供、获取和网络安全犯罪。2020 年 12 月 26 日,《中华人民共和国刑法修正案(十一)》在第十三届全国人大常委会第二十四会议上通过,数据、信息因素被纳入安全生产范畴,网络安全等的实施将更有力度。

1.1.3 网络安全的主要影响因素

网络安全的主要影响因素包括以下 4 方面。

1. 系统安全漏洞

常用的各种操作系统都或多或少存在安全漏洞。系统安全漏洞分为两种:一是有意漏洞,这是软件代码编写者有意设置的,目的在于当失去对系统的访问权时仍能进入系统;二是无意漏洞,这是指在编写软件代码时无意留下的缺陷或不足。

据统计,目前发现的系统安全漏洞的数量已经接近病毒的数量。典型安全漏洞有远程获得超级用户 root 权限、远程过程调用(Remote Process Call,RPC)服务以及它所安排的无口令入口。

目前流行的操作系统均存在系统安全漏洞。黑客往往就是利用这些操作系统本身存在的系统安全漏洞侵入系统。系统安全漏洞具体包括以下两方面:

(1) 稳定性和可扩充性方面存在不足。由于设计的系统不规范、不合理以及缺乏安全性考虑,因而使其安全性受到影响。网络应用的需求没有引起足够的重视,设计和选型考虑欠周密,从而使网络功能发挥受阻,影响网络的可靠性、可扩充性和升级换代。

(2) 网卡工作站选配不当,导致网络不稳定,缺乏安全策略。许多站点在防火墙配置上无意识地扩大了访问权限，忽视了这些权限可能会被其他人员滥用的问题；此外，访问控制配置的复杂性容易导致配置错误，从而给他人以可乘之机。

2. TCP/IP 安全

TCP/IP 原理公开，存在很大的安全隐患，缺乏强健的安全机制。当安全工具发现并努力更正某方面的安全问题时，其他的安全问题又出现了。因此，黑客总是可以使用先进的手段进行攻击。

3. 物理安全问题

完整、准确的安全评估是黑客入侵防范体系的基础。利用安全评估可以对现有或将要构建的网络安全防护性能做出科学、准确的分析评估。网络安全评估就是对网络进行检查，确定是否存在可能被黑客利用的漏洞，并对发现的问题提出建议，从而提高网络系统的安全性。

4. 人为因素

人为因素包括无意失误、恶意攻击及管理缺失，来自系统内部用户的安全威胁远大于外网用户对系统的安全威胁。使用者往往缺乏安全意识。许多应用服务系统在访问控制及安全通信方面考虑较少，如果系统设置错误，很容易造成损失。

从网络攻击的结果看，网络安全主要有 4 种基本的安全威胁：信息泄露、完整性破坏、拒绝服务和非法使用。从网络攻击手段来看，网络安全面临的主要安全威胁有以下两种。

- 渗入威胁，如假冒、旁路、授权侵犯。
- 植入威胁，如特洛伊木马、陷门。

1.2 网络安全基本知识

互联网为人们提供了快速、便捷的通信手段，促进了计算机网络技术在社会、经济各领域的广泛应用，同时也为伺机窃取信息的不法之徒提供了犯罪场地。随着计算机网络应用范围的不断扩大，网络安全问题已成为当今社会的一个焦点。据英国银行协会统计，全球每年因计算机犯罪造成的损失大约为 80 亿美元。而计算机安全专家指出，实际损失金额应在 100 亿美元以上。

1.2.1 网络安全研究内容

网络安全包括以下 3 方面的内容：

(1) 计算机实体的安全。在一定的环境下，对网络系统中的设备提供安全保护。

(2) 网络系统运行安全。在实体安全前提下，保证网络系统不因偶然的或恶意的威胁而遭到破坏，能够连续可靠地运行，正常的网络服务不中断。

(3) 信息安全。在网络内存储和处理的信息资源具有绝对的保密性、完整性和可用性，不存在被泄露、更改和破坏的风险。

- 保密性(confidentiality)。防止信息的非授权访问或泄露。信息只限于授权用户使用。保密性主要通过信息加密、身份认证、访问控制、安全通信协议等技术实现。信息加密是防止信息泄露的最基本手段。
- 完整性(integrity)。保证信息不会被非法改动和销毁。保密性强调信息不能非法泄露，而完整性强调信息在存储和传输过程中不被修改、删除、伪造、添加、破坏或丢失，信息在存储和传输过程中必须保持原样。信息完整性表明了信息的可靠性、正确性、有效性和一致性，只有完整的信息才是可信任的信息。

- 可用性(availability)。保证网络资源随时可被合法用户访问。可用性也称有效性，是信息资源容许授权用户按需访问的特性，是信息系统面向用户服务的安全特性。信息系统只有持续可用，授权用户才能随时随地根据自己的需要访问信息系统提供的服务。

确保网络系统的信息安全是网络安全的目标。

完整的网络安全体系至少应包括3类措施：

- 社会的法律政策、网络安全的规章制度以及安全教育等外部软环境。
- 技术方面的措施，如防火墙技术、网络防毒、信息加密存储与通信、身份验证、授权等。
- 审计和管理措施，这一类同时包含了技术与社会措施。

保证网络安全的技术手段主要包括如下4种：

- 信息加密，包括数据传输加密、数据存储加密、数据完整性鉴别和密钥管理。
- 身份验证和授权管理，包括实体访问控制和数据访问控制。
- 安全防御，包括防火墙技术、防病毒技术以及网络介质和通信链路的保护。
- 安全审计和管理，包括网络实时监控、安全策略审计和漏洞扫描。

1.2.2 网络安全体系结构

当前，通用的网络层次标准有OSI参考模型和TCP/IP模型两种。OSI参考模型是理论标准，TCP/IP模型是工业的事实标准。

由于不同的局域网有不同的网络协议，为了使不同的网络能够互连，必须建立统一的网络互连协议。为此，ISO(International Organization for Standardization，国际标准化组织)提出了网络互连协议的基本框架，称为开放系统互连参考模型(Open Systems Interconnection/Reference Model，OSI/RM)。它将整个网络的功能划分成7个层次：应用层、表示层、会话层、传输层被归为高层，而网络层、数据链路层、物理层被归为低层，高层负责主机之间的数据传输，低层负责网络数据传输。

Linux的优点在于它丰富而稳定的协议栈。其范围从协议无关层(例如通用Socket层接口或设备层)到各种具体的网络协议实现。对于网络的理论介绍一般采用OSI参考模型，而在Linux中网络栈的介绍一般采用分为4层的网络模型。

表1-1是OSI参考模型和Linux网络模型的对比。

表1-1　OSI参考模型和Linux网络模型的对比

OSI参考模型	Linux网络模型	对应的网络协议
应用层	应用层	HTTP、TFTP、FTP、NFS、WAIS
表示层		Telnet、Rlogin、SNMP、Gopher
会话层		SMTP、DNS

续表

OSI 参考模型	Linux 网络模型	对应的网络协议
传输层	传输层	TCP、UDP
网络层	网际层	IP、ICMP、ARP、RARP、AKP、UUCP
数据链路层	网络接口层	FDDI、Ethernet、ARPANET、PDN、SLIP、PPP
物理层		IEEE 802.1a、IEEE 802.2

网络接口层把数据链路层和物理层合并在一起，提供访问物理设备的驱动程序，对应的网络协议主要是以太网协议。网际层协议管理离散的计算机间的数据传输，例如 IP (Internet Protocol，网际协议)为用户和远程计算机提供了信息包的传输方法，确保信息包能正确地到达目标计算机。重要的网际层协议包括 ARP(Address Resolution Protocol，地址解析协议)、ICMP(Internet Control Message Protocol，互联网控制消息协议)和 IP 等。传输层的功能包括格式化信息流、提供可靠传输。传输层协议包括 TCP(Transmission Control Protocol，传输控制协议)和 UDP(User Datagram Protocol，用户数据报协议)，它们是传输层中最主要的协议。应用层位于协议栈的顶端，它的主要任务是服务于应用，如利用 FTP(File Transfer Protocol，文件传输协议)传输一个文件。常见的应用层协议有 HTTP、FTP、Telnet 等。应用层是 Linux 网络设定很关键的一层，Linux 服务器的配置文档主要针对应用层中的协议。

1. Linux 网络体系架构

图 1-3 为 Linux 网络体系架构。最上面是应用层，最下面是物理设备层，而中间部分为内核空间。从图 1-3 中可以看出，Linux 内核空间包括系统调用接口、协议无关接口、网络协议、设备无关接口以及设备驱动程序。

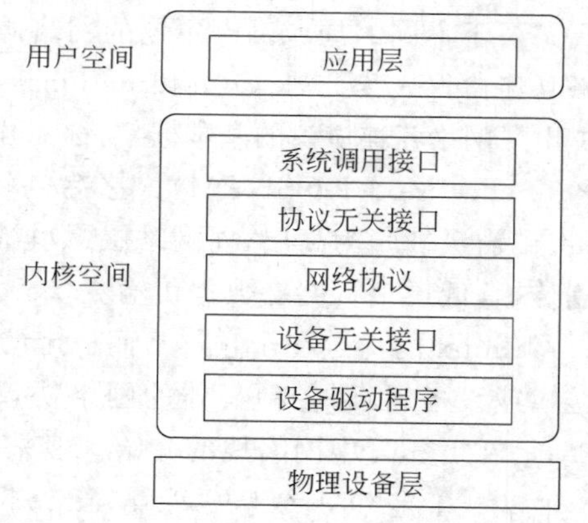

图 1-3　Linux 网络体系架构

Linux 内核空间也称网络子系统。系统调用接口为应用程序提供访问内核空间的方法——Socket 系统调用。协议无关接口通过 Socket 实现了一组通用函数以访问各种不同的协议。Linux 中的 Socket 使用 struct sock 描述，这个结构包含了特定 Socket 需要的所有状态信息，还包括 Socket 使用的特定协议和在 Socket 上可以执行的一些操作。网络协议用于实现各种具体的协议，如 TCP、UDP 等。设备无关接口将网络协议与各种网络设备驱动程序连接在一起。这一层提供了一组通用函数供底层网络设备驱动程序使用，让它们可以对高层协议栈进行操作。

2. 网络安全控制系统

网络安全控制系统涉及物理安全、系统安全、网络安全、应用安全、管理安全等方面。

1) 物理安全

物理安全是保障整个网络系统安全的前提，主要是指保护计算机网络的物理通路不被损坏、窃听、攻击和干扰。物理安全包括3方面：环境安全、设备安全、媒体安全。物理安全防范措施包括：对重要信息存储、收发部门进行屏蔽处理，防止信号泄露；对局域网传输线路传输辐射进行抑制；对终端设备辐射进行防范。

2）系统安全

系统安全包括网络结构安全、操作系统安全和应用系统安全。系统安全防范策略包括：尽量采用安全性较高的网络操作系统并进行必要的安全配置；关闭不常用却存在安全隐患的应用；对保存有用户信息及口令的关键文件的使用权限进行严格限制；通过配备安全扫描系统对操作系统进行安全性扫描，及时发现安全漏洞；应用服务器应关闭不经常使用的协议及协议端口，加强身份认证，严格限制登录者的操作权限。

3）网络安全

网络安全是整个网络安全解决方案的关键，通过隔离与访问控制、通信保密、入侵检测、网络扫描系统、病毒防御等措施来保障。隔离与访问控制可通过严格的管理制度划分虚拟子网(VLAN)、配备防火墙实现。防火墙是实现网络安全最基本、最经济、最有效的安全措施之一，它通过制定严格的安全策略实现内外网络或内部网络不同信任域之间的隔离与访问控制。通信保密使得在数据以密文形式在网络上传输，可以选择链路层加密和网络层加密等方式。入侵检测是根据已有攻击手段的信息代码对所有网络操作行为进行实时监控、记录，并按照安全策略予以响应，从而防止针对网络的攻击与犯罪行为。网络扫描系统可以对网络中的所有部件(Web站点、防火墙、路由器、TCP/IP及相关协议服务)进行攻击性扫描、分析和评估，发现并报告系统存在的弱点和漏洞，评估安全风险，建议补救措施。病毒防御也是网络安全建设的重要环节之一，反病毒技术包括预防病毒、检测病毒和杀毒3种技术。

4）应用安全

应用安全表现在内部网络系统中的资源共享和信息存储等方面。严格控制内部员工对网络共享资源的使用，在内部子网中一般不开放共享目录，对有经常交换信息需求的用户，在共享时必须采用口令认证机制。对数据库服务器中的数据库必须进行安全备份。通过网络备份系统，也可以对数据库进行远程备份存储。

5）管理安全

管理安全是指通过建立健全的安全管理体制、构建安全管理平台来增强人员的网络安全防范意识。建立健全的安全管理体制是网络安全得以实现的重要保证。应经常对人员进行网络安全防范意识的培训，全面提高人员的网络安全防范意识。组建安全管理子网，集中安装统一的安全管理软件，如病毒软件管理系统、网络设备管理系统以及网络安全设备统一管理软件，通过安全管理平台实现全网的安全管理。

3. 安全体系设计原则

安全体系设计原则包括以下几方面：

(1) 需求、风险、代价平衡分析的原则。对任何网络来说，绝对安全都难以达到。要进行实际分析，对网络面临的威胁及可能承担的风险进行定性与定量相结合的分析，制定规范和措施，确定系统安全策略。

(2) 一致性原则。安全体系应与网络的生命周期并存，安全体系结构必须与网络的安全需求相一致。

(3) 易操作性原则。安全措施要具有便利性和可操作性,考虑管理人员的自身素质,对操作人员的要求不宜过高。

4. 网络安全策略

网络安全策略应考虑安全管理策略和安全技术实施策略两方面。

(1) 安全管理策略。即使是最好的、最值得信赖的系统安全措施,也不能完全由计算机系统来独立完成。需要建立完备的安全组织和管理制度,以约束操作人员。

(2) 技术实施策略。要针对网络、操作系统、数据库、信息共享授权提出具体的措施。

计算机信息系统的安全管理主要基于 3 个原则,即多人负责原则、任期有限原则、职责分离原则。由于网络互连在数据链路层、网络层、传输层、应用层等不同协议层均有体现,且各层的功能和安全特性不同,因而其网络安全措施也不相同。

物理层安全涉及传输介质的安全特性,抗干扰、防窃听是物理层安全措施制定的重点。

在数据链路层,可以通过建立虚拟局域网对物理网段和逻辑网段进行有效的分割和隔离,消除不同安全级别的逻辑网段间的窃听风险。

在网络层,可通过对不同子网的定义和对路由器的路由表进行控制限制子网间的通信。同时,利用网关的安全控制能力,限制节点的通信和应用服务,加强对外部用户的识别和验证能力。

1.2.3 网络安全评价标准

网络安全评价标准中比较流行的是 1985 年美国国防部发布的《可信任计算机标准评价准则》。各国根据自己的国情也都制定了相关的标准。

1. 中国评价标准

1999 年 10 月,经国家质量技术监督局批准发布的《计算机信息系统安全保护等级划分准则》将计算机安全保护等级划分为以下 5 级:

第 1 级为用户自主保护级(GB1 安全级)。它的安全保护机制使用户具备自主安全保护的能力,保护用户的信息免受非法的读写破坏。

第 2 级为系统审计保护级(GB2 安全级)。它除了具备第 1 级所有的安全功能外,要求创建和维护访问的审计跟踪记录,使所有用户对自己行为的合法性负责。

第 3 级为安全标记保护级(GB3 安全级)。它在继承第 2 级的安全功能的基础上,还要求以访问对象标记的安全级别限制访问者的访问权限,实现对访问对象的强制保护。

第 4 级为结构化保护级(GB4 安全级)。它在继承第 3 级别安全功能的基础上,将安全保护机制划分为关键部分和非关键部分,对关键部分直接控制访问者对访问对象的存取,从而加强系统的抗渗透能力。

第 5 级为访问验证保护级(GB5 安全级)。它特别增设了访问验证功能,负责仲裁访问者对访问对象的所有访问活动。

从 20 世纪 80 年代中期开始,我国自主制定和采用了一批相应的信息安全标准。但是,标准的制定需要较为广泛的应用经验和较为深入的研究背景。这两方面的差距使我国的信息安全标准化工作与国际已有的工作相比,覆盖的范围还不够大,宏观和微观的指导作用也有待进一步提高。

2. 国际评价标准

美国国防部发的计算机安全标准——(Trusted Computer Standards Evaluation Criteria,TCSEC)《可信任计算机标准评价准则》,即网络安全橙皮书,自从1985年成为美国国防部的标准以来,一直是评估多用户主机和小型操作系统的主要标准。其他子系统(如数据库和网络)也一直用网络安全橙皮书解释和评估。网络安全橙皮书把安全级别从低到高分成4类:D类、C类、B类和A类,B类和C类又分几个子级,如表1-2所示。

表1-2 TCSEC安全级别

类	级	名　　称	主要特征
D	D	低级保护	没有安全保护
C	C1	自主安全保护	自主存储控制
	C2	受控存储控制	单独的可查性,安全标识
B	B1	标识的安全保护	强制存取控制,安全标识
	B2	结构化保护	面向安全的体系结构,较好的抗渗透能力
	B3	安全区域	存取监控、高抗渗透能力
A	A	验证设计	形式化的最高级描述和验证

D级是最低的安全级别,属于这个级别的操作系统就像一个门户大开的房子,任何人都可以自由进出,是完全不可信任的。这种安全级别的系统对于硬件,没有任何保护措施,操作系统容易受到损害,没有系统访问限制和数据访问限制,任何人都可以随意进入系统,不受任何限制地访问他人的数据文件。属于这个级别的操作系统有DOS和Windows 98等。

C1级是C类的一个安全子级。C1又称选择性安全保护系统,它描述了一个典型的用在UNIX系统上的安全级别。这种安全级别的系统对硬件有某种程度的保护,如用户拥有账号和口令,系统通过账号和口令识别用户是否合法,并决定用户对程序和信息拥有的访问权限,但硬件受到损害的可能性仍然存在。

C2级除了包含C1级的安全特征外,还具有控制访问环境的权力,即具有进一步限制用户执行某些命令或者访问某些文件的权限,而且还加入了身份认证级别。另外,这种安全级别的系统对事件进行审计,并写入日志中,例如何时开机、用户在何时何地登录系统等。通过查看日志,就可以发现入侵痕迹。审计除了可以记录系统管理员执行的活动以外,还加入了身份认证级别。这种安全级别的缺点在于需要额外的处理时间和磁盘空间。

使用附加身份验证就可以让一个C2级系统用户在不是超级用户的情况下有权执行系统管理任务。授权分级使系统管理员能够给用户分组,授予他们访问某些程序或特定目录的权限。能够达到C2级的常见操作系统有UNIX、Novell 3.x或者更高版本和Windows NT/2000/2003。

B级中有3个子级别。

B1级又称标志安全保护(Labeled Security Protection)级别,是支持多级安全(例如秘密和绝密)的第一个级别。在这个级别,处于强制性访问控制之下的对象,系统不允许文件的拥有者改变其许可权限。这种安全级别的计算机系统一般在政府机构中,例如美国国防部和国家安全局的计算机系统。

B2级又称结构保护(Structured Protection)级别,它要求计算机系统中所有的对象都要加上标签，而且给设备（磁盘、磁带和终端）分配单个或者多个安全级别。

B3级又称安全域（Security Domain）级别，它使用安装硬件的方式加强域的安全。该级别要求用户通过一条可信任途径连接到系统上。

A级又称验证设计（Verified Design）级别，是网络安全橙皮书的最高级别，它包含一个严格的设计、控制和验证过程。安全级别设计必须从数学角度进行验证，而且必须进行秘密通道和可信任分布分析。

1.2.4 信息安全定义

信息安全是指信息网络的硬件、软件及其系统中的数据受到保护，不会由于偶然的或者恶意的原因而遭到破坏、更改、泄露，系统连续、可靠、正常地运行，信息服务不中断。信息安全是一门涉及计算机科学、网络技术、通信技术、密码技术、信息安全技术、应用数学、数论、信息论等多种学科的综合性学科。

信息安全技术经历了从基本安全隔离、主机加固阶段到后来的网络认证阶段，直到将行为监控和审计也纳入安全的范畴的演变。这样的演变不仅仅是为了避免恶意攻击，更重要的是为了提高网络的可信度。

信息安全的内涵在不断地延伸，从最初的信息保密性发展到信息的完整性、可用性、可控性和不可否认性，进而又发展为"攻（攻击）、防（防范）、测（检测）、控（控制）、管（管理）、评（评估）"等多方面的基础理论和实施技术。

从广义上讲，凡是涉及网络上信息的保密性、完整性、可用性、可控性和不可否认性的相关技术和理论都属于信息安全的研究领域。

目前常用的基础性信息安全技术包括以下内容：

- 身份认证技术。用来确定用户或者设备身份的合法性。典型的身份认证手段有口令、身份识别、PKI证书和生物认证等。
- 加解密技术。在传输过程或存储过程中进行信息数据的加解密。典型的加密体制可分为对称加密和非对称加密。
- 边界防护技术。防止外部网络用户以非法手段进入内部网络，保护内部网络操作环境。典型的边界防护设备有防火墙和入侵检测设备。
- 访问控制技术。保证网络资源不被非法使用和访问。访问控制是网络安全防范和保护的主要核心策略。它在身份识别的基础上，根据身份对用户提出的资源访问请求加以权限控制。
- 主机加固技术。用来对操作系统、数据库等进行漏洞加固和保护，以提高系统的抗攻击能力。
- 安全审计技术。包含日志审计和行为审计，通过日志审计协助管理员评估网络配置的合理性、安全策略的有效性；通过对用户的网络行为审计，确认行为的合规性，确保管理的安全。

随着信息网络的不断普及，网络攻击手段也不断复杂化、多样化，随之产生的信息安全技术和解决方案也在不断发展变化，安全产品和解决方案也更趋于合理、适用。经过多年的发展，安全防御体系已由被动防范向主动防御发展，由保护网络向保护资产过渡，并逐步构建出具有可防、可控、可信特点的信息网络架构。

1.3 网络安全实验目的、要求和内容

1.3.1 实验目的

通过网络安全实验使学生认识网络安全技术的基本概念、原理和技术，掌握基本的网络安全攻防技术、常用工具的使用方法及原理，加深对理论的理解，培养学生的实验技能、动手能力、分析问题和解决问题的能力。

1.3.2 实验要求

通过本实验课程的学习，学生应达到下列基本要求：

（1）了解计算机网络安全的重要性以及相关的法律法规，树立网络安全意识。

（2）掌握计算机网络安全方面的基本技术，能对系统的安全问题提出相应的对策。

（3）掌握网络安全威胁防范技术和防计算机病毒技术。

1.3.3 实验内容

网络安全实验内容如表 1-3 所示，其中给出了本书规划的实验项目、建议学时、实验内容提要、实验类型及实验要求。

表 1-3 网络安全实验内容

序号	实验项目	建议学时	实验内容提要	实验类型	实验要求
1	Kali Linux 攻防系统实验	2	了解 Ubuntu 以及 Kali Linux，了解 Kali Linux 攻防基本原理并上机实践	综合性	撰写实验报告
2	Kali Linux 内网穿透实验	2	利用花生壳端口映射内网穿透软件，添加映射，并且配置映射端口	综合性	撰写实验报告
3	Kali Linux 渗透测试实验	2	利用 nc、ncat 建立网络连接的通道，进行信息传递；利用 Wireshark 捕获并分析数据；利用 ncat 进行 SSL 加密传输	综合性	撰写实验报告
4	Kali Linux 网络嗅探实验	2	了解 Kali Linux 的基本操作，掌握 WebScarab 软件的使用	综合性	撰写实验报告
5	Kali Linux ARP 嗅探实验	2	利用 ARP 嗅探技术获取攻击目标的用户信息	综合性	撰写实验报告
6	Kali Linux 拒绝服务攻击实验	2	利用集成的 DDoS 工具进行攻击	综合性	撰写实验报告
7	Kali Linux 漏洞攻击实验	2	利用攻击系统登录靶机并对靶机进行漏洞攻击	综合性	撰写实验报告
8	Kali Linux DNS 劫持实验	2	了解 Kali Linux 的基本操作，掌握 Ettercap 软件的使用	综合性	撰写实验报告

第2章 网络安全研究内容

2.1 密码技术

2.1.1 密码学简介

密码学是研究密码技术的重要学科，是保障信息安全的核心手段。密码技术在古代就有大量应用，但仅限于外交和军事等重要领域。一直到20世纪中期才逐渐形成密码学理论基础。随着计算机技术的快速发展，密码技术正在不断向其他领域渗透，应用越来越广泛。密码学是集数学、计算机科学、电子学与通信技术等学科于一身的交叉学科。

1. 密码学发展史

密码学在古代就已经产生，人类使用密码的时间几乎与使用文字的时间一样长。密码学的发展大致可以分为3个阶段：1949年之前为古典密码学阶段；1949—1975年，密码学成为科学的分支；1976年以后，对称密钥密码算法得到较大的发展，产生了密码学的新方向——公钥密码学。1976年，Diffie和Hellman在《密码学的新方向》一文中首次提出了公钥密码(public-key cryptography)的概念。公钥密码的提出实现了加密密钥和解密密钥的相互独立，解决了对称密码体制中通信双方必须共享密钥的问题，在密码学发展中具有划时代的意义。

古典密码学的历史可以追溯到公元400年前后斯巴达人发明的"塞塔式密码"，即把长纸条以螺旋形斜绕在一个多棱棒上，将文字沿棒的水平方向从左到右书写，写完一行再另起一行，直到写完。解下纸条后，纸条上的文字消息变得杂乱无章、无法理解，这就是密文，但将它绕在另一个同等尺寸的棒子上后，就能看到原始的消息。这是最早的密码技术。这一时期的密码学更像是一门艺术，其核心手段是代换和置换。代换是指明文中的每一个字符被替换成密文中的另一个字符，接收者对密文做反向替换便可恢复出明文；置换是密文字母和明文字母相同，但顺序被打乱。代换密码的著名例子有古罗马的恺撒密码(公元前1世纪)和法国的维吉尼亚密码(16世纪)。

德国的Arthur Scherbius于1919年设计出历史上最著名的密码机——Enigma。在第二次世界大战期间，Enigma曾作为德国陆、海、空三军最高级的密码机。Enigma使用了3个正规轮和1个反射轮。这使得英军在1942年2—12月没能解读德国潜艇发出的信号。转轮密码机的使用大大提高了密码加密速度，但由于密钥量有限，到第二次世界大战中后期，密码破译取得突破。首先是波兰人利用德军电报中前几个字母的重复出现规律破解了早期的Enigma，而后他们将破译的方法告诉了法国人和英国人。英国人在计算机理论之父——图灵的带领下，利用德国人在密钥选择上的失误，并采用选择明文攻击等手段，破解出相当多非常重要的德军情报。

香农在20世纪40年代末发表了一系列论文，特别是1949年的《保密系统通信理论》，把密码学推向了基于信息论的科学轨道。而密码学发展中的一个重要突破是DES密码的出现。这使密码学从政府和军队走向民间。DES 密码的设计主要由 IBM 公司完成，美国国家安全局等政府部门只是参与方。最终，DES 密码被美国国家标准局确定为联邦信息处理标准。DES 密码设计中的很多思想（如 Feistel 结构、S 盒等）被后来的大多数分组密码所采用。DES 密码不仅在美国联邦部门中使用，而且风行世界，并在金融等商业领域广泛使用。

1976 年，美国密码学家提出公钥密码概念。此类密码中加密和解密使用不同的密钥，其中用于加密的为公钥，用于解密的为私钥。1977 年，美国麻省理工学院提出第一个公钥加密算法——RSA 算法，之后 ElGamal 密码、椭圆曲线密码、双线性对等公钥密码相继被提出，密码学真正进入了新的发展时期。一般来说，公钥密码的安全性由相应的数学问题在计算机上求解的困难性来保证。以广为使用的 RSA 算法为例，它的安全性建立在大整数素因子分解在计算机上求解的困难性。随着计算机的计算能力的不断增强和因子分解算法的不断改进，特别是量子计算机的发展，公钥密码的安全性也渐渐受到威胁。目前，研究者开始关注抗量子攻击的密码算法，后量子密码等前沿密码技术逐步成为研究热点。

2. 密码学分类

密码学分为密码编码学和密码分析学。密码编码学主要研究保密体制和认证体制，密码分析学则是研究密码破译的科学。

1）保密体制

保密体制模型由明文空间、密文空间、密钥空间、加密算法和解密算法构成。

保密体制的安全性按照安全性递减的顺序分为全部破解、全盘推导、实例推导和信息推导。

根据密码分析者可获得的密码分析的信息量，可以把针对密码体制的攻击划分为以下 5 类。

(1) 唯密文攻击（密码分析者仅知道一些密文）。

(2) 已知明文攻击（密码分析者知道一些密文和相应的明文）。

(3) 选择明文攻击（密码分析者可以选择一些明文并得到相应的密文）。

(4) 选择密文攻击（密码分析者可以选择一些密文并得到相应的明文）。

(5) 选择文本攻击。

攻击方式按照原理划分为以下 3 类：

(1) 穷举攻击。解决方法是增大密钥量。

(2) 统计分析攻击。解决方法是使明文的统计特性和密文的统计特性不一样。

(3) 数学分析攻击。解决方法是选用足够复杂的加密算法。

保密体制的安全性分为无条件安全性、计算安全性和可证明安全性 3 个级别。

2）认证体制

认证体制包括实体认证和消息认证。

认证体制的安全性按照攻击目标大小的不同可分为完全摧毁、一般性伪造、选择性伪造和存在性伪造 4 个级别。

3）对称密码体制

通常，密码体制分为对称密码体制与公钥密码体制（非对称密码体制）。图 2-1 给出了密码体制的基本模型。

在图 2-1 中，消息的发送者从密钥源得到密钥，通过加密算法对消息进行加密，得到密

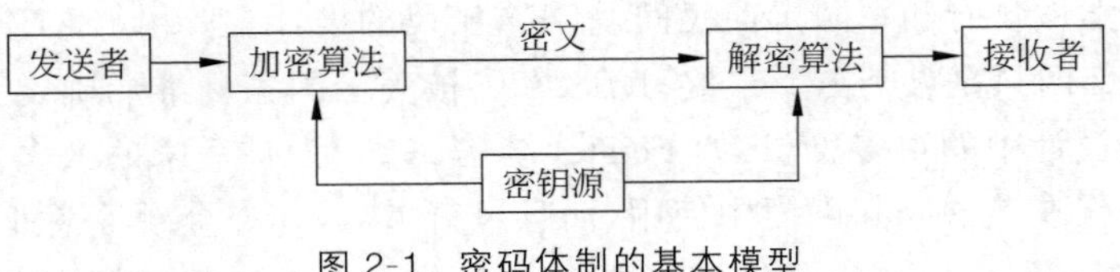

图 2-1　密码体制的基本模型

文；接收者收到密文后，利用从密钥源得到的密钥，通过解密算法对密文进行解密，得到原始消息。

就对称密码体制而言，除了算法公开外，还有一个特点就是加密密钥和解密密钥可以比较容易地互相推导出来。对称密码体制按其对明文的处理方式可分为序列密码算法和分组密码算法。自 20 世纪 70 年代中期美国首次公布了分组密码加密标准 DES 之后，分组密码开始迅速发展，使得世界各国的密码技术差距缩小，密码技术进入了突飞猛进的阶段。典型的分组密码体制有 DES（Data Encryption Standard，数据加密标准）、3DES（Triple Data Encryption Standard，三重数据加密标准）、IDEA（International Data Encryption Algorithm，国际数据加密算法）、AES（Advanced Encryption Standard，高级加密标准）等。

对称加密的流程如图 2-2 所示。

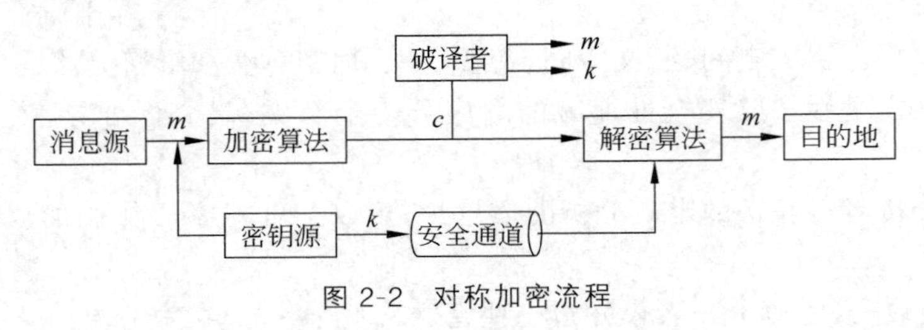

图 2-2　对称加密流程

4）公钥密码体制

公钥密码体制的诞生可以说是密码学的一次革命。公钥密码体制解决了对称密码体制在应用中的致命缺陷，即密钥分配问题。就公钥密码体制而言，除了算法公开外，还有一个特点就是具有不同的加密密钥和解密密钥，加密密钥是公开的（称作公钥），解密密钥是保密的（称作私钥），而且不能够从公钥推导出私钥，或者说从公钥推导出私钥在计算上是困难的。这里的"困难"是计算复杂性理论中的概念。

公钥密码体制的出现使得密码学得到了空前发展。在公钥密码体制出现之前，密码学主要应用于政府、外交、军事等部门；如今密码在民用领域也得到了广泛应用。1977 年，为了解决基于公开信道传输 DES 算法的对称密钥这一难题，Rivest、Shamir 和 Adleman 提出了著名的公钥密码算法 RSA，该算法的名称采用了 3 位发明者姓氏的首字母。RSA 公钥密码技术不但很好地解决了基于公开信道分发密钥问题，而且可以实现对消息的数字签名，防止针对消息的抵赖以及否认。利用数字签名技术，也可以很容易发现潜在的攻击者对消息的非法篡改，实现信息的完整性保护。公钥密码体制中的典型算法除了 RSA 外，还有 ECC（Elliptic Curve Cryptography，椭圆曲线密码）、Rabin、ElGamal 和 NTRU（Number Theory Research Unit，数论研究单位）等。

公钥密码体制特别适用于电子商务这样的业务需求。公钥密码体制有一个非常吸引人的优点：即使一个用户不认识另一个实体，但是只要其服务器确信这个实体的认证中心(Certification Authority，CA)是可信的，就可以实现安全通信。例如，在利用信用卡消费时，根据客户认证中心的可信度，服务方可以对自己的资源进行授权。在任何一个国家，由其他国家的公司充当认证中心都是非常危险的，目前国内外尚没有可以完全信任的认证中心。然而，在效率方面，公钥密码体制远远不如对称密码体制，其处理速度比较慢。因此，在实际应用中，往往把公钥技术和对称密钥技术结合起来，即利用公钥实现通信双方间的对称密钥传递，而用对称密钥来加解密实际传输的数据。公钥加密流程如图 2-3 所示。在图 2-3 中，A 为发送方，B 为接收方，PK_B 为接收方的公钥，SK_B 为接收方的私钥。

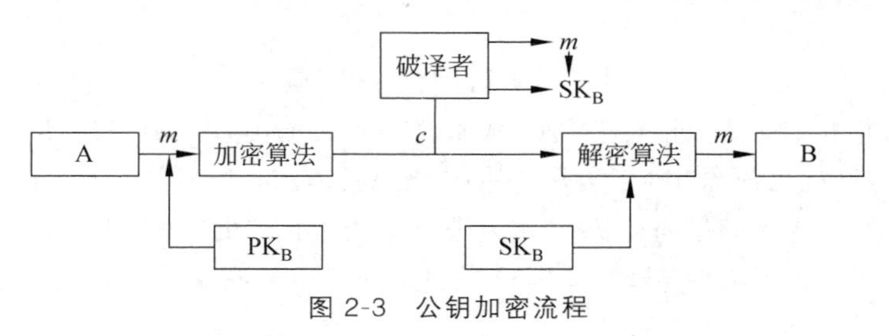

图 2-3　公钥加密流程

在公钥密码体制中，加密和解密使用的密钥不同。发送方利用接收方的公钥对消息加密；接收方在收到密文后，用自己的私钥对密文解密，以恢复原始消息。公钥密码体制的优点是密钥分发比较容易，密钥管理简单，可以有效地实现数字签名。

2.1.2　密码算法

本节介绍在网络安全领域常见的 3 种加密算法。

1. DES 算法

DES 算法属于密码体制中的对称密码体制。DES 又被称为美国数据加密标准，是 1972 年美国 IBM 公司研制的对称密码体制加密算法。其密钥长度为 56 位，明文按 64 位进行分组，分组后的明文根据 56 位的密钥以按位替代或交换的方法形成密文。

该算法的特点是分组较短，但是其密钥太短，密码生命周期短，运算速度较慢。DES 算法的入口参数有 3 个：Key、Data、Mode。Key 为加解密使用的密钥，Data 为加解密的数据，Mode 为算法的工作模式。在加密模式下，明文按照 64 位进行分组，Key 用于对数据加密；在解密模式下，Key 用于对数据解密。在实际应用中，密钥只使用 64 位中的 56 位，以提高安全性。

DES 算法使用了香农提出的混淆和扩散这两个基本技术，综合运用了代数、代换、置换等多种密码技术。DES 算法的设计目标是解决传统服务的身份认证及数据加密问题，避免恶意攻击者对密码系统的分析与统计，并在网络中提供加密通道供客户端与服务器端进行数据传输，避免了明文在网络上传输的不安全问题。

在 DES 算法中，输入的明文数据块与输出的密文数据块的长度一致，都是 64 位。将数据块按位组合，实现数据加密。在实际使用中，64 位的密钥只使用 56 位，另外 8 位是校验位。

DES 加密的流程如图 2-4 所示。

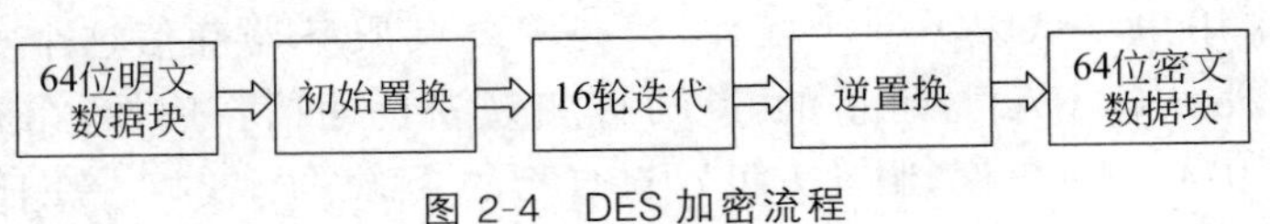

图 2-4 DES 加密流程

从图 2-4 可知,DES 加密的主要步骤如下:

(1) 对输入的 64 位明文数据块进行初始置换,然后将数据块重新排列,将输出分为前 32 位和后 32 位两部分,分别用 L_0 和 R_0 表示。

(2) 64 位密钥经过异或、置换、代换、移位等操作,得到 16 个子密钥,用 $q_1, q_2, \cdots, q_{16}$ 表示。

(3) 对 L_0 和 R_0 进行 16 轮迭代运算,得到 L_{16} 和 R_{16}。

(4) 将得到的 L_{16} 和 R_{16} 进行逆置换,从而获得密文输出,即 $IP^{-1}L_{16}R_{16}$。

从 DES 加密过程可以看出,在实际应用中,密钥只有 56 位有效,第 8、16、24、32、40、48、56、64 位为奇偶校验位。如果采用穷举算法进行攻击,56 位的密钥在安全性上是远远不够的,攻击者利用 DES 的互补性,只要掌握一半明文和对应的密文,进行逆置换,在 16 轮迭代之后即能得到密钥。

2. AES 算法

AES 是美国国家标准与技术研究所(National Institute of Standards and Technology, NIST)提出的,旨在取代 DES,以保护 21 世纪敏感政府信息的新型加密标准。

1998 年 8 月,NIST 召开第一次 AES 候选算法会议(AES1),并公布了 15 个候选算法。1999 年 3 月,NIST 召开第二次 AES 候选算法会议(AES2),公布了 15 个候选算法的讨论结果。参考 AES2 的讨论结果,NIST 从 15 个候选算法中选出了 5 个算法:MARS、RC6、Rijndael、SERPENT、Twofish,作为进一步讨论的主要对象。2000 年 4 月,NIST 召开第三次 AES 候选算法会议(AES3),对上述 5 个候选算法作进一步的分析和讨论。

MARS 算法是 IBM 公司提供的一个候选算法,它的特点是充分使用非平衡的 Feistel 网络。为了保证加密和解密的强度相当,MARS 算法由以下 6 部分组成:

(1) 密钥加。

(2) 不受密钥控制的 8 轮前期混合运算。

(3) 密钥控制下的 8 轮前期加密变换。

(4) 密钥控制下的 8 轮后期加密变换。

(5) 不受密钥控制的 8 轮后期混合运算。

(6) 密钥减。

从现有的分析结果来看,MARS 对现有的密码分析方法是免疫的。其缺陷是有弱密钥,且加密速度较慢。

RC6 算法是在 RC5 算法的基础上设计的。RC5 是一个非常简洁的算法,它的特点是大量使用数据依赖循环。RC6 继承了这些优点。为了满足 NIST 的要求,即分组长度为 128b,RC6 使用了 4 个寄存器,并加入了 32 位的整数乘法以加强扩散特性。关于 RC6 的分析结果如下:

(1) 对 RC6 最好的攻击式是穷举搜索用户的密钥。

(2) 对 RC6 进行差分和线性密码分析所需的数据超过现有的数据。

值得注意的是，由于使用了32位的整数乘法，RC6的加密速度受到一定影响。

SERPENT算法是Anderson、Biham和Kundsen提交的候选算法。它采用代换/置换网络。在SERPENT的最初版本中，使用了DES算法的S盒，目的是使公众相信设计者没有设置任何陷门。SERPENT的加密算法由3部分组成：

(1) 初始置换。

(2) 32轮加密操作，每一轮包含密钥混合运算、S2盒及线性变换。

(3) 末尾置换。

Twofish算法是Bruce Schneie等人提交的候选算法。它的总体结构是一个16轮的Feistel结构，其主要特点是S2盒由密钥控制。Twofish算法分3部分：

(1) 初始变换。

(2) 16轮加密。

(3) 末尾变换。

在第三次AES会议上，尽管并未完全达成一致，但与会者认为，Rijndael算法设计简单，在各种测试环境下总体性能良好，而且其安全强度指标经过各种算法分析与密码攻击证实是相当高的。该算法唯一的不足是加密轮数还需提高，以保证更高的安全性。

2000年10月2日，NIST宣布Rijndael算法成为新一代的AES算法。Rijndael算法是迭代分组密码算法，其分组长度和密钥长度都可改变。该算法的扩充形式允许分组长度和密钥长度以32b的步长在128b～256b变化。该算法的主要优点是：设计简单，密钥安装快，需要的内存空间少，在所有平台上运行良好，支持并行处理，能防御所有已知攻击。

新的AES算法实现流程主要分为轮密钥加、字节代替、行移位、列混合4部分。AES算法分组长度固定为128b；密钥长度为128b、192b、256b、轮数Nr依赖于密钥长度，Nr为10、12、14分别对应于128b、192b、256b的密钥长度。

3. ECC算法

ECC算法是目前已知的所有公钥密码算法中能够提供最高比特强度的一种。用椭圆曲线来构造密码，用户可以任意选择安全的椭圆曲线。在确定了有限域后，椭圆曲线的选择范围很大。椭圆曲线密码体制的另一个优点是：一旦选择了恰当的椭圆曲线，就没有任何指数算法能攻破它。

ECC算法利用有限域上椭圆曲线的有限点群代替基于离散对数问题的密码体制中的有限循环群。

ECC算法利用了定义在椭圆曲线点群上的离散对数问题的难解性。

ECC算法的优势如下：

(1) 密钥长度短，占用带宽少。ECC算法的密钥长度是256位，占用的存储空间少，CPU开销小，带宽的占用也比较少。随着移动网络技术的发展，ECC算法为移动互联网提供了更可靠、更安全的环境。

(2) 性能更好，安全性更高。安全性能一般通过算法的抗攻击强度来反映。ECC算法需要的密钥长度较短。相对于其他公钥算法，ECC算法能更好地防攻击。256位的ECC算法密钥与3072位的RSA算法密钥的加密强度相同。目前公钥加密应用广泛的RSA算法密钥长度是2048位，则210位的ECC算法密钥与2048位的RSA算法密钥具有相同的安全强度。ECC算法的计算代价小。

(3) 可以延长硬件使用寿命。ECC 算法由于提供了更高的安全性，可以更好地保护基础设施。ECC 算法的密钥长度一般按 128 位增长，而 RSA 算法的密钥长度则是按倍数增长。采用 ECC 算法可以延长计算机硬件的使用寿命。经国外有关权威机构测试，在 Apache 和 IIS 服务器上采用 ECC 算法，Web 服务器响应时间比采用 RSA 算法时快十几倍。

2.1.3 网络安全应用

密码学在网络安全中的具体应用主要包括以下几种形式：

(1) 某些加密算法强度较弱，容易遭受网络安全攻击。利用密码学的相关技术可以有效阻止以下网络安全攻击：

- 侦听并解读明文数据通信流，窃取敏感数据。
- 对于捕获的数据包进行恶意篡改。
- 窃取合法用户的访问口令，对目标系统进行攻击。
- 直接窃取加密密钥。

(2) 用于认证服务，使网络上的用户可以相互证明自己的身份，即能正确对信息进行解密的用户就是合法用户。用户在对应用服务器进行访问前，必须从第三方获取该应用服务器的访问许可证。

(3) 用于提高电子邮件的安全性。目前电子邮件广泛应用的保密方法是 PGP(Pretty Good Privacy)。它采用的解决方案是给每个公钥分配一个密钥标识，并在很大概率上与用户标识一一对应。发送方需要使用一个私钥加密消息摘要，接收方必须知道应使用哪个公钥解密。相应地，消息的数字签名部分必须包括与公钥对应的 64 位密钥标识。当接收方收到消息后，用密钥标识对应的公钥验证签名。

密码技术并不能解决所有的网络安全问题，还需要与信息安全的其他技术(如访问控制技术、网络监控技术等)互相融合，形成综合的信息网络安全保障。

2.2 防火墙技术

防火墙是一个或一组网络设备装置，通常指运行特别编写的或更改过的操作系统的计算机，它的目的就是保护内部网络的访问安全。防火墙可以安装在内部网络与外部的互联网之间。它可以加强访问内部网络对外部的互联网的控制。它的主要任务是允许特定的连接通过，阻止其他连接。防火墙只是网络安全策略的一部分，它通过少数几个良好的监控位置来进行内部网络与互联网的连接。防火墙的核心功能主要是包过滤，其入侵检测、控管规则过滤、实时监控及电子邮件过滤等功能都是基于封包过滤技术的。

防火墙的主要功能可归纳为以下几点：

(1) 根据应用程序访问规则可对应用程序连网动作进行过滤。

(2) 对应用程序访问规则具有自学习功能。

(3) 可实时监控或监视网络活动。

(4) 通过日志记录网络访问动作的详细信息。

(5) 访问被拦阻时能通过声音或闪烁图标报警提示。

防火墙技术是建立在现代通信网络技术和信息安全技术基础上的应用安全技术，越来越多地应用于专用网络与公用网络的互联环境之中。防火墙本身具有较强的抗攻击能力，它是提供信息安全服务、保障网络和信息安全的基础设施。

防火墙具有如下特性：

(1) 网络位置特性。内部网络和外部网络之间的所有网络数据都必须经过防火墙。

(2) 工作原理特性。符合安全策略的数据才能通过防火墙。

(3) 先决条件特性防火墙具有非常强的抗攻击能力。

常见防火墙的类型主要有两种：包过滤防火墙和代理防火墙。

2.2.1　防火墙体系结构

作为设置在内部网络(被保护网络)和外部网络之间，能提供信息安全服务并以保障网络和信息安全为目的的网络安全基础设施，防火墙意在强化网络安全策略，实现对网络访问行为的监控审计，防止内部信息的泄露并努力减少网络攻击造成的危害。在对抗不断变化的网络攻击的过程中，防火墙的体系结构也随着其任务的扩展有了较大的变化。但从宏观上讲，其基本特征仍然是以下3点：

(1) 防火墙是内部网络与外部网络之间通信的唯一通道。根据美国国家安全局制定的《信息保障技术框架》，防火墙适用于用户网络系统的边界，属于用户网络边界的安全保护设备。所谓网络边界，指的是采用不同安全策略的两个网络的连接处，例如用户网络和互联网之间、用户网络和业务往来单位网络之间、用户网络内部不同部门之间的连接处等。防火墙则是在网络连接处建立的安全控制点。

(2) 防火墙可以按照安全策略对网络访问行为实施控制。只有符合安全策略的数据流才能通过防火墙，这是防火墙的基本工作原理。网络管理人员可以预先设置防火墙的安全策略，通过允许、拒绝或重新定向经过防火墙的数据流来实现对进、出网络的访问的控制。

(3) 防火墙可以对网络访问行为进行监控、记录和审计。为实现这一目标，防火墙应记录所有的网络活动。当发生可疑动作时，防火墙能适时报警，并提供网络是否受到攻击的详细信息。

传统防火墙有4种基本体系结构：屏蔽路由器型体系结构、双穴主机网关型体系结构、屏蔽主机网关型体系结构、屏蔽子网型体系结构。

1. 屏蔽路由器型体系结构

屏蔽路由器型(screened router)是防火墙最基本的构件，用于实现防火墙最基本的功能。它可以用厂家专门生产的路由器实现，也可以用主机实现。作为内外连接的唯一通道，屏蔽路由器要求所有的数据包都必须接受检查。在屏蔽路由器上安装基于IP层的报文过滤软件，以实现报文过滤功能。

屏蔽路由器型体系结构如图2-5所示。

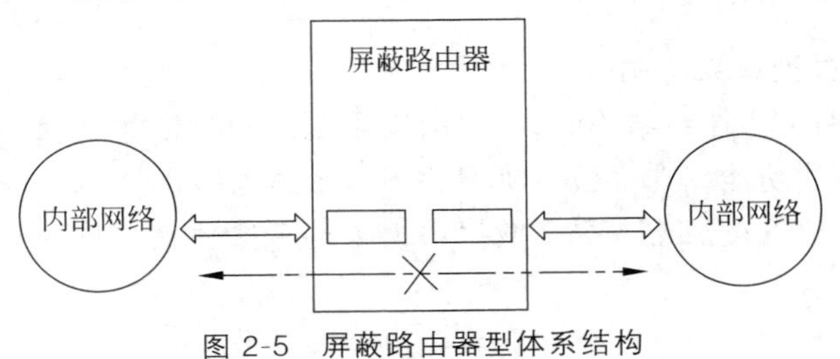

图2-5　屏蔽路由器型体系结构

许多路由器本身带有报文过滤配置选项，但一般比较简单。单纯由屏蔽路由器构成的防火墙的危险带包括路由器本身及路由器允许访问的主机。

包过滤路由器防火墙是一种常见的防火墙。包过滤路由器在网络之间完成数据包转发的路由功能，并利用包过滤规则来允许或拒绝数据包。包过滤路由器防火墙的结构如图 2-6 所示。

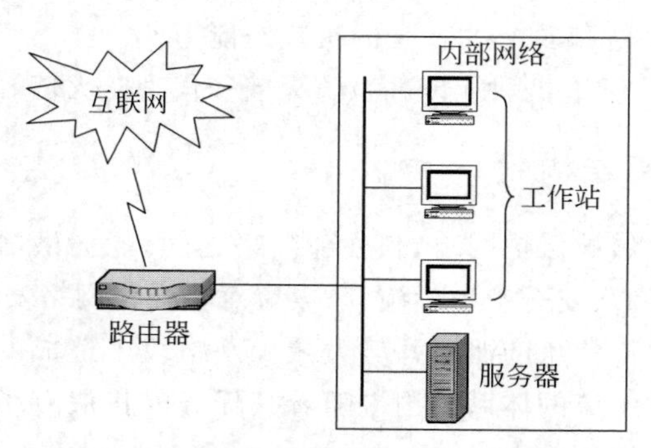

图 2-6 包过滤路由器防火墙的结构

尽管这种防火墙有价格低和易于使用的优点，但同时也有很多缺点，例如，配置不当的路由器可能受到攻击，攻击者可以利用包裹在允许服务和系统内的操作进行攻击，等等。由于这种防火墙允许在内部和外部系统之间直接交换数据包，因此攻击面可能会扩展到所有主机和路由器允许的全部服务上。如果有一个包过滤路由器被渗透，则内部网络上的所有系统都可能会受到损害。这种防火墙不能隐藏内部网络的信息，不具备监视和日志记录功能，不能识别不同的用户。

2. 双穴主机网关型体系结构

双穴主机网关型体系结构使用两台或多台具有宿主功能的主机构成双重宿主主机，通过在主机中插入两块网卡来完成主机间的硬件连接。这就要求该类型主机的防火墙必须负责内部网络和外部网络的两个相应的网络接口。主机起到路由器的作用，实现数据从一个网络向另一个网络的传送。双穴主机网关型的体系结构禁止直接发送数据，防火墙系统和主机系统间的 IP 通信也被完全阻止。

双穴主机网关型体系结构围绕双重宿主主机构建。双穴主机至少有两个网络接口，这样的主机可以充当与这些接口相连的网络之间的路由器，它能够从一个网络向另一个网络发送 IP 数据包。然而，双穴主机网关型体系结构的防火墙禁止这种发送，因此 IP 数据包并不是从一个网络(如外部网络)直接发送到另一个网络(如内部网络)。外部网络能与双重宿主主机通信，内部网络也能与双重宿主主机通信，但是外部网络与内部网络不能直接通信，它们之间的通信必须经过双重宿主主机的过滤和控制。双穴主机网关型体系结构如图 2-7 所示。

3. 屏蔽主机网关型体系结构

采用屏蔽主机网关型体系结构时，内部网络主机的包过滤是通过一个单独的路由器实现的，它也有代理过滤功能。在屏蔽主机网关型体系结构中，代理服务器负责将数据传送给主机，包过滤网关则负责过滤或者屏蔽数据中携带的危险协议。屏蔽主机网关型体系结构如图 2-8 所示。

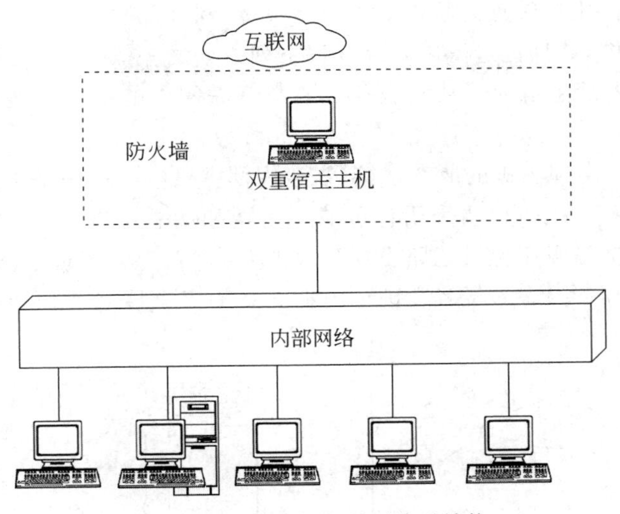

图 2-7　双穴主机网关型体系结构

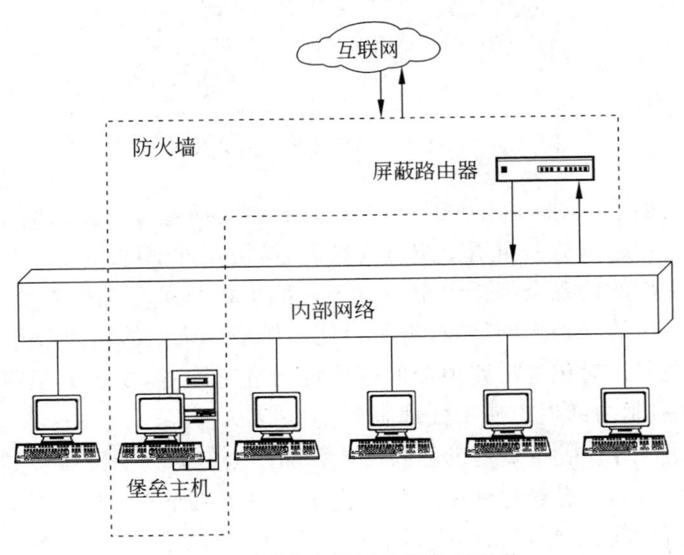

图 2-8　屏蔽主机网关型体系结构

该体系结构中的安全机制是由包过滤系统来保证的,它由单个网络端口的应用型防火墙和一个包过滤器共同组成。在接收到数据后,首先由包过滤器对数据进行过滤处理,然后将其发送给堡垒主机。在堡垒主机上通过应用服务代理对数据进行分析,然后将合法的信息发送给内部网络主机。当向外传输数据时,其过程正好相反,首先经过应用服务代理对数据进行检查,然后将其转发给包过滤器,最后再发送到外部网络。该体系结构的防火墙对数据设置了两层保护,数据安全性较高,但是对路由器的路由表要求比较高。

屏蔽主机网关型体系结构涉及堡垒主机。堡垒主机是互联网中的主机能连接的唯一的内部网络中的主机。任何外部系统要访问内部系统或服务时都必须先连接这台主机。因此,堡垒主机要保障较高等级的安全。数据包过滤允许堡垒主机开放可允许的连接(什么是

"可允许的连接"将由用户站点的特殊安全策略决定)到外部网络。

在屏蔽路由器中,数据包过滤配置可以按下列方案之一执行:

(1) 允许其他内部主机为了某些服务开放与互联网中的主机的连接(允许经由数据包过滤的服务)。

(2) 不允许来自内部主机的所有连接(强迫内部主机经由堡垒主机使用代理服务)。

单堡垒主机屏蔽主机防火墙采用包过滤路由器和堡垒主机,其结构如图 2-9 所示。这种防火墙提供的安全等级比包过滤路由器防火墙要高,因为它实现了网络层安全(包过滤)和应用层安全(代理服务)。入侵者在破坏内部网络的安全性之前,必须首先渗透两种不同的安全系统。

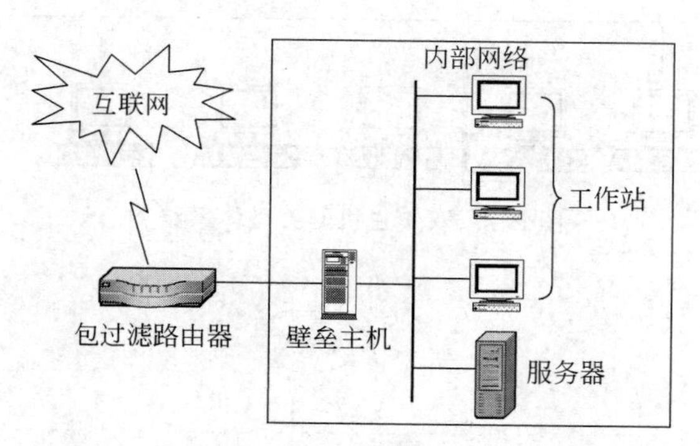

图 2-9 单堡垒主机屏蔽主机防火墙的结构

对于这种防火墙系统,堡垒主机配置在内部网络中,而包过滤路由器则放置在内部网络和外部网络之间。在包过滤路由器上进行规则配置,使得外部网络只能访问堡垒主机,去往内部网络中其他主机的信息全部被阻塞。由于内部主机与堡垒主机处于同一个网络中,内部网络是否允许直接访问外部网络,或者是否使用堡垒主机上的代理服务来访问外部网络,要根据安全策略决定。对包过滤路由器的过滤规则进行配置,使得其只接收来自堡垒主机的内部数据包,并强制内部用户使用代理服务。

如图 2-10 所示,用双宿堡垒主机可以构造更加安全的防火墙系统。这种物理结构强行让所有去往内部网络的信息经过堡垒主机。由于堡垒主机是唯一能从外部网络上直接访问的内部主机,因此有可能受到攻击的主机就只有堡垒主机。但是,如果允许用户注册到堡垒主机,那么整个内部网络中的主机都有可能受到攻击。牢固可靠、避免被渗透和不允许用户

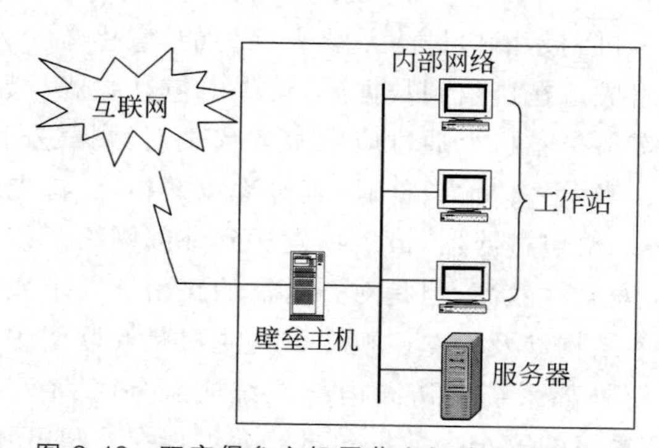

图 2-10 双宿堡垒主机屏蔽主机防火墙的结构

注册对堡垒主机来说是至关重要的。

4. 屏蔽子网型体系结构

屏蔽子网型体系结构的防火墙主要是在屏蔽主机网关型体系结构的防火墙上面巧妙地增加了一个安全层。它通过计算机网络来实现将外部设备添加到内部网络中以及对外部网络的隔离。这种防火墙由两个屏蔽路由器构成，每个路由器都与周边网络连接在一起。由于安全层的存在，入侵者很难入侵内部网络。

屏蔽子网型体系结构防火墙添加了额外的安全层，即通过添加周边网络更进一步把内部网络和外部网络(通常是互联网)隔离开。屏蔽子网型体系结构最简单的形式为两个屏蔽路由器，每一个都连接到周边网络，一个屏蔽路由器位于周边网络与内部网络之间，另一个屏蔽路由器位于周边网络与外部网络(通常为互联网)之间，这样就在内部网络与外部网络之间形成了一个隔离带——非军事化区或停火区(Demilitarized Zone，DMZ)。为了入侵采用这种体系结构的防火墙的内部网络，入侵者必须通过两个屏蔽路由器。即使入侵者入侵了堡垒主机，也必须通过内部屏蔽路由器，屏蔽子网型体系结构如图 2-11 所示。

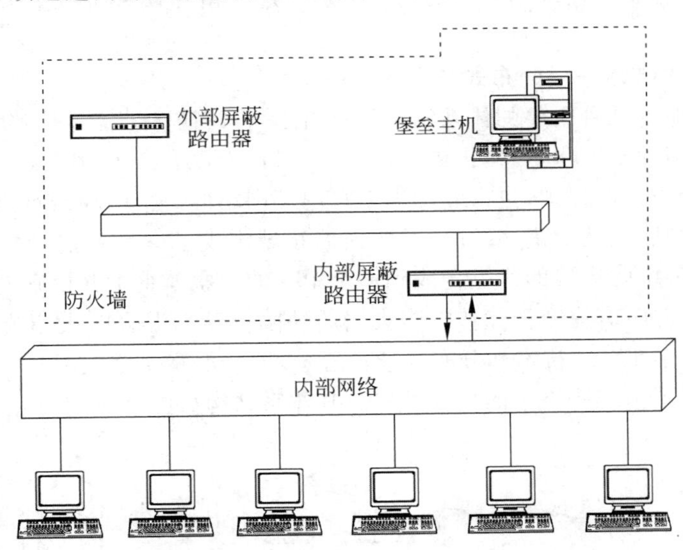

图 2-11　屏蔽子型网体系结构

屏蔽子网防火墙采用了两个屏蔽路由器和一台堡垒主机，其结构如图 2-12 所示。这种防火墙是最安全的防火墙，因为在定义了 DMZ 后，即可支持网络层和应用层安全功能。网络管理员将堡垒主机、Web 服务器、调制解调器池以及其他公用服务器(如 FTP 服务器)放在 DMZ 中。通过 DMZ 直接进行信息传输是被严格禁止的。

外部屏蔽路由器用于防范通常的外部攻击(如源地址欺骗攻击和源路由攻击)，并管理外部网络到 DMZ 的访问。它只允许外部网络访问堡垒主机。内部屏蔽路由器则提供第二层防御，只接收来自堡垒主机的数据包，负责管理 DMZ 到内部网络的访问。

部署屏蔽子网防火墙系统有如下 3 个特别的好处：

(1) 入侵者必须突破 3 个不同的设备——外部路由器、堡垒主机以及内部路由器，才能侵袭内部网络。

(2) 由于外部路由器只能向外部网络通告 DMZ 的存在，这样网络管理员就可以保证内

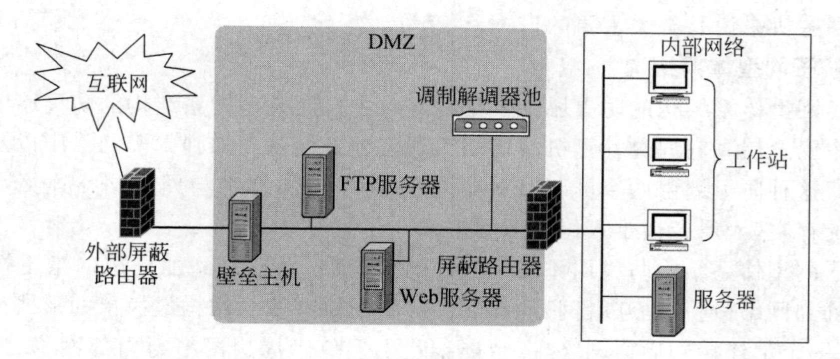

图 2-12　屏蔽子网防火墙的结构

部网络是不可见的。

(3) 由于内部路由器只向内部网络通告 DMZ 的存在,内部网络上的系统不能直接通往外部网络,这样就保证了内部网络中的用户必须通过驻留在堡垒主机上的代理服务才能访问外部网络。

5. 防火墙前沿技术——分布式防火墙

由传统防火墙的几种主要的体系结构不难看出,传统防火墙完全依赖于网络拓扑结构。它扼守在内部网络的唯一入口,保护内部网络的主机,而没有考虑对于位于局域网以外的托管主机、远程办公主机的保护,也没有考虑来自内部网络的主机的攻击行为。

为了克服传统防火墙的诸多缺陷,在防火墙领域出现了一系列前沿技术。自适应的代理服务防火墙将传统防火墙的优点合成到一个单一的完整系统中并使它们的缺点缩减到最小,但这种防火墙并没有完全消除传统防火墙的缺陷。新型混合防火墙具备了分布式防火墙的雏形,它运用了 IPSec 技术和分布式计算思想,但并没有完全采用分布式防火墙的设计理念,还部分保留了传统防火墙的拓扑结构。其体系结构如图 2-13 所示。

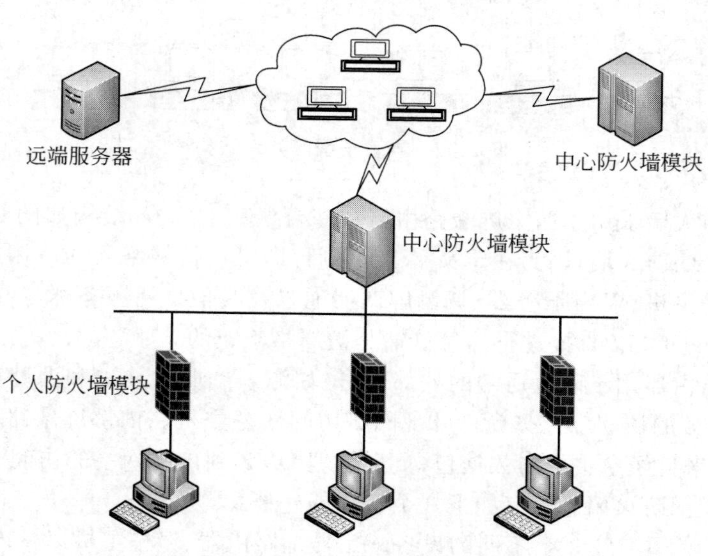

图 2-13　新型混合防火墙体系结构

IPSec 技术的运用消除了企业网内部的不安全因素，大大降低了企业网内的窥探和欺骗的可能性，也提供了对网络安全以及 VPN 的支持。分布式概念的引入有效地降低了中心防火墙模块的计算负载，缓解了对中心防火墙模块的吞吐能力的要求。同时，布置在用户端的个人防火墙模块负责完成原来在传统防火墙中进行的应用级安全处理，提高了新型混合防火墙的安全处理能力。

传统防火墙由于部署在网络边界，也被称为边界防火墙(perimeter firewall)。随着网络应用的普及，威胁网络安全的因素不仅来自外部网络，而且可能来自内部网络，这使得网络边界逐渐成为逻辑上的概念。边界防火墙的缺陷开始显露出来。例如，边界防火墙假设内部网络是可靠和安全的，而外部网络是不可信的，导致了"防外不防内"现象的存在。又如，边界防火墙把检查机制集中在网络边界的入出口上，当安全策略过于复杂时，会降低防火墙的效率，造成网络访问瓶颈现象。这会使得防火墙的使用者首先考虑效率，而不是安全，因而留下安全隐患。边界防火墙本身还存在单点失效危险。一旦发生软硬件故障或被入侵，整个内部网络就会完全暴露在攻击者面前。此外，边界防火墙还可能使新出现的网络业务(例如移动办公、服务器托管以及商务伙伴之间在一定权限下的彼此访问等)受到限制。1999 年，Bellovin 提出了分布式防火墙(distributed firewall)的概念，并给出了分布式防火墙的基本框架模型。

1) 分布式防火墙的基本思想

分布式防火墙的基本思想是：安全策略由某种策略语言集中定义，系统管理工具将安全策略分布到每台主机上。根据策略和 IPSec 中发送方的加密校验认证，由受保护的主机来决定接收或拒绝到来的包。如图 2-14 所示，在分布式防火墙网络拓扑体系结构中，同时存在着多个防火墙实体，但在逻辑上它们是一个防火墙。在图 2-14 中，A 是中心策略服务器，B 是安装了主机防火墙的服务器，C、D 是安装了主机防火墙的终端，E 是网络防火墙，F 是安装了主机防火墙的移动计算机，G 是安装了主机防火墙的远程计算机。

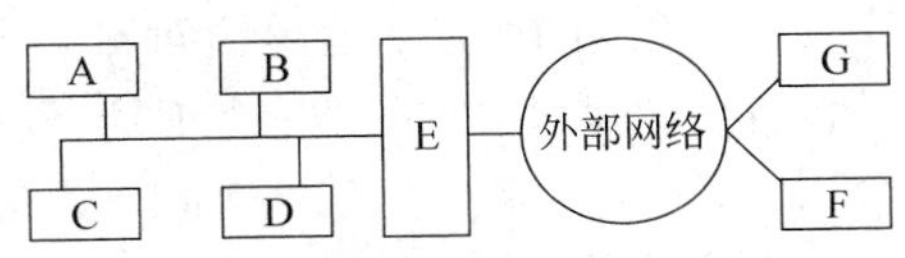

图 2-14　分布式防火墙网络拓扑结构

分布式防火墙依赖于 3 个主要的概念：说明哪一类连接可以被允许/禁止的策略语言、系统管理工具和 IP 安全协议。其工作思路是：由中心定义策略，由分布在网络中的各个端点实施既定的策略。

2) 分布式防火墙的分类

分布式防火墙有广义和狭义之分。

广义的分布式防火墙包括网络防火墙(network firewall)、主机防火墙(host firewall)和中心策略管理(central policy management)3 部分。

网络防火墙的功能与传统的边界防火墙类似，用于实施内部网络与外部网络之间、内部网络各子网之间的防护。与传统边界防火墙相比，实施对内部网络各子网之间的安全防护是分布式防火墙新增加的内容。

主机防火墙驻留在各终端中，对用户透明，负责安全策略的实施，用于实现对网络中的服务器和桌面计算机进行保护。主机防火墙不仅要实施内部网络与外部网络之间的防护，而且要完成对内部网络各子网之间、子网内部的工作站与服务器之间的安全防护，这一点是传统的边界式防火墙所不具备的。主机防火墙由包过滤引擎、下载策略模块、上传日志模块和加密认证模块等组成。

中心策略管理又称中心策略服务器，是分布式防火墙系统的核心。它负责总体安全策略的策划、管理、分发及日志的汇总，这是传统防火墙所不具备的部分。中心策略管理由安全策略模块、策略数据库、审计处理模块、审计数据库和加密认证模块等组成。在一个分布式防火墙系统中，所有主机防火墙和网络防火墙都受控于中心策略管理。

对于广义的分布式防火墙来说，每个防火墙作为安全监测机制的组成部分，必须根据不同的安全要求被布置在网络中有需要的相应位置上。例如，网络防火墙部署于内部网络与外部网络之间以及内部网络的子网之间；主机防火墙的物理位置可能在内部网络中，也可能在外部网络中。

狭义的分布式防火墙是指驻留在网络主机（如服务器或桌面计算机）上并对主机系统提供安全防护的产品，“驻留主机”是这类防火墙的重要特征。狭义的分布式防火墙将该驻留主机以外的其他网络都认为是不可信任的，并有针对性地为驻留主机运行的应用和对外提供的服务设置安全策略。由于操作系统自身可能存在安全漏洞，狭义的分布式防火墙的安全监测核心引擎应该嵌入操作系统内核，直接接管网卡，对所有数据包进行检查，然后再提交给操作系统。不能实现嵌入式运行模式的狭义的分布式防火墙由于受到操作系统安全机制的制约，存在明显的安全隐患。

3）分布式防火墙的特点

与传统防火墙相比，分布式防火墙不仅对网络边缘实施安全防护，而且将防火墙的功能分布到整个网络中（包括远程访问用户）。分布式防火墙的主机标识符是IPSec加密证书，不是传统防火墙使用的主机IP地址，因此，分布式防火墙是拓扑独立的。如果某台主机具有合法的证书，无论在何处（内部网络或外部网络），它总是可信的。这样就能够有效抑制IP地址欺骗，增强防火墙的可移动性和灵活性。

分布式防火墙的防护理念是：除了自己以外，任何用户的访问都是不可信的，都需要进行过滤。这与传统的边界防火墙仅对外部网络用户访问不信任的前提假设存在本质的区别。分布式防火墙不仅对外部网络与内部网络之间的通信进行过滤，而且还可根据需要对内部网络各子网之间、各用户之间的通信进行过滤。由于分布式防火墙由主机来实施策略控制，使得基于主机的包过滤和入侵检测针对性更强、更准确，对来自内部的攻击防范得更有效。分布式防火墙依赖主机作出合适的决定，就能较好地解决传统防火墙在没有上下文的情况下很难将攻击包从合法的数据包中区分出来，无法实施有效过滤的问题。

传统防火墙的接入控制点单一。分布式防火墙的存在使得网络中有了很多入口点，吞吐量不再受防火墙速度的限制，单点失败也不再使整个网络瘫痪。分布式防火墙还可以避免由于某一端点系统被入侵而导致攻击向整个网络蔓延的情况发生，从而能提高整个系统的安全性。一旦网络规模增长，分布式防火墙能将增长的处理负荷在网络中分布，使防火墙保持较高的性能。

分布式防火墙技术还处于发展中，因此没有固定的模式和体系，但是一些经典的模型在分布式防火墙的发展中具有重要的地位。

还可以针对端点的不同需要，充分考虑这些主机上运行的应用，对分布式防火墙进行最佳配置，在保障网络安全的前提下提高网络运行效率。由于安全策略是由系统统一发送到各主机的，所以能避免在多个防火墙接入时由于策略不一致造成的冲突。

分布式防火墙具有部署容易、使用方便、安全性高和扩展能力强等特点。但是，由于技术和成本的原因，分布式防火墙在实现上也会遇到许多问题。例如，当拥有对主机防火墙的控制权时，用户可能会改变其安全策略。又如，每个主机防火墙独立实施自己的包过滤机制，要比传统防火墙消耗更多的资源。因此，将分布式防火墙中的某些技术与边界防火墙相结合的混合型防火墙依然有其存在的价值。

2.2.2 包过滤防火墙

防火墙使用的基本技术包括包过滤、代理服务（应用代理、电路级代理和网络地址转换）。它们与OSI参考模型的关系如图2-15所示。

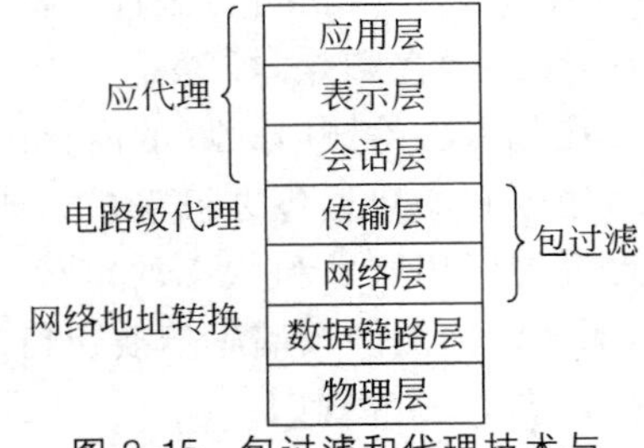

图2-15 包过滤和代理技术与OSI参考模型的关系

包过滤是一种网络安全保护机制，用来控制进出网络的数据流。通过控制存在于某一网段的数据流类型，包过滤技术可以限定存在于某一网段的服务内容。不符合网络安全要求的服务将被严格限制。基于包中的协议类型和字段值，过滤路由器能够区分数据流量。

包过滤（packet filtering）技术是根据流经防火墙的数据包的特征，依据预先定义好的规则，决定是否允许数据包通过。它对数据包进行分析筛选的依据是系统内设置的访问控制列表（Access Control List，ACL）。通过检查数据流中每个数据包的源地址、目的地址、使用的端口号、协议状态等信息确定是否允许该数据包通过。

包过滤技术分为静态包过滤和动态包过滤两种。近年来，研究人员在动态包过滤技术上，又进一步提出了包状态检测技术和深度包检测技术。

静态包过滤又称简单包过滤（simple packet filter），是根据定义好的过滤规则审查每个数据包，以便确定其是否与某条包过滤规则匹配，然后对接收的每个数据包作允许或拒绝的决定。过滤规则基于数据包报头中的信息，例如源IP地址、目标IP地址、协议类型（TCP、UDP、ICMP等）、源端口和目的端口。

动态包过滤（dynamic packet filter）采用动态设置包过滤规则的方法过滤数据包。采用这种技术的防火墙对每一个连接都进行跟踪，动态地决定哪些数据包可以通过，并且可以根据需要动态地在过滤规则中增加或更新条目。

包状态检测（stateful inspection）技术继承了包过滤技术的优点，同时摒弃了包过滤技术仅考查数据包的IP地址、协议类型等几个参数，而不关心数据包连接状态变化的缺点，通过建立状态表，并将进出网络的数据当成一个个会话，利用状态表跟踪每一个会话状态。包状态检测技术在对每一个包进行检查时不仅根据规则表，还要考虑数据包是否符合会话所处的状态，检查数据包之间的关联性，因而能提供更完整的传输层控制能力。

深度包检测（deep packet inspection）技术融合了入侵检测和攻击防范的功能，通过指纹匹配、启发式、异常检测和统计分析等技术来决定如何处理数据包，并可以根据特征检测和内容过滤来寻找已知的攻击，阻止分布式拒绝服务攻击、病毒传播和异常访问等威胁网络安全的行为。

包过滤防火墙通常工作在OSI参考模型的第三层及以下各层，可控的内容主要包括报文的源地址、报文的目的地址、服务类型以及数据链路层的 MAC 地址等。随着包过滤防火墙的发展，OSI 参考模型第四层的部分内容也被包括进来，例如报文的源端口和目的端口。包过滤防火墙遵循的一条基本原则是最小特权原则，即明确允许某些数据包通过，而禁止其他的数据包通过。

由于大多数路由器都提供简单的数据包过滤功能，所以传统的包过滤防火墙多数是由路由器集成的。包过滤防火墙的优点是：不用改动应用程序，数据包过滤对用户透明，过滤速度快，通用性强（因为它不针对具体的网络服务）；其缺点是：不能彻底防止地址欺骗，某些协议不适合采用数据包过滤技术（例如过滤器不能有效地过滤 UDP、RPC 等协议），无法执行某些安全策略（例如审计和报警），安全性较差（例如，过滤器只能依据包头信息进行过滤，不能对用户身份进行验证），对网络管理人员素质要求高其性能会随着过滤规则数目的增加，受到很大影响，等等。

在包状态检测防火墙的内核中运行着状态检测引擎（stateful inspections engine），它负责对接收到的数据包进行审核。如果接收到的数据包符合访问控制要求，将该数据包传到高层进行应用级别和状态的审核；如果不符合要求，则丢弃该包。与包状态检测防火墙相比，深度包检测防火墙不但要保留基本的网络连接状态，而且要维持网络的应用状态。

1. 包过滤的规则

包过滤的过滤手段是通过规则限制包，因此可以说规则的制定是包过滤的一个重要组成部分。访问控制列表技术与包过滤技术能够很好地结合，可以作为规则的载体，存储包过滤规则内容。通过组的形式分类制定规则，在不同组别下存储不同种类的规则，然后把规则应用到路由器接口上。当需要包过滤功能的时候，就利用规则进行过滤。

制定包过滤规则的时候，还需要准确理解协议的双向性和服务的双向性。协议总是双向性的，包括发出请求和接收应答。在制定包过滤规则的时候应注意包是从两个方向到达路由器的。例如，若规则是只允许往外发的包，而不允许显示信息包通过这个链接返回，这样的规则是不正确的。

2. 访问控制列表包过滤技术

访问控制列表包过滤是一种被广泛使用的网络安全技术。它可以实现数据识别，并决定是转发还是丢弃这个数据包。通过一系列匹配条件对报文进行分类，这些条件是报文头中的属性信息。访问控制列表的主要功能就是保护企业网中的信息资源，阻止非法用户对信息资源的访问，同时限制各个用户组的访问权限。访问控制列表的主要内容就是规则，它是一个规则的集合。访问控制列表如图 2-16 所示。

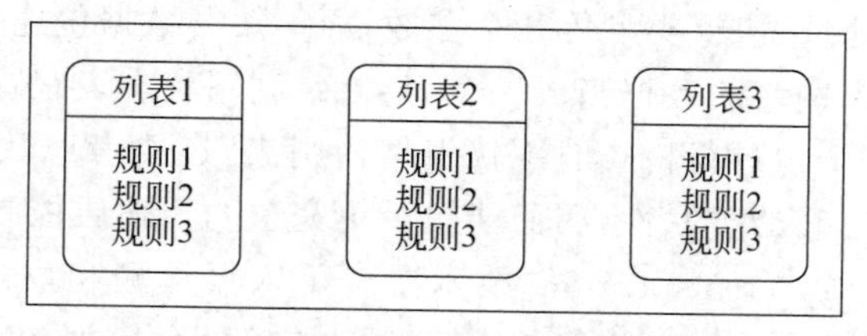

图 2-16　访问控制列表示意图

3. 访问控制列表的应用

访问控制列表的应用如下：

（1）包过滤防火墙。其功能主要是实现包过滤。配置基于访问控制列表的包过滤防火墙，可以在保证合法用户的报文通过的同时拒绝非法用户的访问。例如，要实现只允许财务部的员工访问服务器而其他部门的员工不能访问服务器的访问控制，可以通过基于访问控制列表的包过滤防火墙丢弃其他部门访问服务器的数据包。

（2）网络地址转换。公共地址的短缺使网络地址转换技术的应用需求旺盛，而通过设置访问控制列表可以规定哪些数据包需要进行网络地址转换。例如，可以设置只允许属于网段 192.168.1.0/24 的用户通过网络地址转换访问互联网。

（3）基于 QoS 的数据分类。QoS（Quality of Service，服务质量）是指网络转发数据报文的服务品质。新业务的不断涌现对网络的服务品质提出了更高的要求，用户已不再满足于简单地将报文送达目的地，而是希望得到更好的服务，例如为用户提供专用的带宽、减少报文的丢失率等。QoS 可以通过访问控制列表实现数据分类，并进一步对不同类别的数据提供有差别的服务。例如，通过设置访问控制列表来识别语音数据包并对其设置较高优先级，就可以保证语音数据包优先被网络设备转发，从而保证 IP 语音通话的质量。

（4）路由策略和过滤。路由器在发布与接收路由信息时，可能需要实施一些策略，以便对路由信息进行过滤。例如，路由器可以通过引用访问控制列表来对匹配路由信息的目的网段地址实施路由过滤，除掉不需要的路由，而只保留必要的路由。

（5）按需拨号。路由器建立 PSTN/ISDN 等按需拨号连接时，需要配置触发拨号行为的数据，即只有需要发送某类数据时路由器才会发起拨号连接。按需拨号也可通访问控制列表实现。

在路由器上实现包过滤防火墙的核心就是在路由器的接口上都配备包过滤防火墙，并具有方向性。在接口的入方向和出方向可以配置独立的防火墙来实施包过滤，如图 2-17 所示。

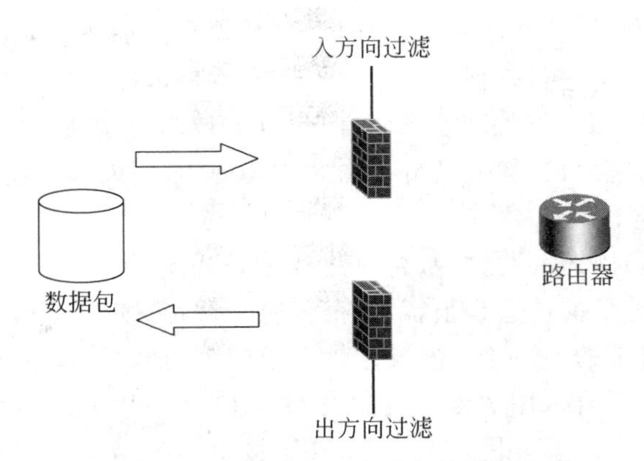

图 2-17　在路由器上实现包过滤防火墙

包过滤防火墙对数据包的丢弃和通过是由规则设定的，规则的设定是通过引用来实现的。每一条规则都会对应一个匹配条件和对包的处理动作。访问控制列表的规则匹配条件来源于数据包，主要包括数据包中的源地址、目的地址、源端口号、目的端口号和协议号，还可以附加的属性信息有优先级、分片报文位、地址、信息等。不同的规则设定中包含的属性信息也不同。

访问控制列表的动作有两个：通过和丢弃。当路由器接收到数据包时，如果接口上没有包过滤防火墙，那么数据包直接进入路由转发过程。如果接口上配置了包过滤防火墙，数据包首先要经过筛选，如果能够匹配一条规则，查看该规则规定的动作是通过还是丢弃，如果是通过，才能进行路由查找和转发。当路由器准备从一个接口发送一个数据包时，如果接口上没有包过滤防火墙，那么数据包直接发出。如果接口上配置了包过滤，同接收的时候一样，需要筛选并且确定是丢弃它还是允许它通过，如果允许它通过，则将它发出。

访问控制列表规则匹配流程如下：

(1) 系统判断接口是否有包过滤防火墙。如果没有，进入路由转发或者发送流程(对应接口的进入和发出)；如果有，则进入包过滤流程。

(2) 通常情况下，访问控制列表规则有是否有效属性，所以需要获取访问控制列表中的规则并判断其有效性。如果有效，转到(3)；如果无效，则转到(4)。

(3) 对包头中的信息和规则信息进行匹配。如果匹配成功，转到(5)；如果匹配不成功，则转到(4)。

(4) 查看是否存在下一条规则。如果存在，跳到下一条规则，并且转到(2)；如果不存在，则转到(6)。

(5) 判断规则的动作是丢弃还是通过。如果是通过，进入路由转发或者发送流程；如果是丢弃，则放弃数据包。

(6) 检查系统默认动作是丢弃还是通过，并执行相应流程。

4. 包过滤防火墙的优缺点

包过滤防火墙有以下优点：

- 一个独立的、网络位置适当的包过滤路由器有助于保护整个网络。如果仅用一个路由器连接内部网络与外部网络，不论内部网络大小、拓扑结构如何，在网络安全保护上都会取得较好的效果。
- 数据包过滤对用户透明。不同于代理技术，数据包过滤不要求用户进行任何自定义配置，也不要求用户进行任何特殊学习。透明性是包过滤防火墙的一大优势。
- 过滤速度快、效率高。较代理技术而言，包过滤技术只检查包头的相应字段，一般不查看数据包的内容，且其核心部分是由硬件实现的，所以过滤速度快、效率高。

包过滤防火墙有以下缺点：

- 不能彻底防止地址欺骗。大多数包过滤技术是基于源 IP 地址、目的 IP 地址进行包过滤的。而 IP 地址的伪造是很容易、很普遍的，即使按 MAC 地址进行绑定，包过滤的结果也是不可信的。对于一些安全性要求较高的网络，包过滤技术无法满足要求。
- 部分应用协议不适合采用数据包过滤技术。RPC、X-Window 和 FTP 等应用协议无法采用包过滤技术。服务代理和 HTTP 链接也会削弱基于源地址和源端口的包过滤功能。
- 数据包过滤技术无法执行某些安全策略。数据包过滤技术提供的信息不能完全满足人们对安全策略的需求，不能强行限制特殊的用户。同样，当通过端口号对高级协议强行进行限制时，恶意的知情者能够很容易地破坏这种控制。

从以上分析可以看出，包过滤防火墙技术虽然能实现一定的安全保护，但是作为第一代防火墙技术，它存在较多缺陷，不能提供较高的安全性。在实际应用中，很少把包过滤技术当作单独的安全解决方案，而是通常把它与其他防火墙技术结合使用。

包过滤防火墙工作在 OSI 参考模型的网络层和传输层，它根据数据包头的源地址、目的地址、端口号和协议类型等标志确定数据流是否允许通过。

包过滤防火墙是一种经过特殊编程的路由器，能够过滤网络流量。网络管理员回安装过滤器或者访问控制列表，配置访问控制列表后，可以限制网络流量，允许特定设备访问，指定转发特定端口数据包等。例如，可以配置访问控制列表，禁止局域网内的设备访问外部公共网络，或者只能使用 FTP 服务。访问控制列表既可以在路由器上配置，也可以在具有访问控制列表功能的业务软件上配置。

包过滤防火墙在 TCP/IP 模型的 4 层架构中的网际层运作。它检查通过的 IP 数据包，并进一步处理，主要的处理方式有放行、丢弃或拒绝，以达到保护内部网络的目的。

包过滤技术在网络层中对数据包进行有选择的处理。它根据系统内预先设定的过滤规则，对数据流中的每个数据包进行检查，根据数据包的源地址、目的地址、TCP/UDP 源端口号、TCP/UDP 目的端口号以及数据包头中的各种标志位等信息来确定是否允许数据包通过。包检查模块如图 2-18 所示。

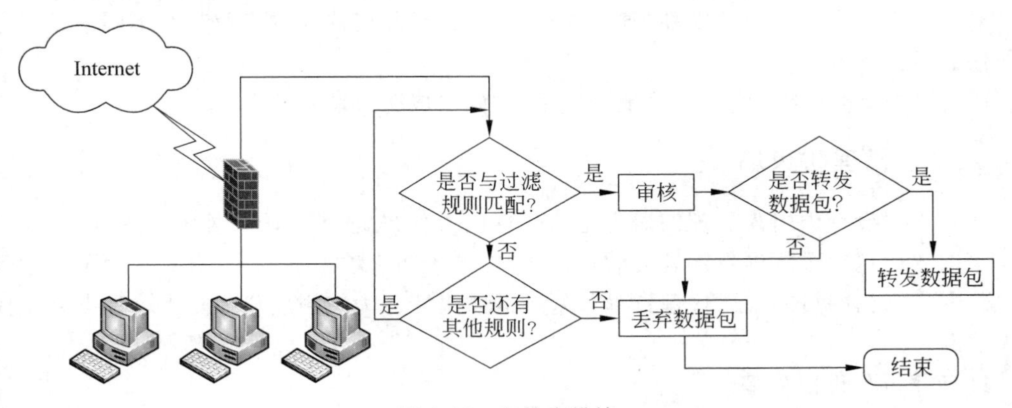

图 2-18　包检查模块

包过滤防火墙既可以是无状态的，即独立处理每一个数据包；也可以是有状态的，即跟踪每个连接或会话的通信状态。

简单的包过滤防火墙都是无状态的，它单独处理每一个数据包。有状态的包过滤防火墙能够通过关联已经或者即将到达的数据包来推断数据流或者数据包的信息。

包过滤方式是一种通用、廉价和有效的安全手段。它之所以通用，是因为它不针对各个具体的网络服务采取特殊的处理方式，适用于所有网络服务；它之所以廉价，是因为大多数路由器都提供数据包过滤功能，所以包过滤防火墙多数是由路由器集成的；它之所以有效，是因为它能在很大程度上满足绝大多数企业的网络安全要求。

5. 包过滤技术的发展阶段

在防火墙技术的发展过程中，出现了两代包过滤技术，第一代称为静态包过滤技术，第二代称为动态包过滤技术。

1）静态包过滤技术

静态包过滤防火墙根据定义好的过滤规则审查每个数据包，以便确定其是否与某一条包过滤规则匹配。过滤规则基于数据包的包头信息进行制定。包头信息中包括 IP 源地址、

IP 目的地址、传输协议(TCP、UDP、ICMP 等)、TCP/UDP 目的端口、ICMP 消息类型等。

2) 动态包过滤技术

动态包过滤防火墙采用动态设置包过滤规则的方法,避免了静态包过滤防火墙的问题。这种技术后来发展成为包状态监测技术。动态包过滤防火墙对通过其建立的每一个连接都进行跟踪,并且根据需要可以动态地在过滤规则中增加或更新条目。

包过滤防火墙的优点是不用改动客户机和其他主机上的应用程序,因为它工作在网络层和传输层,与应用层无关。但其弱点也是明显的:

过滤判别的依据只是网络层和传输层的有限信息,因而不可能充分满足各种安全要求。

在许多过滤器中,过滤规则的数目是有限制的,且随着过滤规则数目的增加,防火墙性能会受到很大影响。

由于缺少上下文关联信息,不能有效地过滤 UDP、RPC 等协议的数据包。

大多数过滤器中缺少审计和报警机制,只能依据包头信息进行判别,而不能对用户身份进行验证,很容易受到地址欺骗型攻击。

对安全管理人员素质要求高,建立安全规则时,必须对协议本身及其在不同应用程序中的作用有较深入的理解。

因此,过滤器通常和应用网关配合使用,共同组成防火墙系统。

2.2.3 代理防火墙

在防火墙设计中引入代理的概念是革命性的。代理完全阻隔了网络通信流,从内部网络发出的数据包经过代理技术处理后,就好像是源于防火墙外部网卡一样,从而可以达到隐藏内部网络结构的目的。以代理技术为基础的防火墙分为应用层代理防火墙和电路层代理防火墙两种。

1. 应用层代理防火墙

应用层代理防火墙又称为应用层网关(application-level gateway),它工作在 OSI 参考模型的最高层——应用层。它通过代理技术参与一个 TCP 连接的全过程。其特点是完全阻隔网络通信流,通过对每种应用服务编制专门的代理程序,实现监视和控制应用层通信流的作用,在用户层和应用层间提供访问控制。

当客户端提出一个连接请求时,代理程序将核实并处理该连接请求,将处理后的请求传递出去,然后接收应答并做处理,最后将处理结果提交给发出连接请求的客户端。代理程序在外部网络和内部网络通信中起着转接的作用。图 2-19 给出了应用层代理防火墙的工作原理。

应用层代理服务器针对不同的网络应用提供不同的处理,如 HTTP 代理服务器、FTP 代理服务器、SMTP 代理服务器、POP3 代理服务器等。它提供双重服务功能,一是为内部网络提供一个保护层,二是通过缓存页面(caching pages)方法向客户提供对外部网络的访问服务。应用层代理服务器的主要问题是速度慢,支持的并发连接数有限。为此,研究人员提出了各种改进方案。例如,TCP 代理服务器是在 TCP 连接对(pair of TCP connections)之间传递数据的网络节点,得到广泛应用。1998 年,美国网络联盟(Networks Associates)公司提出了自适应代理(adaptive proxy)的概念,并在其产品 Gauntlet Firewall for NT 中得以实现。以自适应代理技术为基础的自适应代理防火墙,综合了包过滤防火墙和应用代

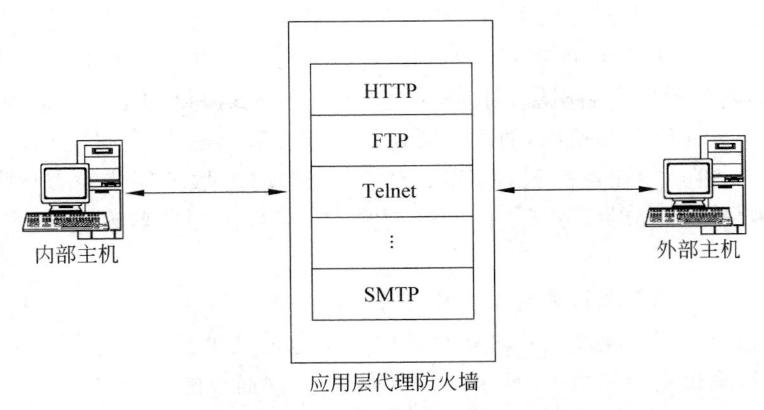

图 2-19　应用层代理防火墙的工作原理

理防火墙的优点，其安全性能和应用代理防火墙很接近，速度又比状态检测防火墙快。

自适应代理防火墙不仅能够维护系统安全，还能够动态适应传送中的分组流量。它允许用户根据具体需求定义防火墙策略，以提高性能和效率，使速度和安全处于最佳均衡状态。自适应代理防火墙的初始安全检测依然在应用层中进行，一旦检测通过（即自适应代理明确了会话的所有细节），随后的数据包就直接在网络层中传送。自适应代理防火墙可以和安全脆弱性扫描器、病毒安全扫描器和入侵检测系统之间更加灵活地集成。作为自适应安全计划的一部分，自适应代理防火墙将允许经过验证的设备在安全扫描器发现重大的网络威胁时，根据事先确定的安全策略，自动适应防火墙的安全级别。

组成自适应代理防火墙的基本要素有两个：自适应代理服务器（adaptive proxy server）和动态包过滤器（dynamic packet filter）。在自适应代理服务器与动态包过滤器之间有一个控制通道。自适应代理服务器可以根据用户的配置信息，决定是使用代理服务从应用层代理防火墙转发数据包还是从网络层转发数据包。如果是后者，它将动态地通知包过滤器增减过滤规则，以满足用户对速度和安全性的双重要求。

2. 电路层代理防火墙

电路层代理防火墙又称电路层网关（circuit level gateway），其工作原理如图 2-20 所示。电路层代理防火墙用来在两个通信的主机之间实现数据包的转发。电路层代理防火墙监视两台主机建立连接时的握手信息，从而判断该会话请求是否合法。显然，电路层代理防火墙将所有跨越防火墙的网络通信链路都分成了两段。

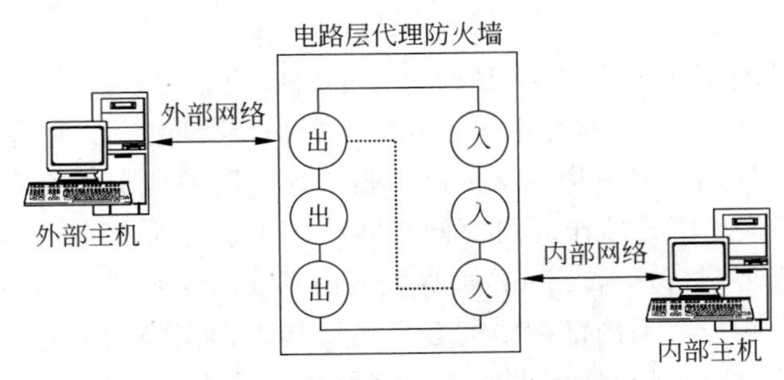

图 2-20　电路层代理防火墙的工作原理示意图

SOCKS是客户/服务器环境下的代理协议，被应用于实现电路层代理防火墙。SOCKS包括两个部件：SOCKS服务器和SOCKS客户端。SOCKS服务器在应用层实现，而SOCKS客户端的实现位于应用层和传输层之间。SOCKS协议的基本目的就是让SOCKS服务器两边的主机能够互相访问，而不需要建立IP连接。当一个应用客户端需要连接到一个应用服务器时，客户端先连接到SOCKS服务器，SOCKS服务器代表客户端连接到应用服务器，并在客户端和应用服务器之间转发数据。对于应用服务器来说，SOCKS服务器就是客户端。

电路层代理防火墙仅监视两台主机建立连接时的握手信息，例如Syn、Ack和序列数据等是否合乎逻辑。虽然在电路层代理防火墙中数据包也是被提交给应用层处理的，但是电路层代理防火墙只负责传递数据，而不进行数据过滤，因而不能防御应用层攻击。

综上所述，代理防火墙最突出的优点是安全性较高。由于内外网络之间的每一个连接都要通过代理防火墙的介入和转换，没有给内外网络的计算机以任何直接会话的机会，从而避免了入侵者使用数据驱动类型的攻击入侵内部网络。

代理防火墙最大的缺点是速度比较慢，支持的并发连接数有限。当用户对内外网络之间的网关的吞吐量要求比较高时，代理防火墙很可能成为内外网络之间的瓶颈。代理防火墙还有一个比较明显的问题，就是必须为新的服务、网络协议和网络应用编写专门的应用代理程序。

3. 网络地址转换

隐藏内部网络信息是防火墙的任务之一。网络地址转换(Networ Address Translation，NAT)技术因此得到广泛应用。它的工作原理是：在内部网络中使用内部地址，通过网络地址转换把内部地址转换成合法的公网IP地址在互联网上使用。当一个连接请求被送往防火墙时，网络地址转换将源地址字段替换为公网IP地址；当应答返回到时，网络地址转换再将目的地址字段替换为最初建立连接请求的客户端的地址。

由于网络地址转换仅仅修改经过的数据包头的个别信息，实现起来比较安全，对用户也基本上实现了透明服务。网络地址转换不仅能解决IP地址紧缺问题，而且能使得内外网络隔离，对某些网络攻击方式有一定的防护能力。例如，网络地址转换可以让TCP SYN报文洪泛(TCP SYN Flooding)这种常见的网络攻击方式失去作用。

4. 代理技术分类

代理防火墙是一种较新型的防火墙技术，其特点是完全阻隔了网络数据流，通过对每种应用服务编写专门的代理程序，实现监视和控制应用层数据流的功能。代理技术分为应用层网关和电路层网关两种。

应用层代理防火墙工作于应用层，且针对特定的应用层协议。应用层代理防火墙通过软件方式获取应用层通信流量，并在用户层和应用层提供访问控制，保存所有应用程序的使用记录。具有记录和控制所有进出流量的能力是应用层网关技术的主要优点之一。

如图2-21所示，代理服务器作为内部网络客户端的服务器拦截所有连接请求，并向客户端转发响应。代理客户(proxy client)负责代表内部客户端向外部服务器发出请求，当然也向代理服务器转发响应。当内部网络的客户端要和外部网络建立连接时，应用层代理防火墙会阻塞这个连接，然后对连接请求的各个字段进行检查。如果此连接请求符合预定的安全策略或规则，应用层代理防火墙便会在内部客户端和外部服务器之间搭起一座“桥”，从而保证其通信;对不符合预定的安全策略或规则的连接请求,则将其阻塞或抛弃。

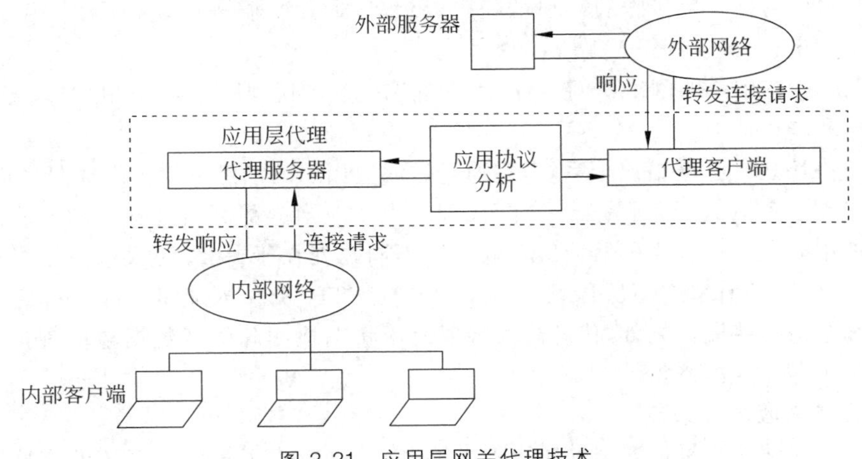

图 2-21 应用层网关代理技术

另一种代理技术称为电路层网关。在电路层网关中,数据包被提交至用户应用层处理。电路层网关用来在两个通信端之间转发数据包,如图 2-22 所示。

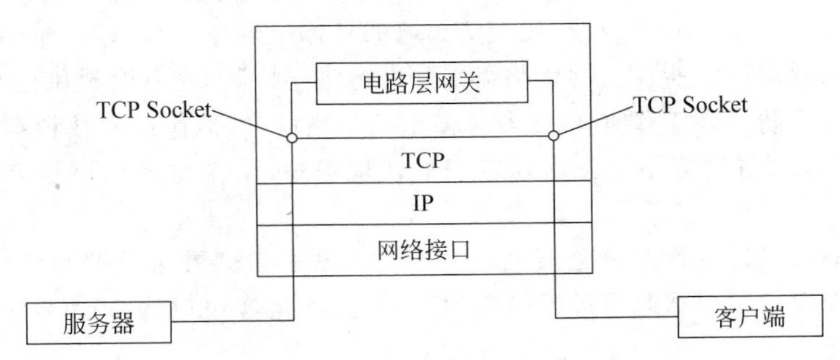

图 2-22 电路层网关代理技术

代理防火墙以代理服务器的方式运行于内部网络和外部网络之间,在应用层实现安全控制功能,起到内部网络和外部网络之间应用服务的转接作用。

代理服务器监听内部网络中主机的连接请求。当请求到达代理服务器后,代理服务器根据安全策略或规则对数据包的包头和数据部分进行检查,然后将内部网络中的主机源地址改为公网 IP 地址,再将这个数据包发给外部网络的主机,这样,外部网络的主机接收到的信息来自代理服务器而不是内部网络的主机。外部网络主机应答的数据包也发送到代理服务器,经过代理服务器检查,允许通过后,代理服务器将数据包的目的地址改为内部网络主机的地址,然后发往内部网络主机。这类似于在内部网络和外部网络之间设置一个中转站,外部网络并不清楚内部网络的拓扑结构。

内部网络的主机只接收代理服务器的信息而不接收任何外部网络主机发来的信息。外部网络主机只能将信息发往代理服务器,由代理服务器将信息转发给内部网络主机。代理服务器负责监控整个通信过程以保证安全性。

代理技术是通过在代理服务器上安装特殊的代理程序实现的。代理程序可以只有服务器端程序,也可以同时有服务器端和客户端程序。

客户端程序的部署有两种方式：

(1) 在用户主机安装特殊的客户端程序，该程序通过与服务器端程序相连接为用户提供网络访问服务。

(2) 重新设置用户的网络访问过程，用户首先登录到代理服务器，再由代理服务器和外部网络主机相连。

代理防火墙是一种网络安全系统，它通过过滤应用层的消息来保护内部网络资源。

就像代理服务器或缓存服务器一样，代理防火墙充当内部网络客户端和互联网上的服务器之间的中介。与代理服务器或缓存服务器不同之处在于，代理防火墙除了拦截互联网请求和响应之外，还监视应用层协议（如 HTTP 和 FTP）的传入流量。除了确定允许哪些流量以及和拒绝哪些流量之外，代理防火墙还使用状态检测和深度数据包检查技术来分析传入流量是否存在攻击迹象。

5. 代理防火墙的优缺点

代理防火墙被认为是最安全的防火墙类型，因为它阻止了与其他系统的直接网络连接（因为代理防火墙有自己的 IP 地址，外部网络连接永远不会直接从内部网络接收数据包）。代理防火墙能够检查整个数据包，而不仅仅是网络地址和端口号，这意味着代理防火墙具有广泛的日志记录功能，这是处理网络安全事件的网络安全管理员的宝贵资源。根据提出代理防火墙的 Marcus Ranum 的说法，代理防火墙的目标是创建一个单点，允许有安全意识的程序员评估应用程序协议所代表的威胁级别并进行错误检测、攻击检测和有效性检查。

应用层代理型防火墙工作在 OSI 参考模型的最高层，即应用层。其特点是完全阻隔了网络通信流，通过对每种应用服务编写专门的代理程序，实现监视和控制应用层通信流的目标。

代理防火墙最突出的优点就是安全。由于它工作于 OSI 参考模型的最高层，所以它可以对网络中的任何一层数据通信进行筛选和保护，而不是像包过滤防火墙那样只对网络层的数据进行过滤。

另外，代理防火墙采用代理机制，可以为每一种应用服务建立一个专门的代理，所以内外部网络之间的通信不是直接的，而是先经过代理服务器审核，审核通过后，再由代理服务器代为连接，根本没有给内外部网络的计算机任何直接会话的机会，从而避免了内部网络遭受数据驱动类型的攻击。

但是，代理防火墙提供的附加安全性有其缺点。代理防火墙可能仅支持某些流行的网络协议，从而限制了网络可以支持的应用程序的范围。

代理防火墙最大的缺点就是速度比较慢，当用户对内外部网络网关的吞吐量要求比较高时，代理防火墙就会成为内外部网络之间的通信瓶颈。因为代理防火墙需要为不同的网络服务建立专门的代理服务，而利用代理程序为内外部网络主机建立连接需要时间，所以会给系统性能带来一些负面影响，但这些影响通常不会很明显。

代理防火墙有以下优点：

- 代理防火墙易于配置。由于代理是软件，所以它比包过滤路由器更容易配置。如果代理防火墙实现得好，则对配置协议的要求可以低一些，从而避免配置错误。
- 代理防火墙能生成各项日志记录。代理防火墙工作在应用层，它检查各项数据，所以可以生成各项日志记录。这些日志记录对于流量分析、安全检验是十分重要的。

- 代理防火墙能灵活地控制进出流量。通过采取一定的措施，按照一定的规则，可以借助代理防火墙实现一整套安全策略。
- 代理防火墙能过滤数据内容。可以把一些过滤规则应用于代理防火墙，让它实现文本过滤、图像过滤、病毒预防或病毒扫描等功能。
- 代理防火墙能为用户提供透明的加密机制。代理防火墙能够完成加密和解密的功能，从而确保数据的机密性，这一点在虚拟专用网中特别重要。
- 代理防火墙可以方便地与其他安全问题解决方案集成。目前的安全问题解决方案有很多，如认证（authentication）、授权（authorization）、账号（accouting）、数据加密、安全协议（如 SSL）等。如果联合使用代理防火墙与这些安全问题解决方案，将大大增强网络安全性。

代理防火墙有以下缺点：

- 代理防火墙速度较包过滤路由器慢。包过滤路由器只简单地检查 TCP/IP 包头特定的几个字段，不进行详细分析、记录。而代理防火墙工作于应用层，要检查数据包的内容，按特定的应用协议（如 HTTP）审查、扫描数据包的内容，进行代理（转发连接请求或响应），速度较慢。
- 代理防火墙对用户不透明。许多代理防火墙要求用户安装特定的客户端软件，这给用户增加了工作难度，安装和配置特定的应用程序既耗费时间又容易出错。
- 代理服务不能保证清除所有协议的弱点。作为安全问题的一种解决方案，代理防火墙的作用取决于它对协议中哪些是安全操作的判断能力。每个应用层协议都或多或少存在一些安全问题。对于代理防火墙来说，要彻底清除这些安全隐患几乎是不可能的，除非关闭这些服务。
- 代理防火墙不能提高底层通信协议的安全性。因为代理防火墙工作在 TCP/IP 之上，位于应用层，所以它不能提高底层通信协议的安全性，不能抵御 IP 欺骗、SYN 泛滥、伪造 ICMP 消息和拒绝服务攻击，而这些能力对于网络的健壮性是相当重要的。

6. 代理防火墙技术的发展阶段

代理防火墙的发展经历了两个阶段，即应用网关型代理防火墙和自适应代理型防火墙。

1）应用网关型防火墙

应用网关防火墙通过代理技术参与 TCP 连接的全过程。从内部网络发出的数据包经过应用网关型防火墙处理后，就好像是源于防火墙外部的网卡一样，从而可以达到隐藏内部的网络结构的目的。应用网关型防火墙被网络安全专家公认为最安全的防火墙。它的核心技术就是代理服务器技术。

2）自适应代理型防火墙

自适应代理型防火墙是近几年得到广泛应用的一种新型防火墙。它可以结合代理防火墙的安全性和包过滤防火墙的高速度等优点，在不削弱安全性的基础上将代理防火墙的性能提高 10 倍以上。

2.2.4 防火墙技术发展趋势

防火墙技术的发展趋势可概括为以下几方面。

1. 从硬件和软件两方面进一步提高性能

为适应各种安全需要以及产品定位，防火墙的硬件平台显现出多样化发展的趋势，出现了基于通用CPU的x86架构、基于专用集成电路的架构、基于网络处理器的架构，也有一些防火墙的硬件平台使用嵌入式芯片作为主处理器的架构（例如基于PowerPC、MIPS、ARM等嵌入式CPU架构）。还有一些防火墙的硬件平台采用组合式架构，如CPU与NP组合、CPU与ASIC组合、NP与ASIC组合，甚至将CPU、NP和ASIC结合在一起形成组合型架构。

在硬件方面，传统的基于x86架构的平台已不能满足需要，现在已开始朝ASIC、NP标准架构演变。采用x86架构时软硬件配套资源比较多，便于快速推出产品。但基于x86架构的平台受PCI总线带宽和CPU处理能力的限制，很难满足高速环境的要求。同时，CPU和外围芯片组发热量比较大，产品寿命和稳定性难以保证。

基于ASIC芯片架构的防火墙通过将指令或计算逻辑固化到ASIC芯片中，可以将状态表项、路由表项等存储在芯片中，实现硬件加速处理。它可以为防火墙设计专门的数据包处理流水线，能够通过软件改变应用逻辑，能够优化资源的利用，具有性能高、稳定性好等优点。基于ASIC芯片架构的防火墙的缺点是：灵活性和扩展性不够，研发成本较高、周期较长，而且不支持太多的功能。

NP是专门为网络设备处理网络流量而设计的处理器，具有较高的I/O能力。其体系结构和指令集针对包过滤、转发等算法和操作都进行了专门的优化，可以高效地完成TCP/IP栈的常用操作，能够对网络流量进行快速的并发处理。它提供了和上层CPU标准的接口或者内置管理CPU，可以和其他CPU实现高速通信。它拥有大量的硬件计数器，可以方便地实现各种MIB（Management Information Base，管理信息库）统计功能。它支持不同形式的NP组合或者NP和其他CPU的组合，可以实现系统的灵活配置。它拥有硬件可编程功能，可以通过微码的方式对系统的硬件功能进行添加、删除。对于特殊的用户的需求，基于NP的产品可以实现定制开发，即可以通过模块开发满足不同用户的需求，从而使NP在高端设备中实现时能够提供更好的可扩展性、可管理性和灵活的业务组合能力。

在软件方面，为防火墙量身定做的专用操作系统将全面代替通用操作系统。使用专用操作系统不仅能提供更专业、更安全的系统，而且可以方便以后进行定制。典型的专用操作系统有Cisco公司的IOS、Nokia公司的IPSO、天融信公司的TopsecOS以及Juniper（Netscreen）防火墙使用的ScreenOS。

进一步提高防火墙性能的手段还包括软件运算硬件化，即将主要的运算程序（例如查表）制成芯片，以减小主机CPU的运算压力。以芯片技术为主导的硬件型防火墙可以针对不同的客户群体以系列产品的形式出现，在功能、价格、性能等方面为用户量身定做。随着芯片技术及算法的发展，防火墙将采用软硬件结合的方案，更广泛、深入地参与应用层分析，与其他网络安全技术协同工作，共同构筑网络安全体系。

2. 引入与实施主动防御思想

传统防火墙的核心技术是包过滤和代理。但网络采用防火墙的主要目的是实施访问控制，而不仅仅是包过滤和代理。主动防御思想的引入是防火墙未来发展的主流趋势。例如，在防火墙内核中支持3A（Authentication，Authorization，Auditing，认证、授权和审计）功能；将包过滤技术、代理技术和其他安全技术（防病毒、入侵检测等）融合在一起，构成复合型防火墙或安全联动解决方案。

就访问控制而言,包过滤只是诸多访问控制技术中的一种。不断发展和完善包过滤技术体现了主动防御意识。目前已经出现了基于数据包综合信任度的防火墙,它在对发往受保护主机的TCP和UDP数据包进行过滤时,不仅考虑该数据包的特性以及记录的状态,而且计算和考虑其综合信任度。

IT业权威机构Gartner认为,为了使防火墙能分辨哪些是正常数据流,哪些是异常数据流,阻止数据包的恶意行为,包检测的技术方案应该增加签名检测(signature inspection)等新的功能。在代理技术方面,除了能对高层协议实现代理外,防火墙应能在低层实现代理,以达到整体防御的目的。

3. 适应新的应用和新一代网络建设的需要

防火墙的发展与网络上新的应用(例如P2P、网格计算)和新一代网络(例如IPv6、5G)的建设密切相关。以IPv6为例,由于IPv6具有端到端的连接、移动IP处理、内嵌式IPSec、路径MTU探测等新特性以及在相当长的时间内要与IPv4长期共存的现实,迫使防火墙必须以适应新的环境和新的应用为目标,通过统一的接口、友好的界面,为网络管理人员提供更明晰的网络诊断报告,实现不需要人工干预的自动定期分析等功能,使网络管理工作变得简单有效,使防火墙朝着更快速、更安全、实用性更强的方向发展,以满足深度内容过滤、可管理性、可扩展性和QoS等需要。

防火墙技术不可能解决全部层面的安全问题,因此,如何根据网络环境的变化,利用新的技术完善防火墙的功能,如何将各种网络安全技术的组合或融合,体现主动防御思想,对网络上流动的数据进行细粒度控制,构造更坚固的网络安全防御体系,具有重要的研究价值和现实意义,是提升网络安全能力的重要措施之一。

2.3 入侵检测

据统计,全球80%以上的入侵来自网络内部。由于性能的限制,防火墙通常不具有实时的入侵检测能力,对于来自内部网络的攻击,防火墙形同虚设。入侵检测系统是对防火墙极其有益的补充。入侵检测系统能在入侵攻击对系统产生危害前检测到入侵攻击,并利用报警与防护系统驱逐入侵攻击;在系统遭受入侵攻击的过程中,能减少入侵攻击造成的损失;在遭受入侵攻击后,能收集入侵攻击的相关信息,作为防御系统的知识,添加到知识库内,增强系统的防御能力,避免系统再次受到入侵攻击。在不影响网络性能的情况下对网络进行监听,从而提供对内部攻击、外部攻击和误操作的实时保护,大大提高网络的安全性。

2.3.1 入侵检测产品分类

入侵检测是从计算机网络或计算机系统中的若干关键点搜集信息并对其进行分析,从中发现网络或系统中是否存在违反安全策略的行为和遭受攻击的迹象的一种机制。入侵检测系统使用入侵检测技术对网络与系统进行监视,并根据监视结果采取不同的安全动作,从而最大限度地降低可能的入侵危害。经过几年的发展,入侵检测产品开始步入快速成长期。

1. 网络入侵检测系统

网络入侵检测系统(Network Intrusion Detection System,NIDS)放置在比较重要的网

段内，不停地监视网段中的各种数据包，对数据包进行特征分析。如果数据包与内置的某些规则匹配，网络入侵检测系统就会发出警报，甚至直接切断网络连接。目前，大部分入侵检测产品是网络入侵检测系统。值得一提的是，在网络入侵检测系统中，有多个久负盛名的开放源码软件，如 Snort、NFR、Shadow 等。

网络入侵检测系统有以下优点：

- 能够检测来自网络的攻击，特别是越权的非法访问。
- 不需要改变服务器等主机的配置，不占用过多的系统资源，不影响业务系统的性能。
- 发生故障时不会影响正常业务的运行，部署网络入侵检测系统的风险比部署主机入侵检测系统的风险小得多。

网络入侵检测系统有以下缺点：

- 网络入侵检测系统只检测与它直接连接的网段的通信，不能检测在不同网段中的数据包，在使用交换以太网的环境中会出现检测范围的局限。而安装多台网络入侵检测系统的传感器会使部署整个系统的成本大大增加。
- 网络入侵检测系统为了性能目标通常采用特征检测的方法，可以检测普通的攻击，而很难实现一些复杂的、需要大量计算与分析时间的攻击检测。
- 网络入侵检测系统可能会将大量的数据传回分析系统。在一些系统中监听特定的数据包会产生大量的分析数据流量。在这样的系统中的传感器协同工作能力较弱。
- 网络入侵检测系统处理加密的会话过程较困难。目前通过加密通道的攻击尚不多，但随着 IPv6 的普及，这个问题会越来越突出。

2. 主机入侵检测系统

主机入侵检测系统（Host Intrusion Detection System，HIDS）通常安装在被重点保护的主机上，对该主机的网络连接以及系统审计日志进行智能分析和判断。如果其中的主体活动十分可疑，入侵检测系统就会采取相应措施。

主机入侵检测系统有以下优点：

- 与网络入侵检测系统相比，主机入侵检测系统通常能够提供更详尽的相关信息。
- 主机入侵检测系统通常情况下比网络入侵检测系统误报率低，因为检测主机上运行的命令序列比检测网络数据流更简单，系统的复杂性也低得多。

主机入侵检测系统有以下缺点：

- 主机入侵检测系统安装在需要保护的设备上，会降低应用系统的效率。安装了主机入侵检测系统后，将本来不允许网络安全管理员访问的服务器变成可以访问的了。
- 主机入侵检测系统依赖于服务器固有的日志与监视能力。如果服务器没有配置日志功能，则必须进行配置，这将会给运行中的业务系统带来不可预见的性能影响。
- 全面部署主机入侵检测系统代价较大，只能选择部分主机加以保护。那些未安装主机入侵检测系统的主机将成为保护的盲点，入侵者可利用这些主机达到攻击目的。
- 主机入侵检测系统除了监测自身的主机以外，根本不监测网络上的情况。入侵行为分析的工作量将随着主机数目增加而增加。

3. 混合入侵检测系统

网络入侵检测系统和主机入侵检测系统都有不足之处，单纯使用一类产品会造成主动防御体系不全面。但是，前两种产品的缺陷是可以互相弥补的。综合基于网络和基于主机两种结构特点的入侵检测系统既可发现网络中的攻击信息，也可从系统日志中发现异常情况，构成一套完整、立体的主动防御体系，称为混合入侵检测系统。

4. 文件完整性检查系统

文件完整性检查系统检查计算机中的文件的变化情况。文件完整性检查系统保存每个文件的数字文摘数据库。每次检查文件完整性时，它重新计算文件的数字文摘并将它与数据库中的值相比较。若不同，则文件已被修改；若相同，则文件未发生变化。

文件完整性检查系统有以下优点：

- 从数学上分析，攻克文件完整性检查系统，无论是时间上还是空间上都是不可能的。文件完整性检查系统是一个检测系统是否被非法使用的重要工具之一。
- 文件完整性检查系统具有相当高的灵活性，可以配置为监测系统中的所有文件或某些重要文件。

文件完整性检查系统有以下缺点：

- 文件完整性检查系统依赖于本地的数字文摘数据库。与日志文件一样，这些数据可能被入侵者修改。
- 做一次完整的文件完整性检查是一个非常耗时的工作。
- 系统有些正常的更新操作可能会带来大量的文件更新，从而导致比较繁杂的检查与分析工作。

2.3.2 入侵检测系统结构

入侵检测系统的英文为 Intrusion Detection System（IDS）。1980 年 4 月，美国有关研究人员在向美国空军提交的一份题为《计算机安全威胁监控与监视》的技术报告中，第一次完整地介绍了入侵检测技术的概念。该报告认为，这是一种对计算机系统风险和威胁进行分类的方法，并将威胁分为外部渗透、内部渗透和不法行为 3 种，还提出了利用审计跟踪数据监视入侵活动的核心思想。

1. 入侵检测系统采用的技术

一个入侵检测系统通常由两部分组成：传感器（sensor）与控制台（console）。传感器负责采集数据（网络数据包、系统日志等）、分析数据并生成安全事件。控制台主要起到管理的作用。产品化的入侵检测系统通常提供图形界面的控制台，这些控制台基本上都支持 Windows NT 平台。

入侵检测系统采用的技术主要包括特征检测和异常检测两类。

1）特征检测

特征检测（signature-based detection）将入侵活动定义为模式，入侵检测过程则是寻找与入侵行为相匹配的各种模式。该技术能够很准确地将已有的入侵行为检测出来；但由于缺乏与未知的入侵行为匹配的模式，故无法检测到新的入侵行为。特征检测技术与计算机病毒扫描技术类似，其核心问题在于如何设计模式，尽可能地将各种入侵活动囊括进来。

2）异常检测

异常检测（abnormally detection）的过程如下。入侵检测系统预先定义一组正常运行的环境变量，主要包括 CPU 运行情况、内存利用率、网络平均流量等，这些环境变量可以人为地根据经验知识定义，也可以采用统计方法根据系统日常运行情况得出。入侵检测系统在检测过程中如果发现运行数据与预先定义环境变量差异较大，就会认定存在入侵情况，并进一步进行检查。该技术的核心问题是如何准确地定义系统正常的环境变量。

2. 常用入侵检测方法

据公安部计算机信息系统安全产品质量监督检验中心的报告，送检的入侵检测产品中95%属于使用入侵模板进行模式匹配的特征检测产品，少量是采用概率统计方法的统计检测产品与基于日志的专家知识库系统产品。入侵检测系统常用的检测方法有特征检测、统计检测与专家系统。

1）特征检测

特征检测是对已知的攻击或入侵的方式作出确定性的描述，形成相应的入侵事件模式。当被审计的事件与已知的入侵事件模式相匹配时即报警。该方法的准确率较高，但对于无经验知识的入侵与攻击行为无能为力。

2）统计检测

统计检测是利用统计模型进行的检测。

在统计模型中，常用的测量参数包括审计事件的数量、间隔时间、资源消耗情况等。

常用的入侵检测统计模型包括以下5种：

(1) 操作模型。该模型假设异常可通过测量结果与一些固定指标相比较判断出来，固定指标可以根据经验值或一段时间内的统计平均值得到。

(2) 方差模型。计算参数的方差，设定其置信区间。当测量值超过置信区间的范围时表明有可能是异常。

(3) 多元模型。它是操作模型的扩展，通过同时分析多个参数实现检测。

(4) 马尔可夫过程模型。将每种类型的事件定义为系统状态，用状态转移矩阵来表示状态的变化。若状态转移矩阵的转移概率较小，则可能是异常事件。

(5) 时间序列分析模型。将事件计数与资源消耗按时间排序。如果一个新事件在某时间发生的概率较低，则该事件可能是入侵行为。

3）专家系统

用专家系统对入侵进行检测主要是针对特征入侵行为进行的。专家系统的有效性取决于知识库的完备性，知识库的完备性又取决于审计记录的完备性与实时性。入侵行为的特征抽取与表达是入侵检测专家系统的关键。入侵检测专家系统的有效性完全取决于其知识库的完备性。

2.3.3 几种重要的入侵检测系统

按照检测对象划分，有以下几种重要的入侵检测系统：

(1) 系统完整性检测(System Integrity Verifiers，SIV)系统。该类系统主要用于检测系统文件或注册表等重要位置的信息是否被篡改，以防止入侵者在入侵过程留下系统后门。该类系统的工具软件较多。例如，Tripwire可以检测到重要系统组件的变动，但不产生实时报警信息。

(2) 网络入侵检测系统(NIDS)。主要用于检测黑客通过网络进行的各类入侵行为。NIDS的应用方式有两种：一是在目标主机上以监测通信信息为主的检测模式；二是在独立计算机上以监测网络设备运行为目标的单机模式。

(3) 日志文件监测器(Log File Monitor,LFM)。主要用于监测网络日志文件内容,这是特征检测技术的典型应用。LFM通过将日志文件内容与关键字不断匹配来检测入侵行为。例如,对于HTTP服务器的日志文件,只要与关键字swatch匹配,就能够检测到是否存在PHF攻击。

(4) 虚拟蜜网,也称为蜜罐(honeypot)系统。它是一个包含若干漏洞的诱捕系统。它通过模拟一个或多个易受到攻击的主机,为攻击者构造一个极易入侵的目标。由于蜜罐并无任何实际的运行活动,故任何接入都是允许的。虚拟蜜网最大的优势在于它能为真实的主机赢得防范入侵的时间,能延缓攻击者对真实目标的攻击;同时,诱捕系统能够不断诱引攻击者入侵,为真实目标制定有效的防护策略提供依据。

2.3.4 入侵检测发展方向

1. 入侵技术的发展变化

入侵技术的发展变化主要反映在下列几方面:

(1) 入侵或攻击的综合化与复杂化。由于网络防范技术的多重化,攻击的难度增加,使得入侵者在实施入侵或攻击时往往同时采取多种入侵手段,以保证入侵的成功率,并可在攻击实施的初期掩盖攻击或入侵的真实目的。

(2) 入侵主体对象的间接化,即实施入侵与攻击的主体的隐蔽化。通过一定的技术,可掩盖攻击主体的源地址及主机位置。使用隐蔽技术后,从被攻击对象的角度确定是无法直接确定攻击主体的。

(3) 入侵或攻击的规模扩大。现代战争对电子技术与网络技术的依赖性越来越大,随之产生了新的战争形式——电子战与信息战。对于信息战,无论其规模还是技术都与一般意义上的计算机网络的入侵与攻击行为不可相提并论。国家主干通信网络的安全与主权国家领土安全居于同等地位。

(4) 入侵或攻击技术的分布化。常见的入侵与攻击行为往往由单机执行。由于防范技术的发展,使得此类行为逐渐不能奏效。分布式拒绝服务(DDoS)攻击在很短时间内即可造成被攻击主机的瘫痪。分布式拒绝服务攻击的信息模式与正常通信无差异,往往在攻击发动的初期不易被确认。分布式拒绝服务攻击是最常见的攻击手段。

(5) 攻击对象的转移。入侵与攻击常以网络为侵犯的主体,但近来的攻击行为发生了策略性的改变,由攻击网络改为攻击网络的防护系统。现已有专门针对IDS的攻击。攻击者详细地分析IDS的审计方式、特征描述、通信模式,并针对IDS的弱点加以攻击。

2. 入侵检测技术的发展方向

入侵检测技术的未来发展方向包括以下方面:

(1) 分布式入侵检测。研究针对分布式网络攻击的检测方法;同时,使用分布式方法检测网络攻击,涉及的关键技术为检测协同机制与入侵攻击的全局信息提取。

(2) 智能化入侵检测。使用智能化方法与手段进行入侵检测。现阶段常用的智能化方法有神经网络、遗传算法、模糊技术、免疫原理等,这些方法常用于入侵特征的辨识与泛化。利用专家系统的思想来构建入侵检测系统也是常用的方法之一。

(3) 全面的安全防御方案。使用安全工程风险管理的思想与方法处理网络安全问题,将网络安全作为一个整体工程来处理。从管理、网络结构、加密通道、防火墙、病毒防护、入侵检测多方位对网络作出评估,并提出可行的全面解决方案。

2.4 计算机病毒学

2.4.1 病毒简介

computer virus(计算机病毒)一词最早是由美国计算机病毒研究专家弗雷德·科恩提出的。世界上第一例被证实的计算机病毒出现在1983年的一份计算机病毒传播研究报告中,同时有人提出了蠕虫病毒程序的设计思想。1984年,肯·汤普森开发出针对UNIX操作系统的病毒程序。1988年11月2日,美国康奈尔大学研究生罗伯特·莫里斯将计算机蠕虫病毒投放到网络中。该病毒程序迅速扩散,导致大批计算机瘫痪,甚至欧洲联网的计算机也受到了影响,造成直接经济损失近一亿美元。

计算机病毒实际上是一个程序、一段可执行代码。如同生物病毒一样,计算机病毒有独特的复制能力。计算机病毒可以很快地蔓延,又常常难以根除。它们能把自身附着在各种类型的文件上,当文件被复制或从一个用户传送到另一个用户时,它们就随同文件一起蔓延开来。除了复制能力外,某些计算机病毒还有其他一些共同特性:一个被污染的程序能够传送病毒载体。当人们看到病毒载体似乎仅仅表现在文字或图像上时,它们可能已毁坏了文件、再格式化了硬盘或引发了其他类型的灾害。有的病毒并不寄生于一个被污染的程序中,它仍然能通过占据存储空间给用户带来麻烦,并降低计算机的全部性能。

计算机病毒有很多定义。最流行的定义是指一段附着在其他程序上的可以实现自我繁殖的程序代码。可以从不同角度给出计算机病毒的定义:

- 通过磁盘、磁带和网络等媒介传播和扩散,能传染其他程序的程序。
- 能够实现自身复制且借助一定的载体存在的具有潜伏性、传染性和破坏性的程序。
- 一种人为制造的程序,它通过不同的途径潜伏或寄生在存储媒体(如磁盘、内存)或程序里,当某种条件或时机成熟时,它会复制并传播自身,使计算机的资源受到不同程度的破坏。

这些定义在某种意义上借用了生物病毒的概念。计算机病毒同生物病毒相似之处是能够侵入宿主计算机系统和网络,危害其正常机能。计算机病毒能够对计算机系统进行各种破坏,同时能够我复制,具有传染性。所以,可以这样给它下一个定义:计算机病毒是能够通过某种途径潜伏在计算机程序里,当达到某种条件时即被激活,有对计算机资源有破坏作用的一组程序或指令集合。

在《中华人民共和国计算机信息系统安全保护条例》中给出了病毒的明确定义:病毒是指编制或在计算机程序中插入的破坏计算机功能或者毁坏数据,影响计算机使用,并且能够自我复制的一组计算机指令或者程序代码。

计算机病毒也是一个程序或者是一段可执行的代码,而这个程序或者可执行代码对计算机功能或者数据具有破坏性,并且具有传播性、隐蔽性和潜伏性。

计算机病毒是人编写的,具有自我复制能力,是未经用户允许而执行的代码。正常的程序由用户调用,再由系统分配资源,完成用户交给的任务,其目的对用户是可见的、明确的;而计算机病毒具有正常程序的一切特性,它隐藏在正常程序中,当用户调用正常程序时,病毒窃取系统的控制权，先于正常程序执行，病毒的动作、目的对用户来说是未知的，并且是未经用户允许的。

2.4.2 病毒的特性

计算机病毒是可以运行的程序，然而它和普通程序在行为上有很大差别。可以利用这些差别来鉴定一个程序是否为病毒。

病毒制作者在制作一个病毒时，从静态文件的表现（如使用什么文件名、使用什么图标等）到病毒运行后执行哪些功能都是经过深思熟虑的。病毒制作者希望病毒可以很容易地运行起来，运行后不易被发现，并且拥有尽可能长的生命期，可以稳定地实现各种预定功能，可以用最快的速度传播，感染尽可能多的计算机。为了达到这些目的，病毒也必然会表现出一些特定的行为特征。

1. 欺骗性

计算机病毒想要做的第一件事就是运行起来。如果不能运行起来，再强大的病毒也不能发挥出它的“威力”。那么，计算机病毒是怎样运行起来的呢？

计算机病毒通常是利用伪装手段诱骗用户激活它，从而达到运行的目的。

例如，文件病毒通常会伪装成一个正常程序或者令人感到好奇的东西，从而诱使用户运行它。例如，有些计算机病毒使用文件夹图标，伪装成文件夹，如图 2-23 所示。

有的病毒会伪装成一个图片，如图 2-24 所示。病毒如此伪装就是想诱使用户打开它。如果用户打开这个“图片”，结果却启动了病毒。

图 2-23　病毒伪装成一个文件夹

图 2-24　病毒伪装成一个图片

通过查看扩展名可以发现问题，因为计算机病毒要通过双击运行，就必须带有.exe 扩展名，即使计算机病毒伪装成一个文件夹或者一个图片，也会带有.exe 扩展名，只要用户稍加注意就不会被欺骗了。如果扩展名被隐藏了，用户很可能会将这个病毒误认为文件夹，而去双击打开它，这样病毒就运行了。即使用户设置了不隐藏文件扩展名，计算机病毒为了欺骗用户，也一定会设法隐藏用户计算机上的所有文件（或者可执行文件）的扩展名，从而欺骗用户。病毒的欺骗手法还有很多，随着人们对计算机病毒认识的逐渐加深，就可以识别更多的欺骗手法。

2. 隐蔽性

通常情况下病毒运行以后不会有任何界面提示，只在后台运行，完成各种操作（如创建文件、修改注册表、连接网络等）。如果不使用特殊的工具，用户根本察觉不到病毒的运行，这就是病毒的隐蔽性。

3. 自启动性

病毒运行以后都会做些什么呢？病毒欺骗用户运行成功后，如果用户关闭了计算机，或者杀掉了病毒进程，它怎么才能再次运行起来呢？还依靠欺骗吗？

答案是否定的。因为病毒已经运行了一次，在这一次运行中，病毒完全可以利用各种计算机特性和漏洞达到自启动的目的。

所谓自启动就是程序伴随计算机操作系统的启动而自动运行。

病毒实现自启动以后，每次用户开机时病毒都会自动运行，这样病毒就达到了长期生存的目的，这就是计算机病毒的自启动性。

4. 自我复制性

病毒文件开始运行时可能位于用户计算机中的任意路径。那个路径可能会被用户删除，这样病毒就不能够实现自启动了。那么，病毒怎样防止自身被用户删除而导致无法自启动呢？

计算机病毒为了长期生存在用户计算机中，会将自身复制到 Windows 系统目录下。用户一般不会在 Windows 系统目录下删除文件，这样病毒文件就可以长期生存在用户计算机中。一些蠕虫等类型的病毒为了实现自启动，经常将自身复制到各个硬盘分区的根目录，利用 Windows 的自动播放功能实现自启动。这就是病毒的自我复制性。

5. 自我删除性

病毒将自身复制到系统目录或者各个硬盘分区的根目录下，下次自启动时就启动系统目录或硬盘分区根目录下的病毒文件。此时原始病毒文件就没用了，留下来只会更危险，因为这个路径通常是很容易暴露的，很容易被用户发现这里有一个不安全的文件而得到病毒原样本。既然原始病毒文件已经没用了，病毒在完成自身复制后就会删除原路径下的原始病毒文件，这就是计算机病毒的自我删除性。

6. 传播性

所谓传播，是指像生物病毒那样，使更多未受感染的对象也被感染。当计算机病毒为了自己的生存做完准备工作以后，接下来就会疯狂地传播自己。病毒传播的方式比较多。例如，大多数蠕虫病毒利用局域网的共享资源漏洞或 ARP 欺骗等方法在局域网内传播；而某些脚本病毒会嵌入一个网页或者邮件中，当用户打开网页或者邮件的同时，病毒也随之运行，从而达到利用网页或者邮件传播的目的。U 盘病毒则利用 Windows 系统驱动器的自动播放功能进行传播。

7. 感染性

所谓感染，就是病毒在不改变正常程序原有功能的基础上将自身捆绑于其上，使其成为携带病毒的程序。这种程序运行以后通常先执行病毒功能，再执行程序原有的功能，病毒功能的执行又很隐蔽，所以用户很难发现病毒的存在。同时，因为病毒与正常程序进行了捆绑，所以在杀毒的时候不能直接删除捆绑了病毒的程序，而必须清除病毒代码。因此，病毒的处理难度较大。

除了以上特性外，计算机病毒还具有非法性、潜伏性、破坏性、变异性等多种特性。在今后的学习中将会发现计算机病毒的更多特性。

2.4.3 病毒的分类

1. 感染型病毒

感染型病毒将病毒代码附加到被感染的宿主文件（如 PE 文件、DOS 下的 COM 文件、VBS 文件、包含宏的文件）中，使病毒代码在被感染的宿主文件运行时取得运行权。当正常文件被感染后，仍然具有原有的功能，但是正常文件运行的同时也会执行病毒的功能，所以这种病毒的欺骗性非常大。又因为被感染的文件是正常文件，不能直接删除，而只能清除病毒代码，病毒处理难度大，所以这种病毒的危害级别最高。

2. 蠕虫

蠕虫是指利用系统的漏洞、外发邮件、共享目录、可传输文件的软件、可移动存储介质等方式传播自身的病毒，这种病毒还有多个子类型，其子类型按传播方式可分为以下几种：

- 通过即时通信工具传播的蠕虫。
- 通过邮件软件传播的蠕虫。
- 通过 MSN 传播的蠕虫。
- 通过 ICQ 传播的蠕虫。
- 通过 QQ 传播的蠕虫。
- 通过 P2P 软件传播的蠕虫。
- 通过 ICR 传播的蠕虫。

因为蠕虫的传播性非常强，很容易使大量计算机中毒，使大批用户受到危害，所以它的危害级别仅次于感染型病毒。

3. 后门

后门可以在用户不知道（当然也不允许）的情况下，在被感染的系统上以隐蔽的方式运行，可以对被感染的系统进行远程控制，而且用户无法通过正常的方式阻止其运行。后门的危害级别居第三位。

4. 木马

木马是指隐藏在正常程序中的一段具有特殊功能的恶意代码，是具备破坏和删除文件、发送密码、记录键盘按键动作和攻击 DOS 等特殊系统功能的后门程序。木马是计算机黑客用于远程控制计算机的程序，将控制程序寄生于被控制的计算机系统中，里应外合，对感染木马的计算机实施操作。一般的木马要寻找计算机系统的后门，伺机窃取被控制的计算机中的密码和重要文件等。木马可以对被控制的计算机实施监控、资料修改等非法操作。木马具有很强的隐蔽性，可以根据黑客意图突然发起攻击。

木马技术的发展可以说非常迅速。这主要是由于有些出于好奇或急于显示自己实力而不断改进木马程序。至今木马程序已经经历了 6 代：

第一代木马是最原始的木马，主要进行简单的密码窃取、通过电子邮件发送信息等活动，具备木马最基本的功能。

第二代木马在技术上有了很大的进步，“冰河”是其中的典型代表之一。

第三代木马的主要改进是在数据传递技术方面，出现了 ICMP 等类型的木马，利用畸形报文传递数据，增加了杀毒软件识别和查杀的难度。

第四代木马在进程隐藏方面有了很大改进，采用了内核插入的嵌入方式，利用远程插入线程技术嵌入 DLL 线程，或者挂接 PSAPI，以实现木马程序的隐藏，甚至在 Windows NT/2000 下都达到了良好的隐藏效果。“灰鸽子”和“蜜蜂大盗”是比较出名的 DLL 木马。

第五代木马是驱动级木马。驱动级木马多数使用了 Rootkit 技术来达到深度隐藏的效果，并深入到内核空间。这种木马感染目标系统后针对杀毒软件和网络防火墙进行攻击，可将系统 SSDT（System Services Descriptor Table，系统服务描述符表）初始化，导致防火墙失去杀毒作用。有的驱动级木马可驻留 BIOS，并且很难查杀。

第六代木马是黏虫技术类型和特殊反显技术类型的木马。随着身份认证 UsbKey 和杀毒软件主动防御技术的兴起，这两种木马逐渐系统化。前者主要以盗取和篡改用户敏感信息为主，后者以动态口令和硬证书攻击为主。PassCopy 和“暗黑蜘蛛侠”是这两种木马的代表。

2.4.4 病毒的发展

冯·诺依曼是 20 世纪的杰出数学家之一。他在《复杂自动装置的理论及组织的进行》一文中早已勾勒出病毒程序的蓝图。1975 年，美国科普作家约翰·布鲁勒尔写了《震荡波骑士》一书，该书第一次描写了在信息社会中计算机作为正义和邪恶双方斗争的工具的故事。1977 年，托马斯·杰瑞安的科幻小说《P-1 的春天》成为美国的畅销书，该本书中描写了一种可以在计算机中互相传染的病毒，最后病毒控制了 7000 台计算机，造成了一场灾难。而几乎在同一时间，美国 AT&T 贝尔实验室的 3 个年轻人在工作之玩起了一游戏，每个人都编写能够吃掉别人程序的程序，这个名为“磁芯大战”的游戏进一步将计算机病毒的概念展现出来。

1983 年 11 月 3 日，弗雷德·科恩研制出一种在运行过程中可以复制自身的破坏性程序，他将其命名为计算机病毒。该病毒在每周一次的计算机安全讨论会上被正式提出。8 小时后，专家们在 VAX11/750 计算机系统上运行了该病毒。第一个病毒实验成功。一周后又获准进行 5 个实验演示，从而验证了计算机病毒的存在。

1986 年初，巴基斯坦的拉合尔巴希特和阿姆捷德兄弟编写了 C-BRAIN，人们也将其称为巴基斯坦病毒。该病毒在一年内传播到世界各地。由于当地盗版软件非常盛行，他们开发该病毒的目的主要是为了防止他们的软件被任意盗版。只要有人非法复制他们的软件，该病毒就会发作，将盗版者的硬盘剩余空间占满。业界认为这是第一个真正具备完整特征的计算机病毒。

1988 年 3 月 2 日，一种针对苹果计算机的病毒发作，当天受感染的苹果计算机都停止了工作，显示器只显示“向所有苹果计算机的使用者宣布和平的信息”，以庆祝苹果计算机的生日。

1988 年 11 月 2 日，美国 6000 多台计算机被病毒感染，导致互联网不能正常运行。这是一次非常典型的计算机病毒入侵计算机网络的事件。该事件迫使美国政府立即作出反应，美国国防部成立了计算机应急行动小组。在这次事件中 12 个地区节点遭受攻击，波及政府、大学、研究机构和拥有政府合同的 25 万台计算机。在这次病毒事件中，计算机系统直接经济损失达 9600 万美元。这个病毒程序的设计者是在康奈尔大学攻读学位的研究生罗伯特·莫里斯，他设计的病毒程序利用了系统存在的弱点。他获准完成康奈尔大学的毕业设计，并获得哈佛大学 Aiken 中心超级用户的特权。同时，他也被判 3 年缓刑，罚款 1 万美元，还被命令进行 400h 的社区服务。

计算机病毒并不是来源于突发或偶然的原因。一次突发的停电或偶然的错误会在计算机磁盘和内存中产生一些乱码或随机指令，但这些是无序和混乱的。计算机病毒是一种精巧、严谨的代码，这些代码按照严格的算法组织起来，与所在的系统网络环境相适应。病毒不会通过偶然因素形成，它需要有一定的长度，这从概率上来讲是不可能通过随机代码产生的，因此计算机病毒是人为的特制程序。现在流行的病毒都是为了达到一定目的而人工编写的。多数病毒可以找到作者信息和产地信息，通过大量的资料分析统计来看，病毒主要是一些程序员为了表现和证明自己的能力而特制的一些恶作剧程序，从中获得满足感；而另一些则是为了达到一定目的，如对上司不满、出于好奇、为了报复或者为了谋取非法利益而编写的具有攻击和破坏等行为的恶意程序；当然也有出于政治、军事、宗教、民族等方面的动机而专门编写的程序。其中也包括一些病毒研究机构和黑客的测试病毒。计算机病毒的产生是计算机技术和以计算机为核心的信息化社会的必然产物。其完整的生命期包括程序设计、传播、潜伏、触发、运行、实行攻击。究其产生的原因不外乎以下几种。

(1) 一些程序员和编程爱好者出于好奇、恶作剧的心理或者为了满足自己的表现欲，故意编制出一些特殊的计算机程序。这些程序让其他人的计算机播放一些动画或声音或者执行别的操作，而这种程序流传出去就演变成计算机病毒。此类病毒的破坏性一般不大。

(2) 一些病毒是软件公司及用户为保护自己的软件而采取的预防性惩罚措施。他们发现对软件加密不如在其中隐藏病毒对非法复制的打击力度大，于是就利用加密技术编写一些特殊的程序附在正版软件上。如遇到非法复制，则此类特殊程序自动被激活，就会产生一些新病毒，如巴基斯坦病毒。这种做法助长了各种病毒的传播。

(3) 一些病毒旨在攻击和摧毁计算机系统。这种病毒蓄意进行破坏。例如，1987 年底出现在以色列耶路撒冷希伯来大学的“犹太人”病毒就是该大学雇员在工作中受挫或被辞退时故意制造的。这种病毒针对性强，破坏性大，产生于组织机构内部，令人防不胜防。

(4) 一些病毒原本是用于研究或针对某种特殊目的而设计的程序，这种程序由于某种原因失去控制或产生了意想不到的效果。

(5) 一些病毒产生于游戏。编程人员在无聊时相约编制一些程序作为小群体游戏，如最早的“磁芯大战”游戏，这样新的病毒又产生了。

(6) 一些病毒源于个别人偶然发生的报复心理。例如，CIH 病毒的制造者曾购买过一些杀毒软件，但是发现它们并不如厂家所说的那么厉害，杀不了病毒，于是他就编写了一个能避过各种杀毒软件的病毒，这样 CIH 病毒就产生了。

(7) 由于商业和军事等特殊目的，一些组织或个人也会编制一些程序用于进攻竞争对手或敌方的系统，给对方造成灾难或直接的经济损失。

相对于操作系统的发展，计算机病毒大致经历了以下几个阶段。

(1) DOS 引导阶段。1987 年，计算机病毒主要是引导型病毒，有代表性的是“小球”病毒、2708 病毒和“石头”病毒。那时的计算机硬件较少，功能简单，经常使用软盘启动和用软盘在计算机之间传递文件，而引导性病毒正是利用了软盘的启动原理工作，病毒修改系统引导扇区，在计算机启动时首先取得控制权，占用系统内存，修改磁盘读写中断，在系统存取磁盘时进行传播。

(2) DOS 可执行阶段。1989 年，可执行文件型病毒出现。它们利用 DOS 系统加载执行文件的机制工作，如“耶路撒冷”病毒、“星期天”病毒。可执行病毒的代码在系统执行文件时取得控制权，修改 DOS 中断，在系统调用时进行传染，将自身附加在可执行文件中，使可执行文件大小增加。1990 年，这种病毒发展成复合性病毒，可同时感染 COM 和 EXE 文件。

(3) 伴随型阶段。1992 年，伴随型病毒出现。它们利用 DOS 加载文件的优先顺序进行工作。有代表性的是“金蝉”病毒。它在感染 EXE 文件的同时会生成一个和 EXE 文件同名而扩展名为 COM 的伴随体；它感染 COM 文件时，把原来的 COM 文件改为同名的 EXE 文件，再产生一个扩展名为 COM 的伴随体。这样，在 DOS 加载文件时，总是先加载扩展名为 COM 的文件，病毒就会取得控制权，优先执行自己的代码。该类病毒并不改变原来的文件内容、日期及属性。杀病毒时只要将其伴随体删除即可。“海盗旗”病毒是一种典型的伴随型病毒，它在执行时询问用户名称和口令，然后返回一个出错信息并将自身删除。

(4) 变形阶段。1994 年，汇编语言得到了快速的发展。一种功能通过汇编语言可以用不同的方式来实现。这些方式的组合使一段看似随机的代码产生相同的运算结果。而典型的变形病毒——“幽灵”病毒就是利用了这个特点。它每感染一次就产生不同的代码，例如产生一段有上亿种可能的解码运算程序，病毒体被隐藏在解码前的数据中。查杀解这类病毒时必须能对这段数据进行解码，因此加大了查杀病毒的难度。变形病毒是一种综合型病毒，它既能感染引导区，又能感染程序区，多数具有解码算法。

(5) 变种阶段。在汇编语言中，一些数据的运算放在不同的通用寄存器中可得出同样的结果，即使随机插入一些空操作和无关命令，也不影响运算的结果。这样，某些病毒解码算法可以由生成器生成不同的变种的。这种病毒的代表是“病毒制造机 VCL”，它可以在瞬间制造出成千上万种不同的病毒。查杀这种病毒时不能使用传统的特征码识别法，而需要在宏观上分析命令，解码后方可查杀病毒，大大提高了复杂程度。

(6) 蠕虫阶段。蠕虫是无须计算机使用者干预即可运行的独立程序，它通过不停地获得网络中存在漏洞的计算机上的部分或全部控制权来进行“蠕动”。1995 年，随着网络的普及，蠕虫病毒开始利用网络传播。蠕虫只是以上几代病毒的改进。在 Windows 操作系统中，蠕虫是最常见的病毒，它不占用除内存以外的任何资源，不修改磁盘文件。它利用网络功能搜索网络地址，将自身向下一个地址传播，有时也存在于网络服务器和启动文件中。

(7) PE 文件病毒。从 1996 年开始，随着 Windows 的日益普及，利用 Windows 进行工作的病毒开始出现，它们修改 PE 文件。其典型的代表是 1999 年出现的 CIH 病毒，这种病毒利用保护模式和 API 调用接口工作。

(8) 宏病毒阶段。1996 年以后，随着 Office 功能的增强及应用的普及，使用 Word 的宏语言也可以编制病毒。这种病毒使用 Visual Basic 语言，编写容易可以感染 Word 文档和模板。随后又出现了针对 Excel 的宏病毒。

(9) 互联网病毒阶段。1997 年以后，互联网发展迅速，各种病毒也开始利用互联网进行传播，携带病毒的邮件和网页越来越多。如果用户不小心打开了携带病毒的邮件或登录了带有病毒的网页，计算机就有可能中毒。以 2003 年的“冲击波”病毒为代表，出现了以利用系统或应用程序漏洞，采用类似黑客的手段进行感染的病毒。

2.4.5 蠕虫病毒及其变种——“熊猫烧香”

本节介绍计算机中最常见的蠕虫病毒及其轰动一时的变种——“熊猫烧香”病毒。

1. 蠕虫病毒

蠕虫病毒是一种常见的计算机病毒。它利用网络传播，传染途径是网络和电子邮件。最初的蠕虫病毒工作在 DOS 环境下，病毒发作时会在屏幕上出现一条类似虫子的东西，吞食屏幕上的字母并将其变形，蠕虫由此得名。

蠕虫病毒是自包含的程序，它能传播自身的副本或自身的某些部分到其他的计算机系统中。蠕虫不需要将其自身附着在宿主程序中。有两种蠕虫：主机蠕虫与网络蠕虫。主机蠕虫完全包含在它们运行的计算机中，并且通过网络连接将自身复制到其他的计算机中，随后蠕虫就会停止自身的活动,这种蠕虫有时也叫“野兔”。蠕虫病毒一般通过1434号端口漏洞传播。

蠕虫病毒通常包括3个模块:

(1) 传播模块。负责蠕虫的传播,可以分为扫描模块、攻击模块和复制模块3个子模块。其中,扫描模块负责探测存在漏洞的主机,攻击模块按漏洞攻击步骤自动攻击找到的主机,复制模块通过原主机和新主机交互将蠕虫程序复制到新主机并启动。

(2) 隐藏模块。侵入主机后,负责隐藏蠕虫程序。

(3) 目的功能模块。实现对计算机的控制、监视或破坏等。

蠕虫病毒的工作流程可以分为漏洞扫描、攻击、传染、现场处理4个步骤。首先蠕虫程序随机(或在某种倾向性策略下)选取某一IP地址段,接着对这一IP地址段的主机进行扫描;当扫描到有漏洞的主机后,蠕虫对目标主机发动攻击,并将蠕虫主体迁移到目标主机上;最后,蠕虫程序进入被感染的系统,对目标主机进行现场处理。在此过程中,蠕虫程序会生成多个副本,重复上述流程。各个步骤的繁简程度不同,有的十分复杂,有的则非常简单。

2. “熊猫烧香”

“熊猫烧香”是一种蠕虫病毒的变种,而且是经过多次变种而来的。中毒计算机的可执行文件会出现熊猫烧香图案,该蠕虫病毒。原始病毒只会对EXE图标进行替换,并不会对系统本身进行破坏。而大多数中等病毒变种会使中毒的用户计算机出现蓝屏、频繁重启以及系统硬盘中的数据文件被破坏等现象。同时,该病毒的某些变种可以通过局域网传播,进而感染局域网内所有计算机系统,最终导致局域网瘫痪。它能感染系统中的EXE、COM、PIF、SRC、HTML、ASP等文件,它还能终止大量的反病毒软件进程并且会删除扩展名为.gho的备份文件。被感染的用户系统中的EXE文件全部被改成熊猫举着三支香的模样。

除通过网站带毒感染用户之外,此病毒还会在局域网中传播,在极短时间之内就可以感染几千台计算机,严重时可以导致网络瘫痪。

此病毒会删除扩展名为.gho的备份文件,使用户无法使用ghost软件恢复操作系统。它还感染系统中的EXE等文件,在网页文件中添加病毒网址,导致用户一打开这些网页文件,IE就会自动连接到指定的病毒网址并下载病毒。它在硬盘各个分区下生成autorun.inf和setup.exe文件,可以通过U盘和移动硬盘等传播,并且利用Windows系统的自动播放功能运行。它搜索并感染硬盘中的EXE文件,感染后的文件图标变成熊猫烧香图案。该病毒还可以利用共享文件夹、用户简单密码等多种漏洞进行传播。该病毒会在中毒计算机中所有的网页文件尾部添加病毒代码。一些网站编辑人员的计算机如果被该病毒感染,上传网页到网站后,就会导致用户浏览这些网站时也被该病毒感染。2007年1月,多家著名网站遭到此病毒攻击,而相继被植入该病毒。由于这些网站的浏览量非常大,致使“熊猫烧香”病毒的感染范围非常广,中毒企业和政府机构已经超过千家,其中不乏金融、税务、能源等关系到国计民生的重要单位。

第 3 章　Kali Linux 攻防系统实验

3.1　Kali Linux 及基本攻防技术简介

3.1.1　Kali Linux 简介

Kali Linux 是基于 Debian 的 Linux 发行版，是用于数字取证的操作系统，由 Offensive Security 公司开发、维护和资助。Kali Linux 最先是由 Offensive Security 公司的 Mati Aharoni 和 Devon Kearns 通过重新编写 BackTrack 来完成的，BackTrack 是他们编写的用于取证的 Linux 发行版。

Kali Linux 预装了许多渗透测试软件，包括 nmap、Wireshark、John the Ripper 以及 Aircrack-ng。用户可通过硬盘、LiveCD 或 LiveUSB 运行 Kali Linux。Kali Linux 有 32 位和 64 位的镜像，可用于 x86 指令集；同时还有基于 ARM 架构的镜像，可用于树莓派和三星公司的 ARM Chromebook。

Kali Linux 的设计目的是进行高级渗透测试和安全审核。Kali 包含数百种工具，可用于各种信息安全任务，例如渗透测试、安全研究计算机取证和逆向工程。

1. Kali Linux 的特点

Kali Linux 主要有以下特点：

(1) Kali Linux 包括 600 多个渗透测试工具。

(2) Kali Linux 是永久免费的。

(3) Kali Linux 提供开源开发树。Kali Linux 向用户提供了开源的开发模型，其开发树可供所有人使用。

(4) Kali Linux 符合文件系统层次结构标准，使 Linux 用户可以轻松地找到二进制文件、支持文件和库等。

(5) Kali Linux 对无线设备有广泛的支持。对无线接口缺乏支持是 Linux 发行版的常见症结。Kali Linux 广泛支持各种无线设备，从而使其能够在各种硬件上正常运行，并使其与众多 USB 和其他无线设备兼容。

(6) Kali Linux 拥有自定义内核，其中包含最新的注入补丁。

(7) Kali Linux 是在安全的环境中开发的。Kali Linux 开发团队由很少的人组成，这些人是被授权提交包并与存储库交互的可信的人。所有开发工作通过用多种安全协议来完成。

(8) Kali Linux 拥有 GPG 签名的软件包和存储库。Kali Linux 中的每个软件包均由构建和提交该软件包的开发人员签名，存储库也对软件包进行了签名。

(9) Kali Linux 支持多种语言。尽管渗透工具通常是用英语编写的，但 Kali 真正支持多种语言，从而使更多的用户可以使用其母语进行操作并找到他们所需的工具。

(10) Kali Linux 是完全可定制的。用户可以轻松地按照自己的喜好自定义 Kali

Linux,包括 Kali Linux 的内核。

(11) Kali Linux 支持 ARMEL 和 ARMHF。由于 Raspberry Pi 和 BeagleBone Black 等基于 ARM 的单板系统正变得越来越常见和廉价,因此,Kali Linux 提供了对 ARM 的强大支持。Kali Linux 在大量的 ARM 设备上可用,并且具有与主线发行版集成的 ARM 存储库。

2. Kali Linux 与其他 Linux 系统的区别

提到 Kali Linux,就不能不提另一款广为人知的操作系统,即 Kali Linux 的前身 BackTrack。从 BackTrack 变为 Kali Linux 的原因主要是:人们发现一直以来使用的 BackTrack 内核版本(V.10.04)出现了问题。因此有必要整合一些常用的工具,摒弃一些因为时代变化而不再适用的工具或者长时间没有更新的工具。

通过对比 Kali Linux 和 BackTrack 可以发现,虽然二者在 UI 和界面上没有明显的变化,但是 Kali Linux 明显包含了更多的新工具,从内部系统架构来说发生了根本性的改变。

3. Kali Linux 包含的测试工具

Kali Linux 包含网络安全渗透测试需要的绝大部分测试工具。下面介绍其中 10 个主要工具。

(1) AssassinGo。AssassinGo 是基于 Go 的高并发可拓展式 Web 渗透框架。AssassinGo 是一个可扩展和并发的信息收集和漏洞扫描框架,该框架基于 Vue 的 WebGUI,前后端交互主要采用 WebSocket 技术,会将结果实时显示在前台。AssassinGo 集成了高可用信息收集、基础攻击向量探测、Google-Hacking 综合搜索和 PoC 自定义添加并对目标进行批量检测等功能的自动化 Web 渗透框架。

(2) burpa:burp。burpa:burp 是自动化扫描工具。它使用 burpsuite 自动化扫描网站,并将扫描结果输出成报告。

(3) websocket-fuzzer。websocket-fuzzer 用于应用程序渗透测试。它提供了两个工具:websocket-fuzzer.py 用于接收一个 WebSocket 的消息,修改该消息,然后以不同的连接发送该消息,并对响应进行分析以发现潜在的漏洞;send-one-message.py 使用新连接发送 WebSocket 消息

(4) Reptile。Reptile 是 LKM Linux rootkit(内核级病毒木马)。Reptile 的功能包括获得 root 权限、隐藏文件和目录、隐藏文件内容、隐藏进程、隐藏自己、设置 TCMP/UDP/TCP 端口后门。

(5) juice-shop。juice-shop 是用 Node.js 编写的 Web 安全漏洞测试工具。

(6) badpdf。badpdf 可以创建恶意 PDF 文档,从 Windows 计算机上窃取 NTLM 哈希值。

(7) GPON。GPON 是路由器远程代码执行漏洞利用脚本工具。vpnMentor 公布了 GPON 路由器的高危漏洞:验证绕过漏洞(CVE-2018-10561)和命令注入漏洞(CVE-2018-10562)。将这两个漏洞结合,只需要发送一个请求,就可以利用 GPON 编写脚本,在路由器上执行任意命令。

(8) watchdog。watchdog 是一款全面的安全扫描和漏洞管理工具,其扫描引擎包括 Nmap、Skipfish、Wapiti、BuiltWith、Phantalyzer 和 Wappalyzer。watchdog 安装时自带 CVE 漏洞数据库,由多个 CVE 数据源(exploitdb、cves 等)集合而成。

(9) pypykatz。pypykatz 是轻量级调试器 mimikatz 的纯 Python 语言版本。mimikatz 是用 C 语言编写的开源工具,功能非常强大,它支持从 Windows 系统内存中提取明文密码、哈希值、PIN 码和 Kerberos 凭证。

(10) CertDB。CertDB 是一个免费的 SSL 证书搜索引擎和分析平台,通过 API 可以进行证书的查询。

3.1.2 Kali Linux 基本攻防技术简介

1. 网络嗅探技术

无线局域网(俗称 WiFi)基于 IEEE 802.11b/g/n 标准。因为它在搭建时使用廉价、简便、小型的设备,所以在许多领域获得了越来越广泛的应用。尤其是随着智能手机近两年的普及,更是加速了人们在日常生活和工作中对无线网络的需求甚至是依赖。无线终端设备通过服务及标识符(也就是 SSID)来标识和加入无线局域网。当无线终端进入一个接入点的覆盖范围时,便接入了无线局域网。由于无线网络通信可能会将电磁信号泄露于室外,建筑无法完全屏蔽信号,如果不使用认证或者安全的加密技术,入侵者只要监听到这个无线网络的 SSID,就可以将自己的设备加入这个无线网络。即使路由器中使用了 MAC 地址访问限制等手段,入侵者也可以采用伪造 MAC 地址的方法让 MAC 地址控制表的作用失效。在网络中窃取数据就叫嗅探,它是利用计算机的网络接口截获网络中流转的数据报文的一种技术。嗅探一般工作在网络的底层,可以在不被察觉的情况下将网络传输的全部数据记录下来,从而捕获账号和口令信息;甚至可以用来危害处在同一无线局域网中的其他网络使用者的安全,或者用来获取更高级别的访问权限、分析网络结构、进行网络渗透等,网络嗅探往往是黑客入侵的前奏。

很多人对无线网络安全不以为然,认为自己所使用的 WiFi 是经过加密的,别人即便知道了密码,也无法看到自己的浏览记录。在无线局域网中,网络嗅探的隐蔽性来自其被动性和非干扰性。运行监听程序的主机在窃听的过程中只是被动地接收网络中传输的信息,而不会跟其他主机交换信息,也不修改在网络中传输的信息包,使得网络嗅探具有很强的隐蔽性,往往让网络信息泄密事件很难被发现。尽管网络嗅探没有对网络进行主动攻击和破坏的危害明显,但它造成的损失也是不可估量的。只有通过分析网络嗅探的原理与本质,才能有效地防患于未然,增强无线局域网的安全防护能力。

要理解网络嗅探的实质,首先要清楚数据在网络中封装、传输的过程。根据 TCP/IP 协议,数据包是经过层层封装后被发送的。假设客户机 A、B 和 FTP 服务器 C 通过无线连接设备连接,主机 A 通过使用一个 FTP 命令向主机 C 进行远程登录,进行文件下载。那么首先在主机 A 上输入登录主机 C 的 FTP 口令,FTP 口令经过应用层 FTP 协议、传输层 TCP 协议、网络层 IP 协议、数据链路层上的以太网驱动程序一层一层包裹,最后送到物理层,再通过无线的方式发送出去。主机 C 接收到数据帧,并在比较之后发现是发给自己的,接下来它就对此数据帧进行分析处理。这时主机 B 也同样接收到主机 A 发送的数据帧,随后就检查数据帧中的地址是否和自己的地址相匹配,发现不匹配,就把数据帧丢弃。这就是基于 TCP/IP 通信的一般过程。

网络嗅探就是从通信中捕获和解析信息。假设主机 B 想知道登录服务器 C 的 FTP 口令是什么,那么它要做的就是捕获主机 A 发送的数据帧,对数据帧进行解析,依次剥离出以太帧头、IP 包头、TCP 包头等，然后对包头部分和数据部分进行相应的分析处理，从而得到包含在数据帧中的有用信息。

在实现嗅探时，首先设置用于嗅探的计算机，即在嗅探机上装好无线网卡，并把网卡设置为混杂模式。在混杂模式下，网卡能够接收一切通过它的数据包，进而对数据包进行解析，实现数据窃听。其次实现循环抓取数据包，并将抓到的数据包送入数据解析模块处理。最后进行数据解析，依次提取出以太帧头、IP 包头、TCP 包头等，然后对各个包头部分和数据部分进行相应的分析处理。

Ettercap 是 Kali Linux 下的一个强大的欺骗工具，在 Windows 下也有相应的版本，使用它能够快速创建和发送伪造的包，可以发送从网络适配器到应用软件各种级别的包。它可以绑定监听数据到一个本地端口中，即从一个客户端连接到这个端口，并且对不知道的协议进行解码或者把数据插进去。

Ettercap 是一款在局域网中进行中间人攻击的软件，它通过 ARP 攻击作为网络信息传输中的中间人，一旦 ARP 攻击奏效，它就可以修改数据连接，截获 FTP、HTTP、POP 和 SSH 等协议的密码，通过伪造 SSL 证书的手段劫持被测主机的 HTTPS 会话。

ARP 是地址解析协议，用来把 IP 地址解析为物理地址，也就是 MAC 地址，当某个网络设备需要与其他网络设备通信时，它会通过 ARP 广播查询目标设备的 MAC 地址。目标设备会通过 ARP 的数据包反馈自己的 MAC 地址，然后通信双方都会将 IP 地址和 MAC 地址所对应的信息保存在自己的 ARP 缓存中，这样做能够提高效率，节省后续通信的查询成本。当某台主机要进行通信时，它会首先查询目标主机的 IP 地址和 MAC 地址，此时，攻击者可以将自己的主机的 MAC 地址回复给查询 MAC 地址的主机，以发动中间人攻击。这种攻击叫作 ARP 污染攻击和 ARP 欺骗，只有攻击者的主机和目标主机处于局域网的同一网段，这种攻击才会有效。

Ettercap 有两种运行方式：UNIFIED 和 BRIDGED。

UNIFIED 方式是以中间人方式嗅探；BRIDGED 方式是在双网卡情况下嗅探两块网卡之间的数据包。UNIFIED 方式的大致原理为：同时欺骗主机 A 和 B，把 A 和 B 原本要发给对方的数据包都发送到第三者 C 上，然后由 C 再转发给目标主机。这样 C 就充当了一个中间人的角色。因为数据包会通过 C，所以 C 可以对数据包进行分析和处理，导致原本只属于 A 和 B 的信息泄露给 C。UNIFIED 方式将完成以上欺骗并对数据包进行分析。Ettercap 劫持的是 A 和 B 之间的通信。从 Ettercap 的角度来看，A 和 B 的关系是对等的。

BRIDGED 方式有点像笔记本计算机上有两个网卡，一个是有线网卡，另一个是无线网卡。可以将有线网卡的网络连接共享给无线网卡，这样笔记本计算机就变成了一个无线 AP。无线网卡产生的所有数据流量都将传送给有线网卡。在 BRIDGED 方式下，Ettercap 嗅探的就是这两个网卡之间的数据包。

本实验使用 UNIFIED 方式。

2. 渗透测试技术

渗透测试是通过模拟攻击者使用的手段攻破目标系统安全防线，取得服务器或者设备的访问权与控制权，并且发现某些存在安全隐患的漏洞的一种测试手段。

渗透测试的过程就是对目标主机系统进行一些主动探测，以发现潜在的系统安全隐患，包括错误的系统配置以及已知或者未知的操作系统漏洞和软件硬件漏洞。渗透测试分为两种类型：黑盒测试和白盒测试。

黑盒测试就是模拟一个对目标系统的技术细节一无所知的攻击者的测试。白盒测试恰恰相反，是模拟拥有全部目标系统资料的攻击者的测试。

PTES 渗透测试执行标准是由安全业界很多领军企业共同发起的，在这个标准中定义的渗透测试过程得到安全业界的普遍认同，包括以下 7 个阶段。

1）前期交互阶段

在前期交互阶段，渗透测试团队与客户组织进行交互，最重要的是确定渗透测试的范围、目标、限制条件和服务合同细节。

2）情报搜集阶段

在目标范围确定之后，就进入情报搜集阶段，渗透测试团队会利用各种信息来源和搜集技术，尝试获取关于目标组织网络拓扑、系统配置和安全防御措施的信息。渗透测试者可以使用的情报搜集方法包括公开信息查询、搜索引擎、社会工程学、网络踩点、扫描探测、被动监听等技术手段。情报搜集得越多、越详细，对渗透测试的帮助越大。情报搜集是否充分在很大程度上决定了渗透测试的成败。

3）威胁建模阶段

在搜集到充分的情报后，渗透团队的成员会针对获取的信息进行威胁建模与攻击规划。这是渗透测试过程中很重要但往往会被遗漏的一个关键点。它可以从大量的情报信息中理清头绪，确定最可行的攻击通道。

4）漏洞分析阶段

在确定最可行的攻击通道后，接下来考虑如何取得目标系统的访问控制权，也就是进入漏洞分析阶段。在该阶段，渗透测试者需要综合分析前几个阶段获取和汇总的情报、安全漏洞扫描结果、服务信息和渗透代码资源，找出可以实施渗透攻击的切入点，并在实验环境中进行验证。在这个阶段还可以针对攻击通道上的一些关键系统与服务进行安全漏洞探测与挖掘，找出可被利用的安全漏洞，开发渗透代码，打开攻击通道上的关键路径。

5）渗透攻击阶段

在渗透攻击阶段，渗透测试团队需要利用找出的目标系统安全漏洞入侵真正的目标系统，获得其访问控制权限。渗透攻击可以采用公开渠道的开源的渗透代码，但在实际环境中，需要根据灵活多变的环境具体决定攻击方法，并且需要击败目标网络和系统中可能存在的防御体系和防御机制，才能成功渗透。在黑盒测试中，渗透攻击者还需要考虑在渗透过程中的逃逸机制，避免引起目标主机系统的警觉和发现，从而彻底暴露自己。

6）后渗透攻击阶段

后渗透攻击阶段是整个渗透过程中最能体现渗透测试团队的技术能力的环节。在这个阶段中，渗透测试团队要根据目标组织的业务经营模式、保护资产形式与安全防御计划的不同特点自主发现攻击目标，识别关键基础设施，并寻找客户组织最具价值和受到安全保护的信息和资产，最终打开能够对客户组织造成最重要业务影响的攻击途径。在不同的渗透测试场景中，这些攻击目标与途径可能是千变万化的，而设置是否准确及可行，也取决于渗透测试团队自身的创新意识、知识范畴、实际经验和技术能力。

7）报告阶段

渗透测试过程最终向客户组织提交，取得认可并成功获得合同付款的就是渗透测试报告。这份报告凝聚了前面所有阶段中渗透测试团队获取的关键情报、探测和发现的系统安全漏洞、成功渗透攻击的过程以及造成业务影响后果的攻击途径，同时还要站在防御者的角度，帮助他们分析安全防御体系中的薄弱环节、存在的问题以及修补与升级技术方案。

渗透测试最核心的目的就是找出目标系统中存在的漏洞，并且利用这个安全漏洞扩大战果，实施渗透攻击，从而达到进入目标主机系统的最终目的。而这一过程中最主要的基础就是目标系统中可能存在的安全漏洞。安全漏洞是指系统中存在的缺陷，这个缺陷往往是操作系统编写者或应用软件编写者在软件开发过程中无意地留下的，它可以使攻击者在未获授权的情况下访问系统、提升特权并且破坏系统。安全漏洞是有生命周期的，它的周期主要分为 7 部分：

(1) 安全漏洞研究与挖掘。

(2) 升渗透代码开发与测试。

(3) 安全漏洞和渗透代码在封闭团队中的流传。

(4) 安全漏洞和渗透代码的扩散。

(5) 恶意程序的开发和传播。

(6) 渗透代码和恶意程序大规模的传播并对互联网造成危害。

(7) 渗透攻击代码和恶意程序的消亡。

在 Kali Linux 系统中，有很多与渗透相关的专用软件，例如 Nmap、Zenmap，以及很有名气的 Metasploit。

端口扫描是一种用来确定目标主机 TCP 端口和 UDP 端口状态的方法。目标主机开放了某个端口，就表示它的这个端口提供某种网络服务，如果这个端口关闭，就说明主机在这个端口上没有网络服务。

TCP/IP 是很多网络协议的统称。IP 提供了寻址、路由等主机互联的功能；而 TCP 协议则约定了连接管理，在两台主机间建立了可靠的数据通信的标准。IP 是 OSI 参考模型中的第三层协议，而 TCP 协议则是传输层协议。

Nmap 的全称是 Network mapper，翻译过来也就是网络映射工具。Nmap 是一个开源的网络探测工具。开发它的目的是为了快速扫描庞大的网络，它通过扫描并且使用原始的 IP 报文来发现网络上都有哪些主机和终端，这些主机与终端都提供什么样的互联网服务，运行哪些应用程序以及软件版本，运行在什么样的操作系统上，使用了什么类型的报文过滤器和防火墙以及杀毒软件。虽然 Nmap 常用于渗透测试和安全审计中，其实许多网络管理员和大型信息系统管理员也常用它来做一些日常运维工作，例如监视主机系统服务运行的情况，管理对服务器的升级计划，使其管辖的网络整体情况尽收眼底，极大地提高了管理效率。

Nmap 是被网络管理员和黑客广泛使用的一款功能全面的端口扫描工具，除了端口扫描以外，Nmap 还具备以下功能：

(1) 主机探测。Nmap 可查找目标网络环境中的所有在线主机。一般来说，它通过 4 种方式发现目标主机，分别是 ICMP echo 请求、向 443 端口发送 TCP SYN 包、向 80 号端口发送 TCP ACK 包和 ICMP 时间戳请求。

(2) 版本和服务检测。在发现了开放的端口之后，Nmap 可以进一步检查目标主机的服务协议、应用程序名称和版本号。

（3）操作系统检测。Nmap 向目标主机发送一系列数据包，并能够将目标主机的响应与操作系统的指纹数据库进行比较，一旦发现了有匹配结果，就会显示目标主机的操作系统。

（4）网络路由跟踪。Nmap 通过多种协议访问目标主机的不同端口，Nmap 路由跟踪功能从 TTL 高值开始测试，逐步递减，直到 TTL 为 0。

（5）Nmap 脚本引擎。它扩充了 Nmap 的用途，可以利用它编写检测脚本。

Nmap 可以识别 6 种端口状态：

（1）Open(开放)。在目标主机开放的端口工作的程序可以接收 TCP 连接请求、UDP 数据包或者响应 SCTP 请求。

（2）Closed(关闭)。关闭的目标主机端口可以被探测到，但是在该端口没有运行的应用程序。

（3）Filtered(过滤)。Nmap 不能确定目标主机的某端口是否开放，包过滤设备屏蔽了 Nmap 向目标主机发送的探测包。

（4）Unfiltered(未过滤)。Nmap 可以访问目标主机的某个端口，但是无法确定这个端口是否开放。

（5）Open|Filtered(打开|过滤)。Nmap 认为目标主机的指定端口处于开放或者过滤状态，但是无法确定是其中的哪一个状态。在遇到没有响应的开放端口时，Nmap 会将其识别为这种状态。这种情况可能是由于防火墙丢弃数据包造成的。

（6）Closed|Filtered(关闭|过滤)。Nmap 认为目标主机的指定端口处于关闭或者过滤状态，但是无法确定是其中的哪一个状态。

在 Kali Linux 系统中，集成了一款堪称神器的渗透测试工具——Metasploit。它是一个渗透测试的框架，也是一个日益成熟的软件漏洞研究与探索开发的平台。正是因为这个平台的出现，使安全工作者及白帽黑客告别了以往烦琐的渗透测试过程，从搜索公开的渗透代码再到编译、测试、修改代码，最后通过不断地测试、失败、再测试、再失败……直至成功，这个传统的过程令行业初学者望而生畏。正因为如此，Metasploit 在发布之后很快得到了安全社区的青睐。

任何一个有效的网络攻击都起步于事先完善的侦察，攻击者必须在挑选并确定利用目标中的哪一个漏洞之前找出目标在哪里有漏洞。为了与 TCP 端口进行交互，首先要建立 TCP 套接字。与其他编程语言类似，Python 也提供了访问 BSD 套接字的接口。BSD 套接字提供了一个应用编程接口(Application Programming Interface，API)，使程序员能编写在主机之间进行网络通信的应用程序。通过一系列 API 函数，可以创建、绑定、监听、连接以及在 TCP/IP 套接字上发送数据。所有成功的网络攻击一般都是以端口扫描拉开序幕的。有一种类型的端口扫描会向一系列常用的端口发送 TCP SYN 数据包，并等待 TCP ACK 响应，通过响应能确认这个端口是开放的。而 TCP 连接扫描通过完整的三次握手来确定服务器和端口是否可用。

除了渗透攻击，Metasploit 还逐渐完善了对渗透测试的全过程的支持，包括如下 5 个阶段：

（1）情报搜集阶段。

（2）威胁建模阶段。

(3) 漏洞分析阶段。

(4) 后渗透攻击阶段。

(5) 报告生成阶段。

情报搜集就是搜集渗透攻击的成功实施必不可少的精确资料。Metasploit 一方面通过内建的一系列扫描探测以及查点辅助模块获取远程服务信息;另一方面通过插件机制集成调用前面介绍过的端口扫描工具(如 Nmap 等),从而具备全面的信息搜索能力。在获得并掌握了目标主机和网络的大量第一手资料后,Metasploit 会将这些资料以数据的形式汇总并且存储于 MySQL 等数据库中,为用户提供简洁的数据查询命令,这就是 Metasploit 的威胁建模功能,它能帮助渗透测试者在海量的情报中找出最可行的攻击路径。除了情报搜集阶段使用扫描工具能够扫描出一些已经发布的安全漏洞外,Metasploit 还提供了大量的协议模糊测试器和 Web 应用漏洞探测分析模块,可以让渗透测试者尝试挖掘出零日漏洞。在成功实施了渗透攻击并且取得目标主机的远程控制权限后,Metasploit 提供了一个强大的工具——Meterpreter。它是一个支持多种操作系统平台,可以驻留在内存中并且具备免杀能力的高级后门工具,它包含特权提升、系统监控、跳板攻击以及内网拓展等功能模块。

Kali Linux 预装了几款高级漏洞利用程序工具集,其中就有大名鼎鼎的 Metasploit 框架(Metasploit Framework)。Metasploit 框架是用 Ruby 语言编写的模板化框架,具有极佳的扩展性,为渗透开发与测试人员提供了极为方便的工具模板。Metasploit 框架可以分为三大组成部分:库、界面和模板。Metasploit 框架的模板主要有以下 5 个:

(1) exploit。这是漏洞利用程序模板,包含了各种 PoC(Proof of Concept,概念验证)程序,用于验证利用特定漏洞的可行性。

(2) payload。这是有效载荷模板,包含了各种恶意程序,用于在目标系统上运行任意命令,它既可以是 exploit 的一部分,也可以是独立编译的应用程序。

(3) Auxiliaries。这是辅助工具模板,包含了一系列扫描、嗅探、指纹识别、拨号测试以及其他类型的安全评估程序。

(4) Encoder。这是编码工具模板。在渗透测试中,这个模板用来加密有效载荷,以避免被杀毒软件、防火墙、IDS(Intrusion Detection System,入侵检测系统)或者 IPS(Intrusion preventon System,入侵防御系统)以及其他类似的软件检测出来,能起到一定的免杀作用。

(5) NOP。这是空操作模板,这个模板用于在 Shellcode 中插入 NOP 指令。虽然这个指令不会进行实际的操作,但是在构造 Shellcode 时可以用来暂时替代 Playload,从而形成完整的 Shellcode 程序。Shellcode 指的是能够完成某一项任务的自包含的二进制代码,这个任务既可以是发出一条系统命令,也可以是为攻击者提供一个 Shell(这正是 Shellcode 产生的根源)。Shellcode 的编写方式有 3 种:直接编写十六进制操作码;采用 C 语言等高级语言编写程序,然后进行编译,最后进行反汇编以获取汇编指令和十六进制操作码;编写汇编程序,将该程序汇编,然后从二进制数码中提取十六进制操作码。

3.2 攻防实验

实验器材

Kali 镜像文件 1 套。

PC(Linux/Windows 10)1 台。

预习要求

做好实验预习,了解 Kali Linux 有关内容。
熟悉实验过程和基本操作流程。
撰写预习报告。

实验任务

通过本实验,掌握以下技能:
(1) 了解 Ubuntu 以及 Kali Linux。
(2) 了解 Kali Linux 攻防基本原理并上机实践。

实验环境

下载虚拟机软件、Kali Linux 镜像。PC 使用 Windows 操作系统或 Linux 操作系统。

预备知识

了解 Kali Linux 和 Ubuntu 的相关知识。
了解虚拟机的使用以及安装方式。

实验步骤

1. 下载并安装虚拟机软件

(1) 经进入 VMware 官方下载地址 https://www.vmware.com/cn.html,在首页顶部导航栏选择"下载"选项,进入"下载"界面,如图 3-1 所示。

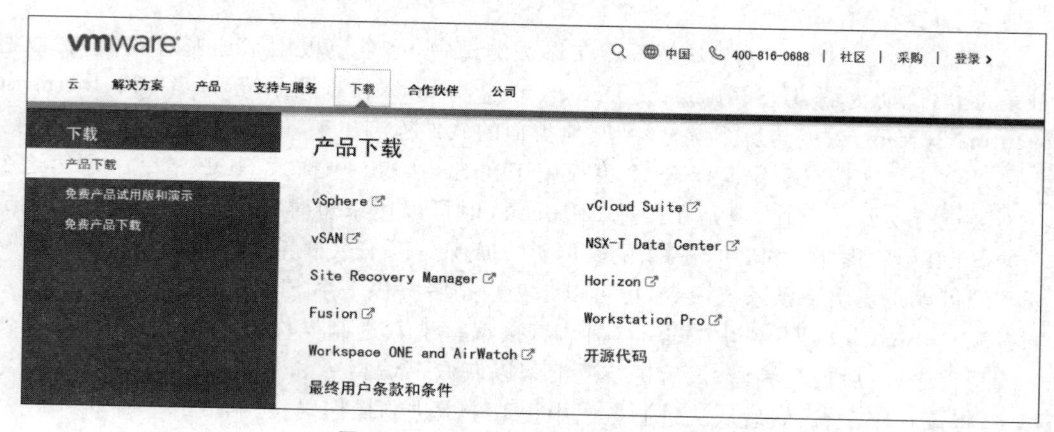

图 3-1 VMware 官网的"下载"界面

(2) 在"下载"界面选择 Workstation Pro,进入"下载 VMware Workstation Pro"界面。在这里以 Windows 系统为例,单击 VMware Workstation 14.1.2 Pro for Windows 右侧的"转至下载"按钮,如图 3-2 所示。

(3) 进入"下载产品"界面后,可以在"选择版本"右侧的下拉列表框中选择要安装的版

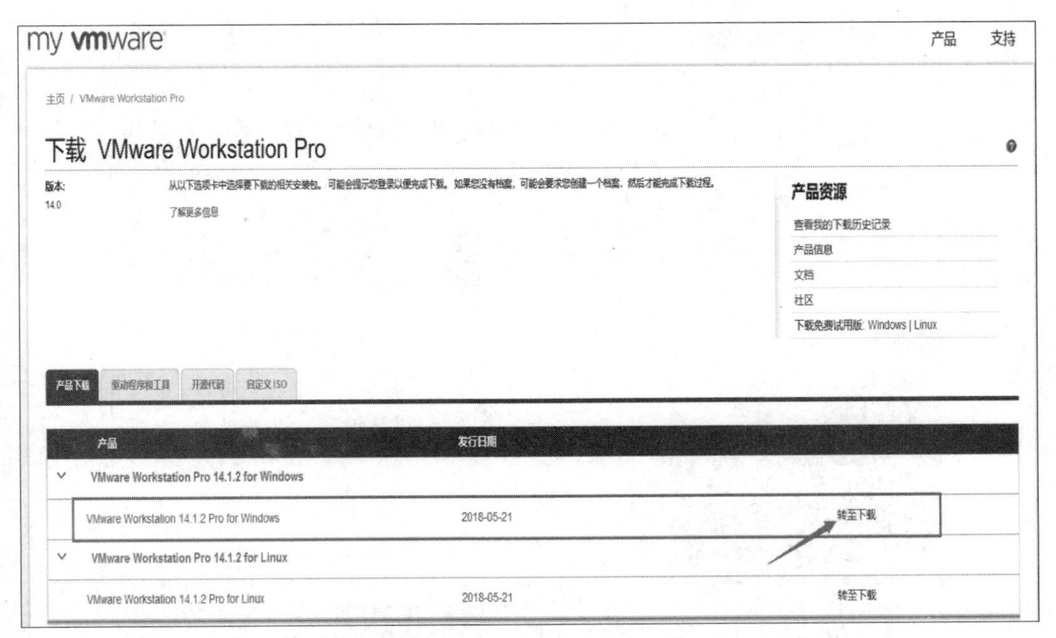

图 3-2 “下载 VMware Workstation Pro”界面

本。本实验使用的版本是 14.1.2。选择版本后，单击“立即下载”按钮，开始下载 VMware Workstation Pro 安装文件，如图 3-3 所示。

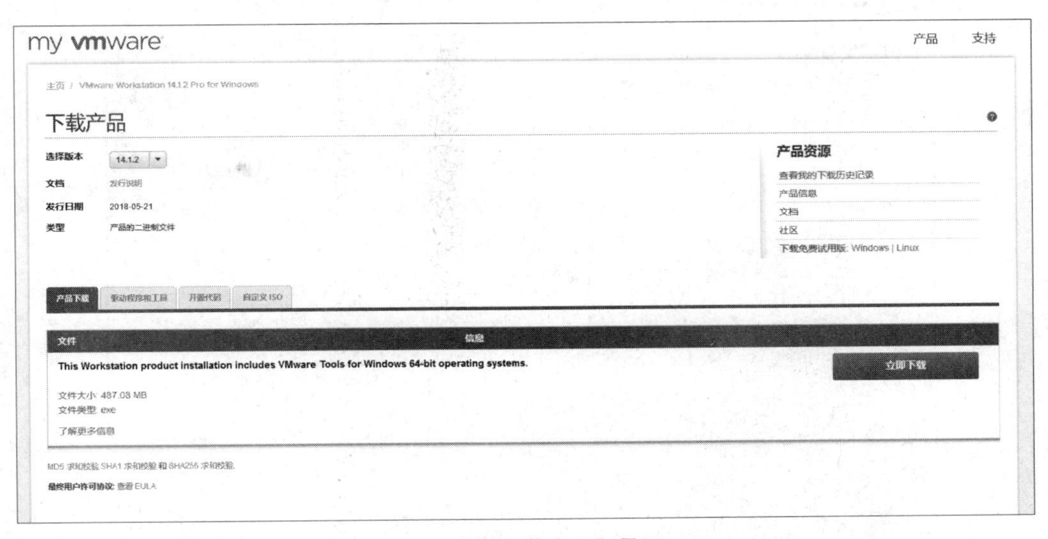

图 3-3 “下载产品”界面

(4) 打开扩展名为.exe 的 VMware Workstation Pro 安装文件，即可启动 VMware Workstation Pro 安装向导，如图 3-4 所示。

(5) 安装位置默认在 C 盘中。用户可以根据需要设置安装路径，本实验将 VMware Workstation Pro 安装到 D 盘的 VMware 文件夹中，如图 3-5 所示。注意，安装路径中不要有中文。

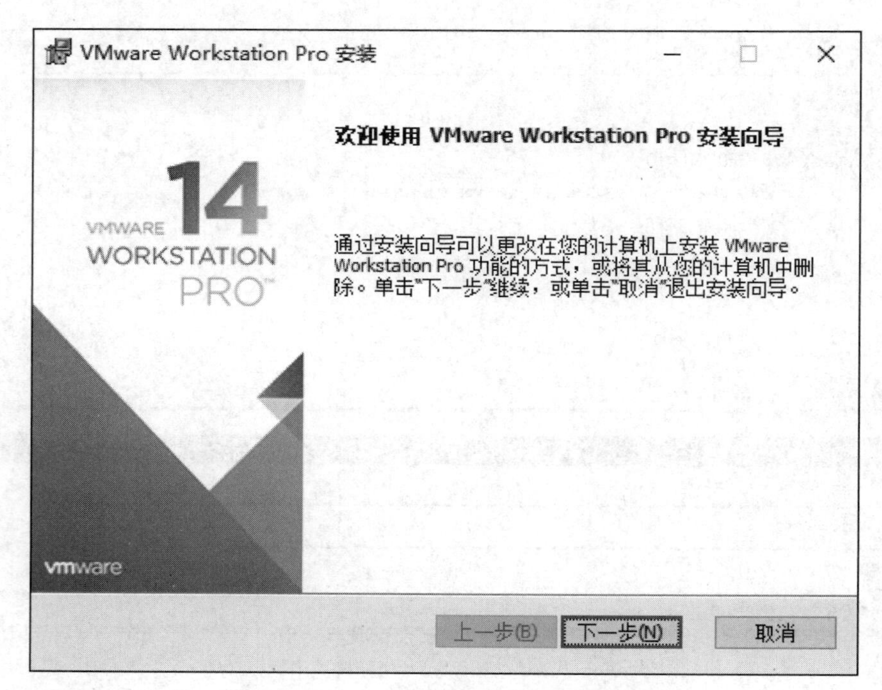

图 3-4　VMware Workstation Pro 安装向导

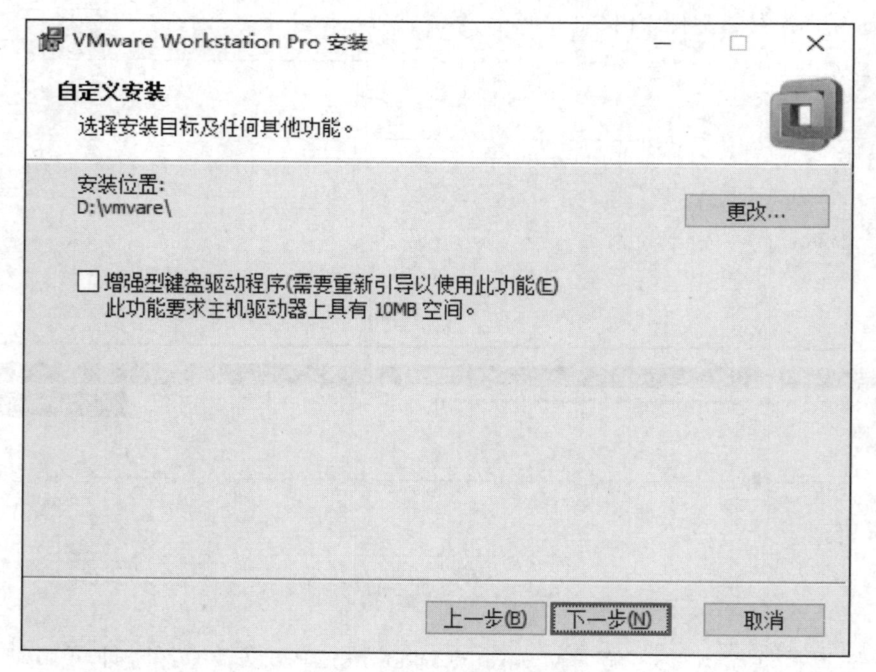

图 3-5　设置安装路径

(6) 按照 VMware Workstation Pro 安装向导的指示一步一步地进行下去。当采用默认方式安装时,可以在每一步直接单击"下一步"按钮,直至出现安装完成提示时为止,如

图 3-6 所示。

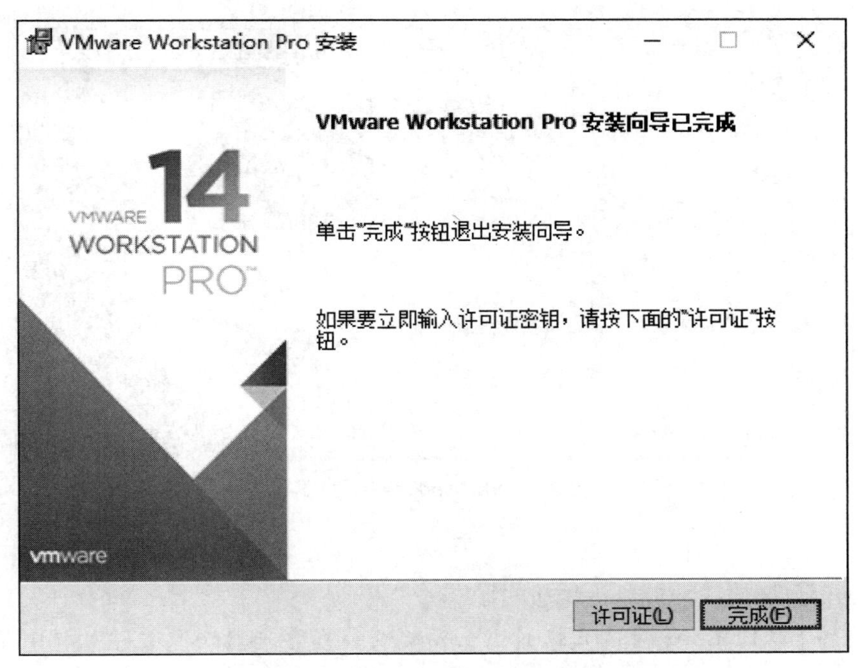

图 3-6　安装完成提示

（7）在第一次运行程序时会要求用户输入许可证密钥，如图 3-7 所示。在此可以选中"我希望试用 VMware Workstation 14 30 天"单选按钮。

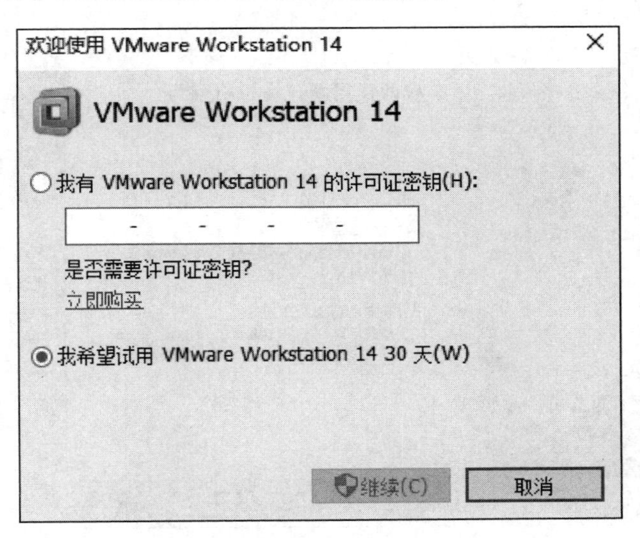

图 3-7　输入许可证密钥

随后即可进入 VM Workstation 的主界面，如图 3-8 所示。

2. 创建虚拟机

创建虚拟机时，可以采用两种方案。

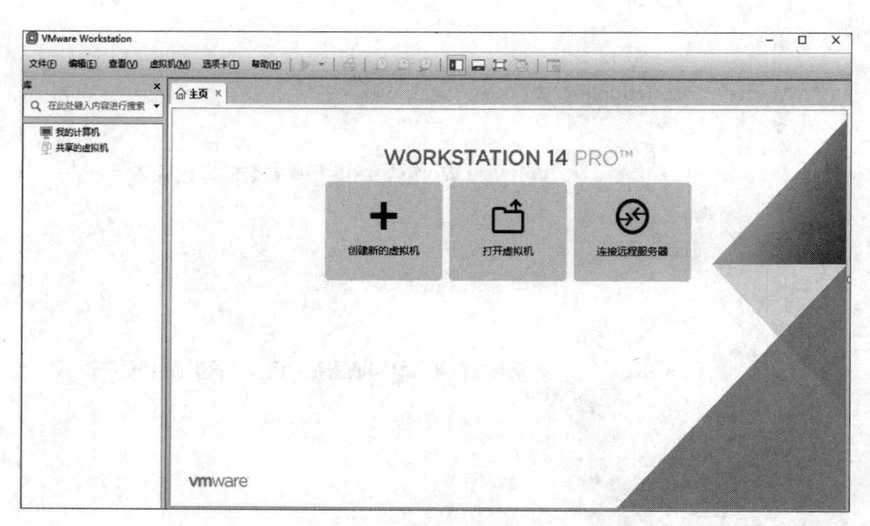

图 3-8　VM Workstation 主界面

1）第一种方案

创建虚拟机的第一种方案步骤如下：

（1）在 www.kali.org 网站下载 Kali Linux 安装程序光盘映像文件 kali-linux-2019.4-amd64.iso。

（2）在 VM Workstation 主界面中单击“创建新的虚拟机”按钮，在“新建虚拟机向导”对话框中选中“典型(推荐)”单选按钮，如图 3-9 所示。

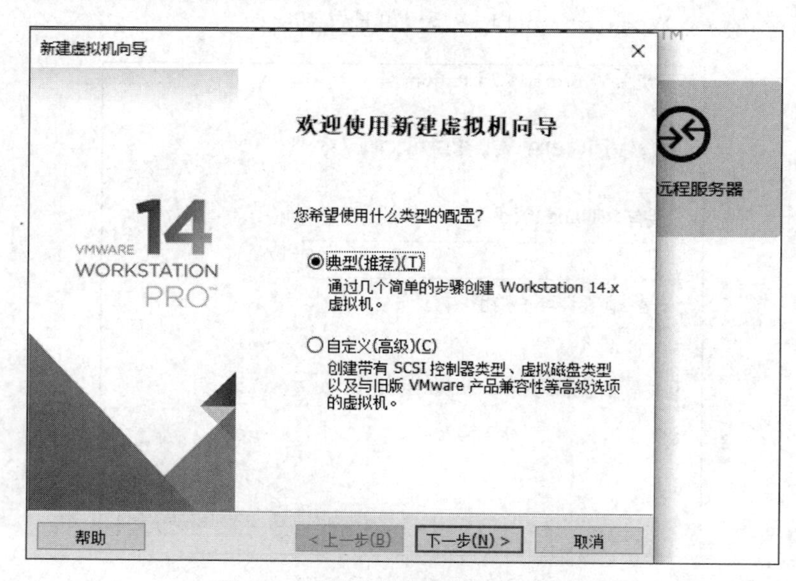

图 3-9　“新建虚拟机向导”对话框

（3）安装客户机操作系统。在“安装来源”下选中“安装程序光盘映像文件(iso)”单选按钮，在下面的下拉列表框中选择在步骤(1)中下载的 F:\kali-linux-2019.4-amd64.iso 所在的路径，如图 3-10 所示。

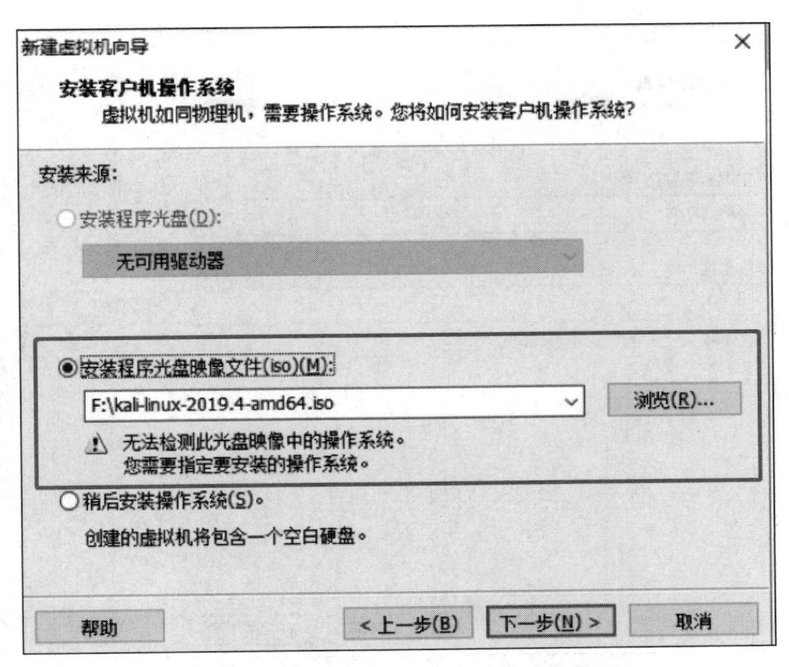

图 3-10　导入安装程序光盘映像文件界面

(4) 选择客户机操作系统及其版本。在"客户机操作系统"下选中 Linux 单选按钮，在"版本"下拉列表中选择"Debian 7.x 64 位"选项，如图 3-11 所示。

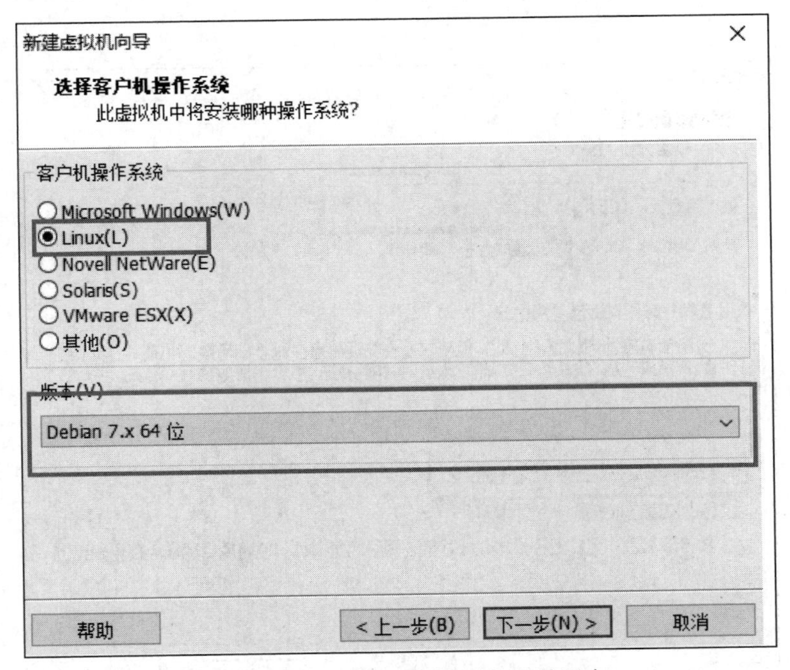

图 3-11　选择客户机操作系统及其版本

(5) 为虚拟机命名。给出虚拟机的名称，并确定其位置，如图 3-12 所示。

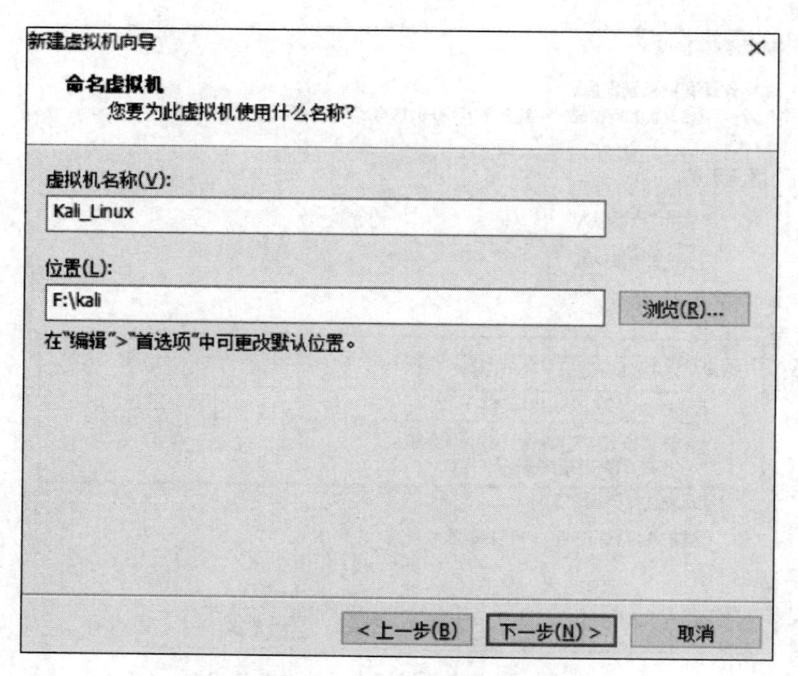

图 3-12　为虚拟机命名

(6) 指定磁盘容量。将“最大磁盘大小(GB)”设置为 50,选中“将虚拟磁盘存储为单个文件”单选按钮,如图 3-13 所示。单击“下一步”按钮,然后单击“完成”按钮,完成虚拟机的创建。

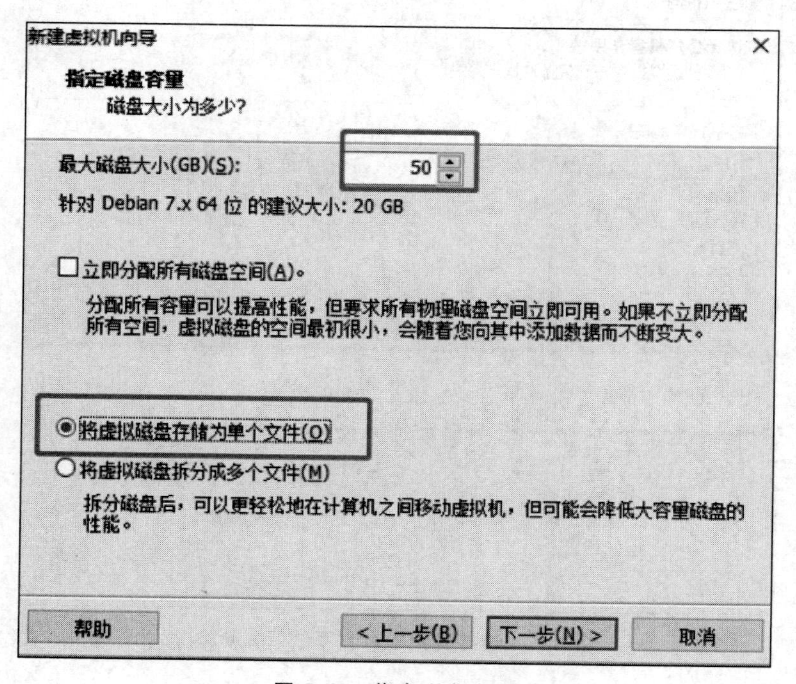

图 3-13　指定磁盘容量

(7) 启动虚拟机，进行配置，选择 Graphical install(图形界面安装)选项，如图 3-14 所示。

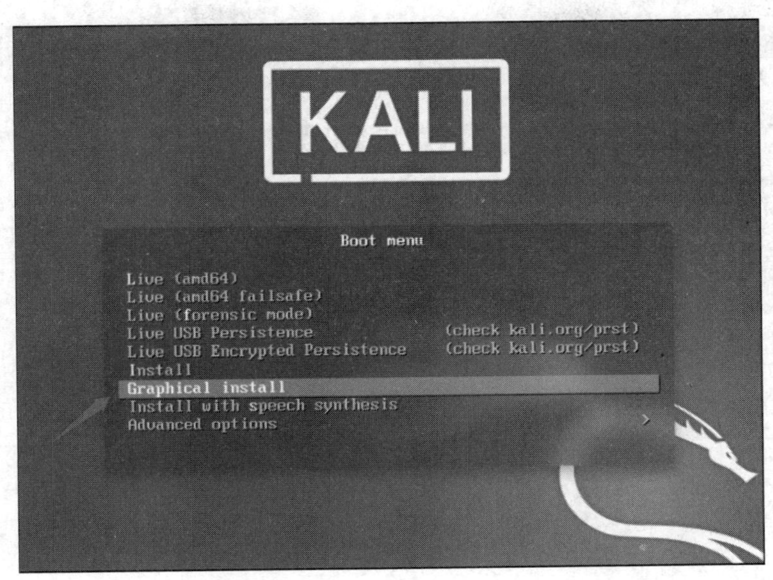

图 3-14 选择 Graphical install 选项

(8) 接下来选择语言，本实验选择中文。然后一直单击“继续”按钮，直到“配置网络”界面出现，在此输入主机名，如图 3-15 所示。

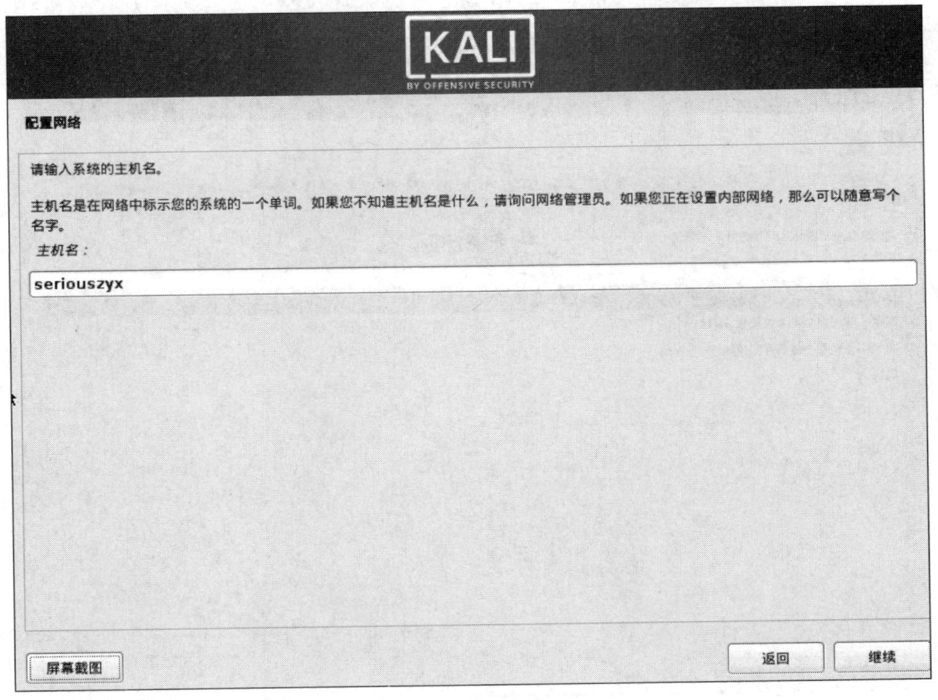

图 3-15 输入主机名

（9）设置用户和密码，如图 3-16 所示。

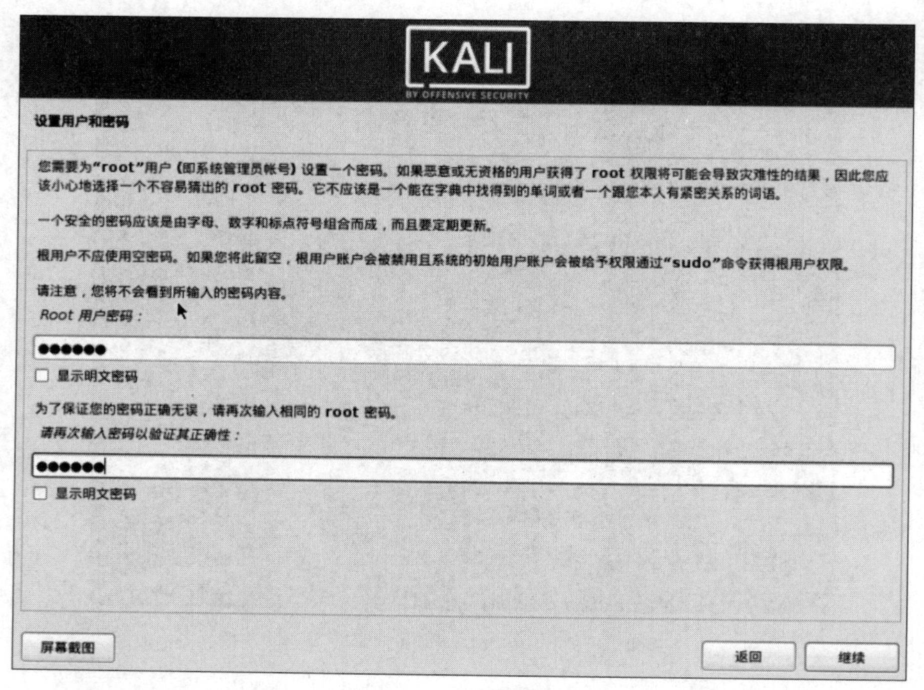

图 3-16　设置用户和密码

（10）接下来进行磁盘分区。推荐选择使用整个磁盘的分区方法，如图 3-17 所示。

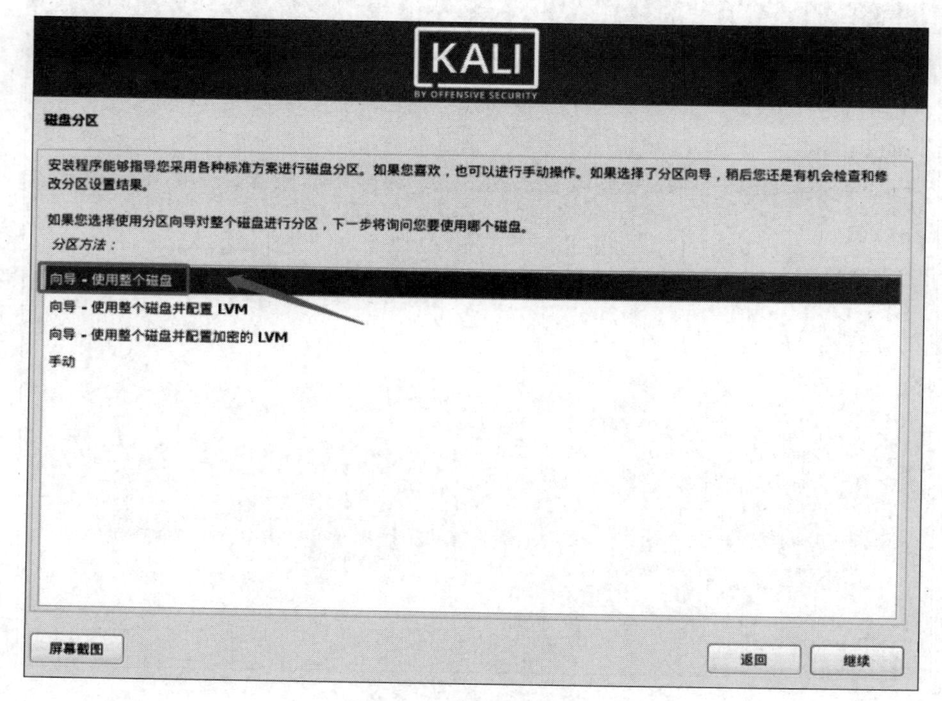

图 3-17　进行磁盘分区

(11) 接下来选择磁盘分区方案。推荐选择将所有文件放在同一分区中的分区方案，如图 3-18 所示。

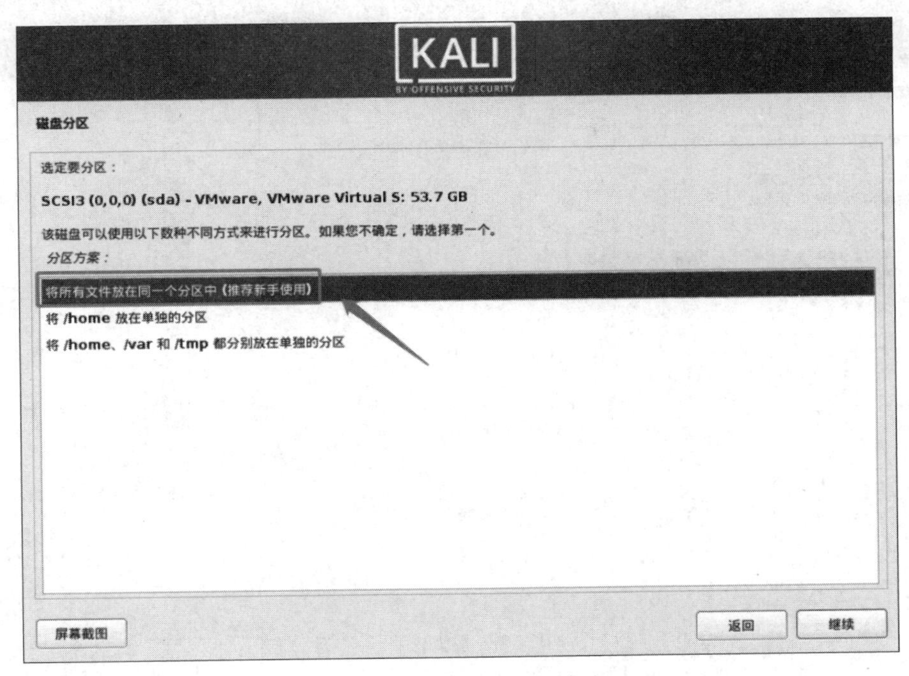

图 3-18 选择磁盘分区方案

(12) 选择“结束分区设定并将修改写入磁盘”，如图 3-19 所示。

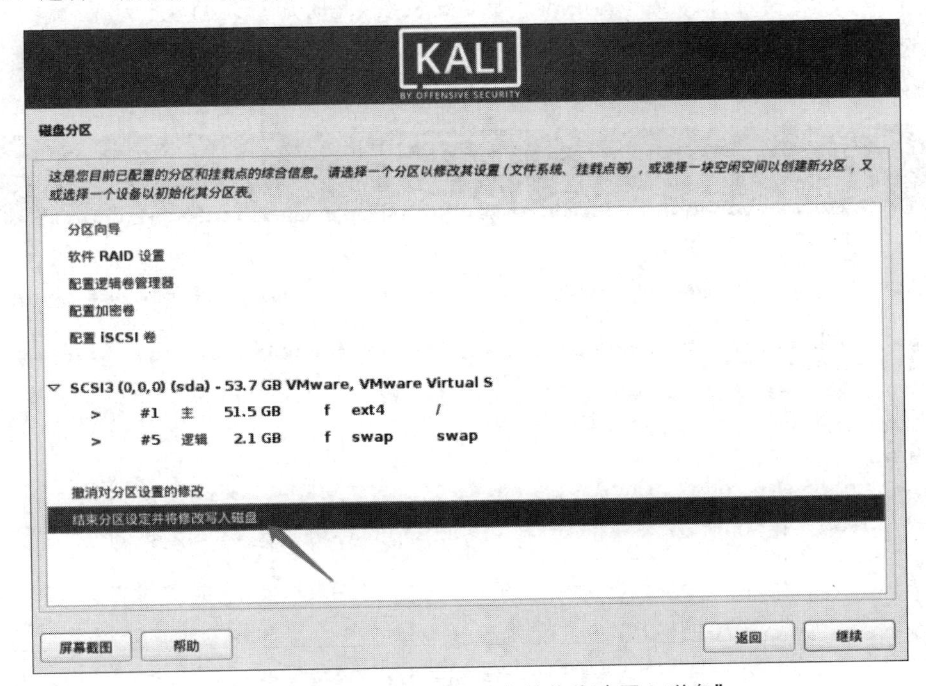

图 3-19 选择“结束分区设定并将修改写入磁盘”

（13）安装向导询问用户是否将改动写入磁盘，选中“是”单选按钮，如图 3-20 所示。

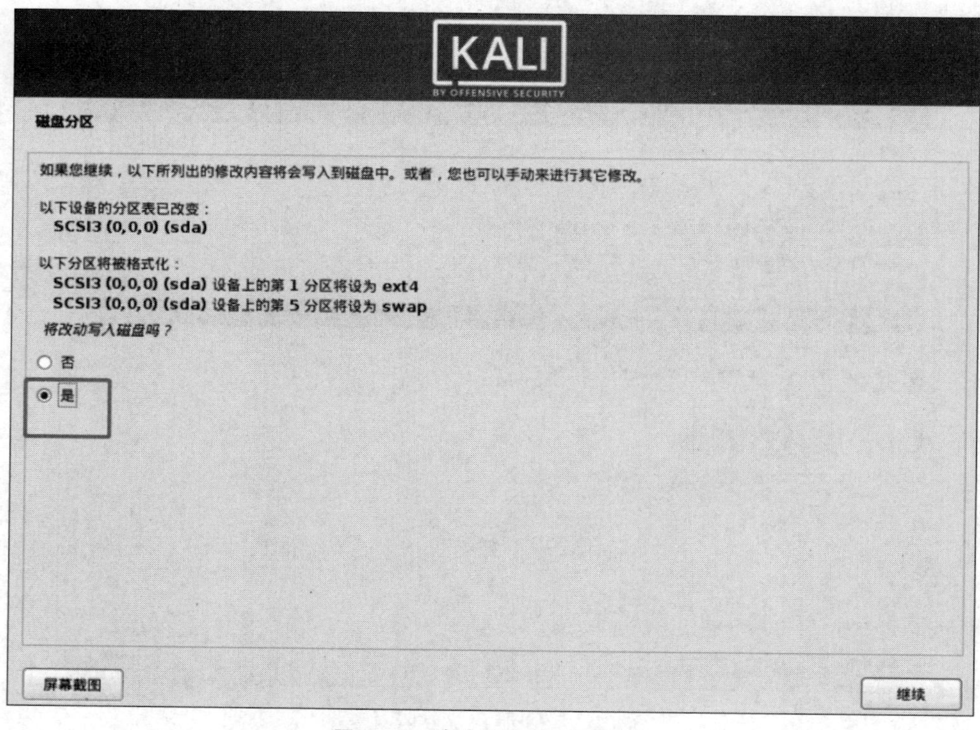

图 3-20　确认将改动写入磁盘

（14）单击“继续”按钮之后，就正式开始系统安装，此时等待时间较长。在安装过程中，安装向导会询问用户是否将 GRUB 启动引导器安装到主引导记录（MBR）上，选中“是”单选按钮，如图 3-21 所示。

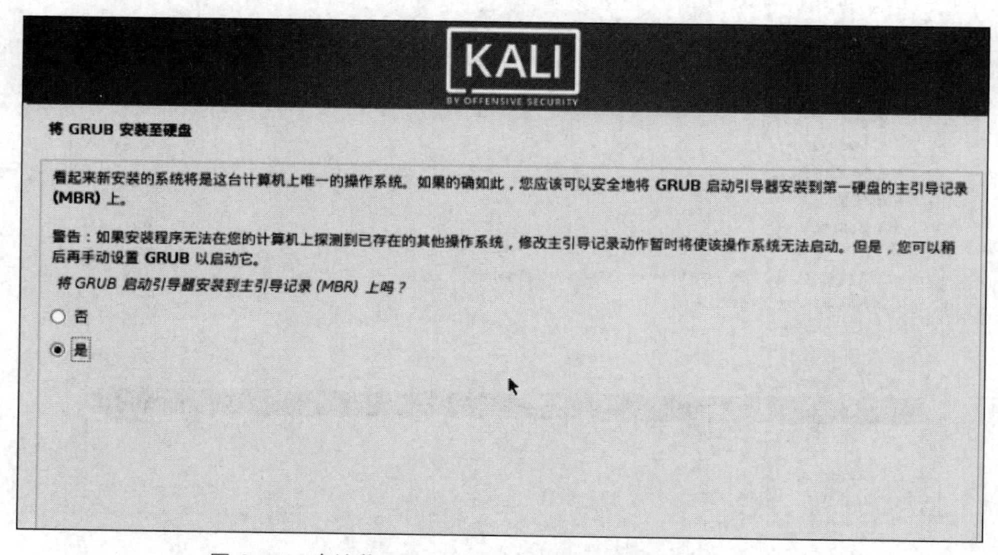

图 3-21　确认将 GRUB 启动引导器安装到主引导记录上

(15)选择安装启动引导器的设备。这里选择第二个选项：/dev/sda，如图 3-22 所示。

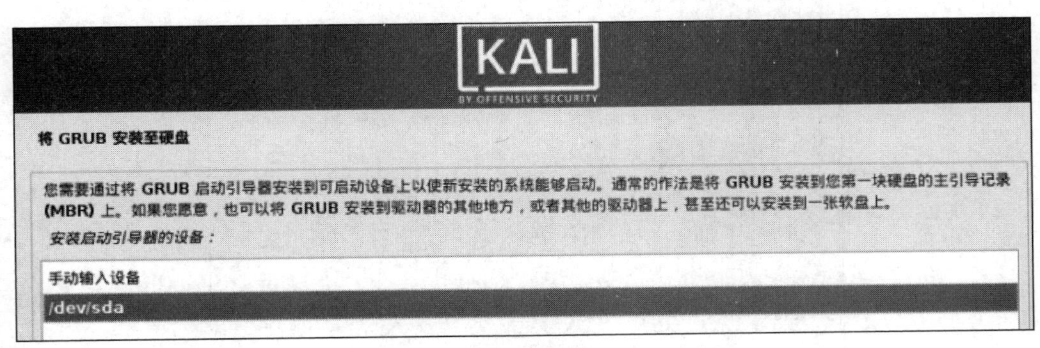

图 3-22 选择安装启动引导器的设备

(16)至此安装完成，如图 3-23 所示。

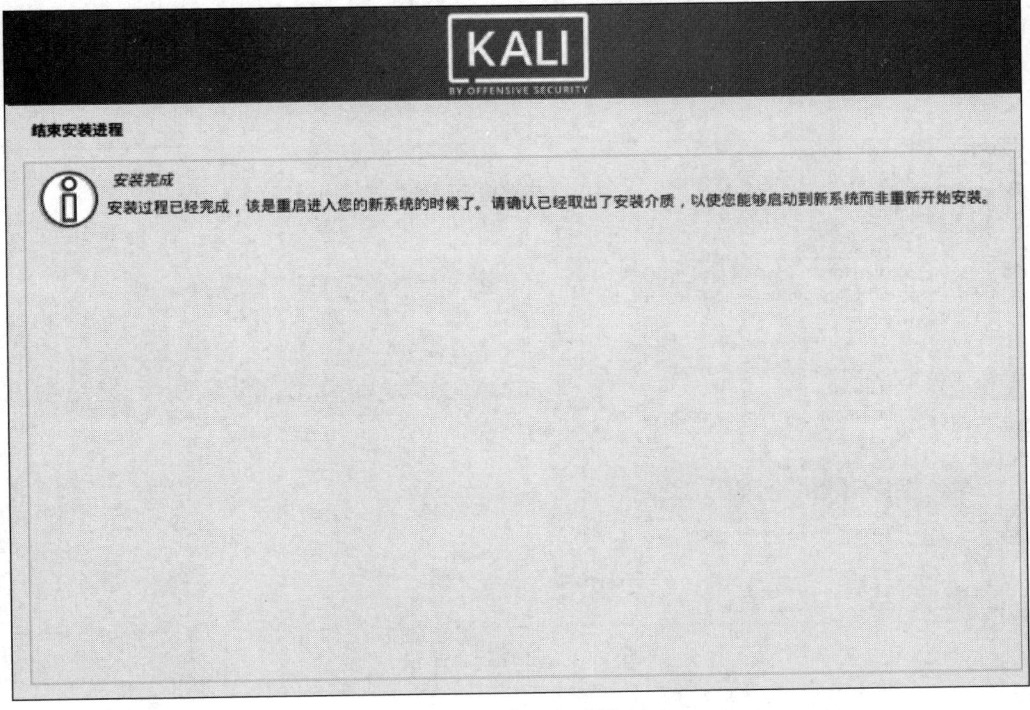

图 3-23 安装完成界面

2）第二种方案

创建虚拟机的第二种方案步骤如下：

(1) 在 www.kali.org 网站下载 kali-linux-2020-1-vmware-amd64-7z。

(2) 在 VM Workstation 主界面的菜单栏中选择“文件”→“扫描虚拟机”命令，如图 3-24 所示。

(3) 在弹出的“浏览文件夹”对话框中选择扫描路径，然后单击“确定”按钮，如图 3-25 所示。

图 3-24 选择“文件”→“扫描虚拟机”命令

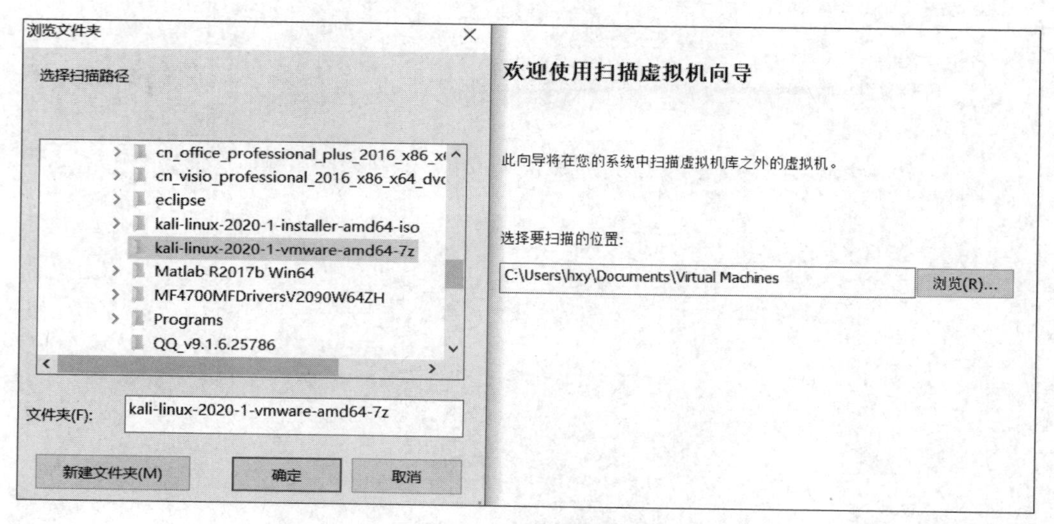

图 3-25 选择扫描路径

(4) 启动虚拟机,登录时的用户名和密码均为 kali,如图 3-26 所示。

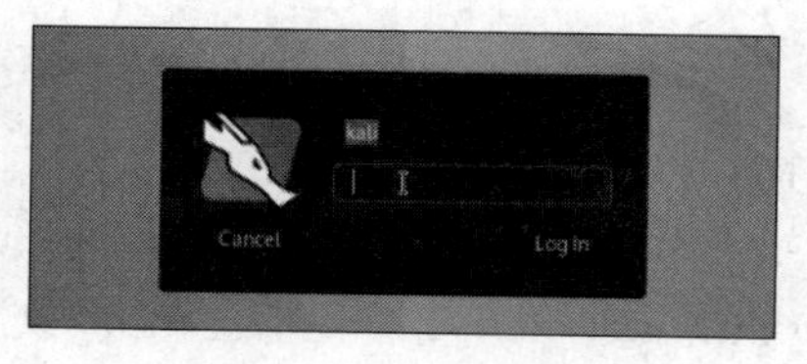

图 3-26 登录虚拟机

(5) 在命令提示符后输入 apt-get update 命令,更新系统和工具,如图 3-27 所示。

```
root@kali:~# apt-get update
命中:1 http://mirrors.neusoft.edu.cn/kali kali-rolling InRelease
正在读取软件包列表... 完成
root@kali:~#
```

图 3-27　更新系统和工具

（6）输入 apt-get install ibus ibus-pinyin 命令，安装 ibus 输入法，如图 3-28 所示。

```
root@kali:~# apt-get install ibus ibus-pinyin
正在读取软件包列表... 完成
正在分析软件包的依赖关系树
正在读取状态信息... 完成
将会同时安装下列软件：
  gir1.2-ibus-1.0 ibus-clutter ibus-gtk ibus-gtk3 ibus-qt4 im-config
  libclutter-imcontext-0.1-0 libclutter-imcontext-0.1-bin libegl1-mesa
  libibus-qt1 liblua5.1-0 libpyzy-1.0-0v5
建议安装：
  ibus-doc
下列【新】软件包将被安装：
  ibus ibus-clutter ibus-gtk ibus-gtk3 ibus-pinyin ibus-qt4 im-config
  libclutter-imcontext-0.1-0 libclutter-imcontext-0.1-bin libegl1-mesa
  libibus-qt1 liblua5.1-0 libpyzy-1.0-0v5
下列软件包将被升级：
  gir1.2-ibus-1.0
升级了 1 个软件包，新安装了 13 个软件包，要卸载 0 个软件包，有 734 个软件包未
升级。
需要下载 21.6 MB 的归档。
解压缩后会消耗 113 MB 的额外空间。
您希望继续执行吗？ [Y/n] y
```

图 3-28　安装 ibus 输入法

（7）使用 im-config 命令配置 ibus 输入法，此时会弹出一个消息框，询问用户是否采用手动配置，单击“是”按钮，弹出“输入法配置”对话框，如图 3-29 所示。在其中选中 ibus 单选按钮，单击“确定”按钮，即可完成 ibus 输入法的安装。

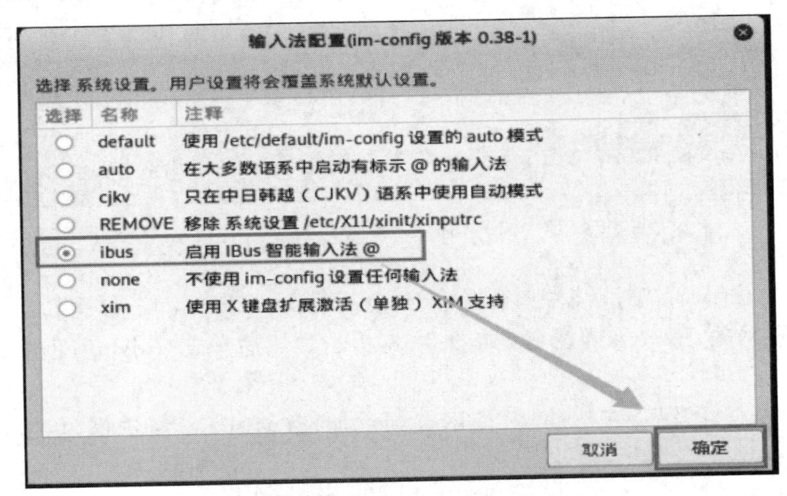

图 3-29　“输入法配置”对话框

（8）输入 apt-get install flashplugin-nonfree 命令安装插件，如图 3-30 所示。

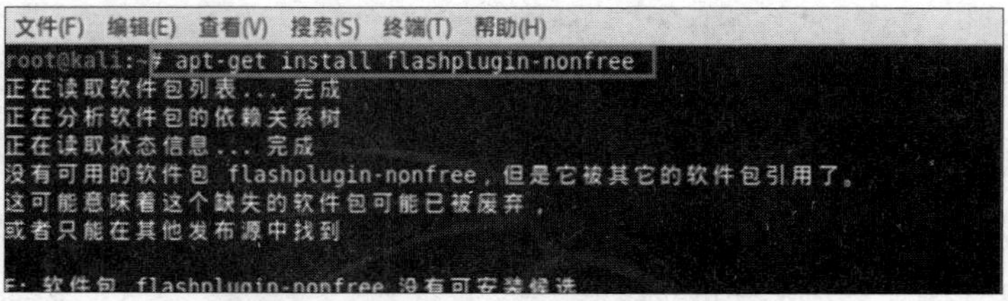

```
文件(F)  编辑(E)  查看(V)  搜索(S)  终端(T)  帮助(H)
root@kali:~# apt-get install flashplugin-nonfree
正在读取软件包列表... 完成
正在分析软件包的依赖关系树
正在读取状态信息... 完成
没有可用的软件包 flashplugin-nonfree，但是它被其它的软件包引用了。
这可能意味着这个缺失的软件包可能已被废弃，
或者只能在其他发布源中找到

E: 软件包 flashplugin-nonfree 没有可安装候选
```

图 3-30　安装插件

(9) 安装 VPN 客户端。依次输入以下 3 个命令：

```
apt-get install network-manager-openvpn-gnome network-manager-pptp network-manager-pptp-gnome
apt-get install network-manager-strongswan
apt-get network-manager-vpnc network-manager-vpnc-gnome
```

(10) 启动 VPN 客户端，选择“设置”→“网络”命令，单击 VPN 右侧的加号(+)，如图 3-31 所示。

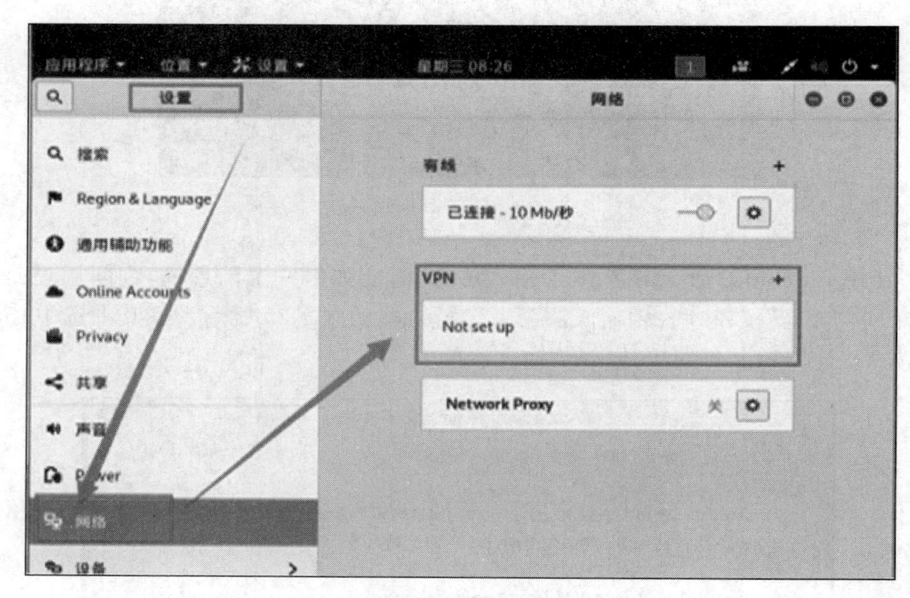

图 3-31　添加 VPN

(11) 在“添加 VPN”对话框中，选择“点到点隧道协议(PPTP)”，如图 3-32 所示。

(12) 设置网关、用户名和密码，如图 3-33 所示。然后单击 Advanced 按钮，进行高级设置。

(13) 在“安全性及压缩”下勾选“使用点到点加密(MPPE)”复选框，单击“确定”按钮，如图 3-34 所示。

(14) 对虚拟机的 IP 地址进行验证，如果虚拟机为外域地址，则表示虚拟机创建成功。打开浏览器，在地址栏中输入 ip.cn，即可验证虚拟机的 IP 地址，如图 3-35 所示。

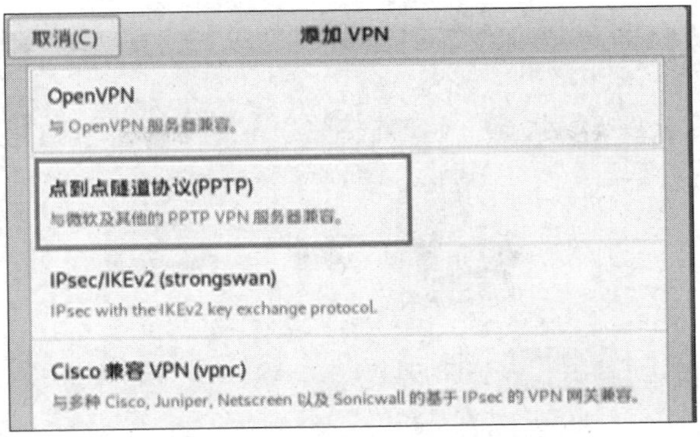

图 3-32　选择“点到点隧道协议（PPTP）”

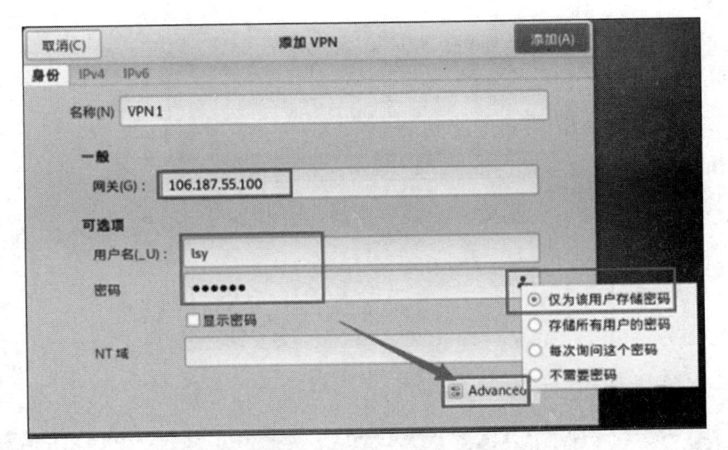

图 3-33　设置网关、用户名和密码

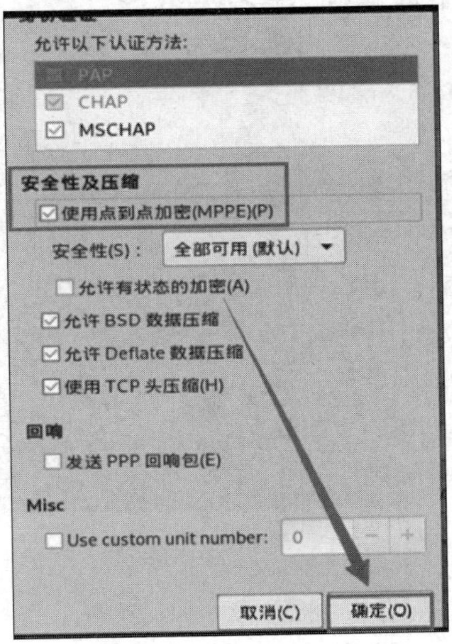

图 3-34　MPPE 添加界面

图 3-35　验证虚拟机的 IP 地址

（15）输入以下命令安装 tor：

```
apt-get install tor
```

该命令的执行结果如图 3-36 所示。

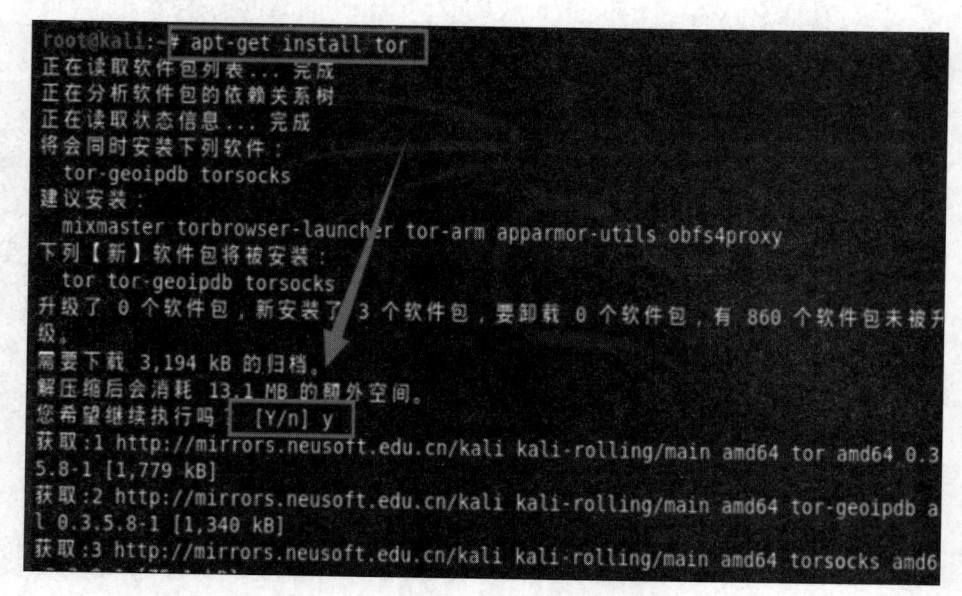

图 3-36　安装 tor 界面

（16）输入以下命令安装 tor 浏览器：

```
apt-get install torbrowser-launcher
```

该命令的执行结果如图 3-37 所示。

```
root@kali:~# apt-get install torbrowser-launcher
正在读取软件包列表... 完成
正在分析软件包的依赖关系树
正在读取状态信息... 完成
下列软件包是自动安装的并且现在不需要了：
  libpython3.6 libpython3.6-dev python3.6-dev
使用'apt autoremove'来卸载它(它们)。
将会同时安装下列软件：
  libpython3-dev libpython3-stdlib libpython3.7 libpython3.7-dev
  libpython3.7-minimal libpython3.7-stdlib libqt5core5a libqt5dbus5
  libqt5designer5 libqt5gui5 libqt5multimedia5 libqt5multimedia5-plugins
  libqt5multimediawidgets5 libqt5network5 libqt5opengl5 libqt5positioning5
  libqt5printsupport5 libqt5qml5 libqt5quick5 libqt5sensors5 libqt5sql5
  libqt5sql5-sqlite libqt5svg5 libqt5test5 libqt5webchannel5 libqt5webkit5
  libqt5widgets5 libqt5xml5 libqt5xmlpatterns5 python-pyqt5 python3
  python3-dev python3-distutils python3-gpg python3-minimal python3-pyqt5
  python3.7 python3.7-dev python3.7-minimal qt5-gtk-platformtheme
建议安装：
  qt5-image-formats-plugins qtwayland5 qt5-qmltooling-plugins python-pyqt5-dbg
  python3-doc python3-tk python3-venv python3-pyqt5-dbg python3.7-venv
  python3.7-doc
下列【新】软件包将被安装：
```

图 3-37　安装 tor 浏览器界面

实验报告要求

实验报告应包括以下内容：

- 实验目的。
- 实验过程和结果截图。
- 实验过程中遇到的问题以及解决方法。
- 收获与体会。

思　考　题

1. 如何解决在 Kali Linux 2.0 中 WMware 安装成功但无法使用的问题。
2. 如何解决 dpkg 被中断的问题。

第 4 章　Kali Linux 内网穿透实验

4.1　内网穿透简介

内网穿透也称 NAT 穿透。内网穿透的目的是使带有特定源 IP 地址和源端口号的数据包不被 NAT 设备屏蔽，能够正确路由到内网主机。

UDP 内网穿透的实质是利用路由器上的 NAT 系统进行地址重用。NAT 是一种将私有(保留)地址转换为合法 IP 地址的地址转换技术，被广泛应用于各种类型互联网接入方式和网络中。NAT 可以完成地址重用，并且可以实现对外隐蔽内部的网络结构。

4.1.1　内网穿透的基本概念和原理

简单来说，内网穿透就是将内外网通过 NATAPP 隧道打通，使外网可以获取内网的数据。例如，常用的办公软件只能在本地的局域网内访问。那么，用手机或者移动设备如何访问办公软件呢？这就需要使用内网穿透工具 NATAPP。建立 NATAPP 隧道之后，NATAPP 服务器会为用户分配一个专属域名/端口，办公软件就已经连接到公网上了，外地员工就可以在任何地方访问办公软件了。内网穿透原理示意如图 4-1 所示。

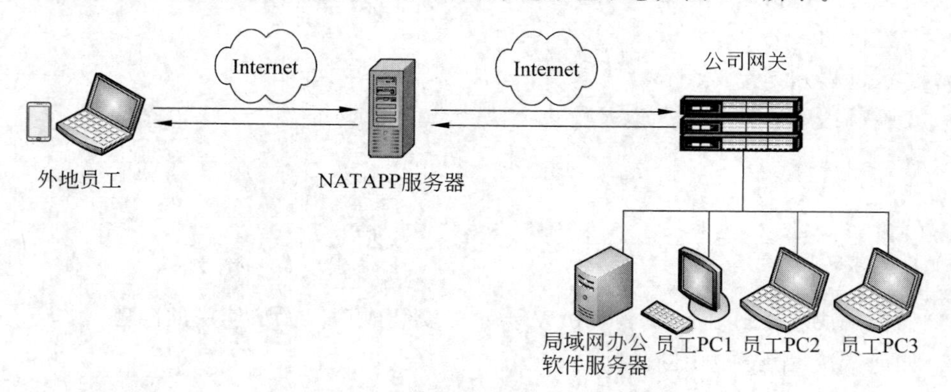

图 4-1　内网穿透原理示意图

网络地址转换(NAT)机制的问题在于，NAT 设备自动屏蔽了非内网主机主动发起的连接，也就是说，从外网发往内网的数据包将被 NAT 设备丢弃，这使得位于不同 NAT 设备后面的主机之间无法直接交换信息。这一方面保护了内网主机免遭来自外部网络的攻击，另一方面也为 P2P 通信带来了一定困难。互联网上的 NAT 设备大多是地址限制锥形 NAT 设备或端口限制锥形 NAT 设备。外网主机要与内网主机相互通信，必须由内网主机主动发起连接，使 NAT 设备产生一个端口映射条目。这就有必要研究一下内网穿透技术。

端口映射是网络地址转换的一种，其功能就是把公网 IP 地址转换成私有地址。采用路由方式的 ADSL 宽带路由器拥有一个动态或固定的公网 IP 地址，ADSL 宽带路由器直接接在集线器或交换机上，局域网中所有的计算机共享上网。在局域网内部的任意一台计算机或服务器上运行内网穿透客户端，此时域名解析得到的IP地址是局域网网关出口处的公网IP地址。再在网关处进行端口映射，使端口指向监控设备即可。

在NAT网关上有一张映射表，其中记录了内网向公网哪个IP地址和端口发起了连接请求。如果内网有主机向公网设备发起了连接请求，内网主机的请求数据包传输到NAT网关上，NAT网关会修改该数据包的源IP地址和源端口为NAT网关自身的IP地址和任意一个无冲突的未使用的端口，并且把本次修改记录到映射表中，最后把修改了源IP地址之后的数据包发送到目的主机；等目的主机返回了响应数据包之后，再根据响应数据包中的目的IP地址和目的端口在映射表中找到对应的内网主机。这样，内网主机在没有公网IP地址的情况下就可以通过网络地址端口转换技术访问公网主机。网络地址端口转换实现原理示意如图4-2所示。

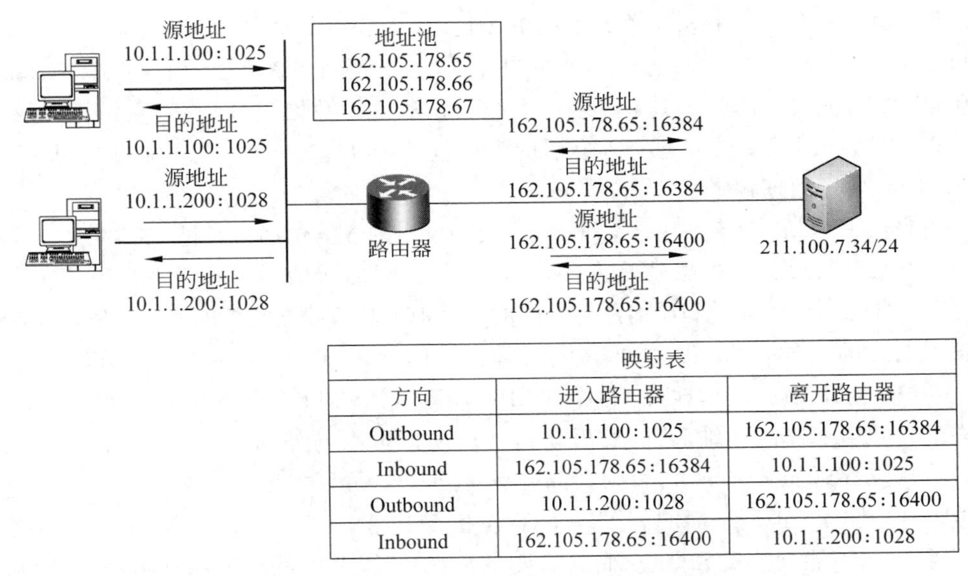

映射表		
方向	进入路由器	离开路由器
Outbound	10.1.1.100:1025	162.105.178.65:16384
Inbound	162.105.178.65:16384	10.1.1.100:1025
Outbound	10.1.1.200:1028	162.105.178.65:16400
Inbound	162.105.178.65:16400	10.1.1.200:1028

图4-2 网络地址端口转换实现原理示意图

NAT技术是通过将专用的内网地址转换为公网IP地址，从而对外隐藏了内网管理的IP地址。这样，通过在内部使用非注册的私有地址，并将它们转换为一小部分公网IP地址，从而减少IP地址注册费用，节省IP地址空间。同时，这也隐藏了内网的结构，从而降低了内网受到攻击的风险。NAT的功能就是在内网的私有地址需要与外网通信时，把内网私有地址转换成合法的公网IP地址。NAT可以在两个方向上隐藏地址。为了支持这种方案，NAT在两个方向上都要转换原地址和目的地址。NAT的功能通常被集成到路由器、防火墙等设备中。NAT设备维护一个映射表，用它来实现公网到本地和本地到公网的地址转换。

内网是不能在公网传输和通信的。一个学校、一个小区都是在内网中，通过内网的路由器和外网通信。网络地址转换有3种类型：静态网络地址转换(Static NAT)、地址池网络地址转换(Pooled NAT)和网络地址端口转换(Network Address Port Translation, NAPT)。

网络地址端口转换是把内网地址映射到外网的一个IP地址的不同端口上。它可以将中小型网络隐藏在一个公网 IP 地址后面。NAPT 与 NAT 不同，它将内网地址映射到外网中的一个 IP 地址上，同时在该地址后加上一个由 NAT 设备选定的端口号。

NAPT 是使用最普遍的一种转换方式，在 HomeGW 中也主要使用该方式。它包含两种转换：源网络地址转换和目的源网络地址转换。

源网络地址转换(Source NAT，SNAT)用于修改数据包的源地址。SNAT 改变第一个数据包的源地址，一定要在数据包发送到网络之前完成。数据包伪装就是应用 SNAT 的例子。

目的源网络地址转换(Destination NAT，DNAT)用于修改数据包的目的地址。DNAT 与 SNAT 相反，它改变第一个数据包的目的地址。平衡负载、端口转发和透明代理就是应用 DNAT 的例子。

假设 NAT 设备 211.133. * 后的主机 192.168.1.77:8000 要向 NAT 设备 211.134. * 后的主机 192.168.1.88:9000 发送数据，如果向 211.134. * 这个 IP 地址的 9000 端口直接发送数据包，则数据包在到达 211.134. * 之后会被当作非法的数据包被丢弃，NAT 设备在此时相当于防火墙，会对没有建立起有效会话的数据包进行过滤。当然，也不能直接用内网地址 192.168.1.88 发送数据包。

首先来认识 NAT 设备。凡是经过 NAT 设备发出的数据包都会通过一定的端口转换(而不是使用原端口)再发出去，也就是说，内网和外网之间的通信不是直接在内网主机与外网 NAT 设备之间进行的，而是利用内网对外网的网络地址转换建立与外网 NAT 设备的会话。

根据会话的不同，NAPT 主要分成两种：对称 NAPT(symmetric NAPT)以及锥形 NAPT(cone NAPT)。简单地说，对称 NAPT 属于动态端口映射 NAT，而锥形 NAPT 属于静态端口映射 NAT。"锥形"的意思就是一个端口可以与外网多台 NAT 设备通信。这也正是点对点穿透的基本要求，否则大部分点对点软件将无法正常使用。

接下利用图 4-3 说明上面的例子。NAT 设备 211.133. * 和 NAT 设备 211.134. * 之间需要进行通信，但不能直接发数据包，而是需要一个"中间人"，这就是外部索引服务器(假设是 211.135. * :7000)，当 NAT 设备 211.133. * 向 211.135. * :7000 发送数据包时，211.135. * :7000

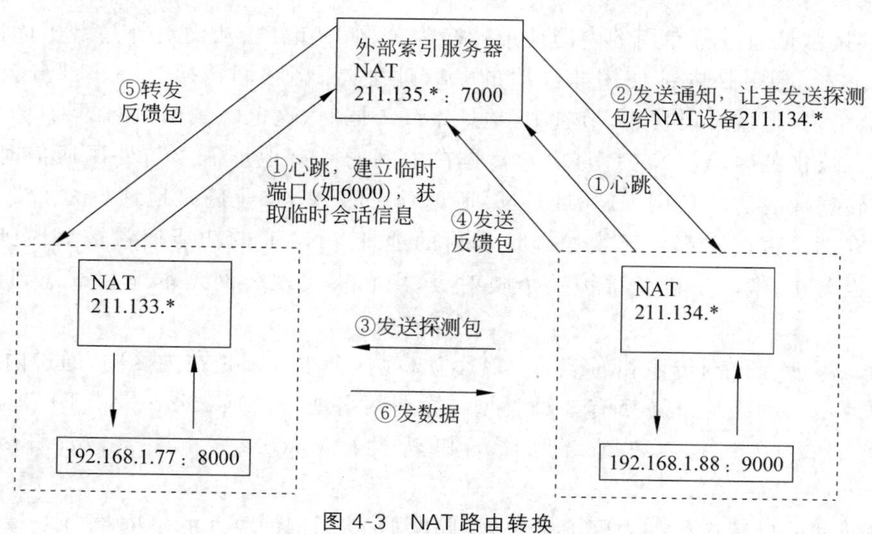

图 4-3　NAT 路由转换

可以正常接收到数据,因为它是对外网开放的服务端口。当 211.135.*:7000 收到数据包后可以获知 NAT 设备 211.133.* 对外通信的临时会话信息,外部索引服务器将此信息保存起来。同时,NAT 设备 211.134.* 也在时刻向外部索引服务器发送心跳包,外部索引服务器就向 NAT 设备 211.134.* 发送通知,让它向 NAT 设备 211.133.*:6000 发送探测包。NAT 设备 211.134.* 在收到通知后再向外部索引服务器发送反馈包,说明自己已经向 NAT 设备 211.133.*:6000 发送了探测包。外部索引服务器在收到反馈包之后再向 NAT 设备 211.133.* 转发反馈包,NAT 设备 211.133.* 在收到数据包之后再向原本要请求连接的 NAT 设备 211.134.* 发送数据包,此时连接已经打通,实现了穿透。NAT 设备 211.134.* 会将信息转发给 192.168.1.88 的 9000 端口。

4.1.2 内网穿透工具

服务器遭受攻击的情况多半是服务器上的软件、漏洞或端口导致的。如果将应用放在公网服务器上,由于缺少系统安全保护,会变得很危险。而使用 NATAPP 内网穿透软件之后,将服务器放在本地,暴露给公网的仅仅是应用层面的一个端口,其他系统上的漏洞和端口都被隐藏起来,安全性提高了很多。

常见的内网穿透工具主要有以下几种。

1. Ngrok

Ngrok 是一个反向代理软件。它通过在公共端点和本地运行的 Web 服务器之间建立一个安全的通道,可以将内网主机的服务暴露给外网。Ngrok 可以捕获和分析所有通道上的流量,便于后期分析和重放,所以 Ngrok 可以很方便地协助服务器端程序测试。

反向代理在计算机网络中是代理服务器的一种。服务器根据客户端的请求,从其关联的一组或多组后端服务器(如 Web 服务器)上获取资源,然后再将这些资源返回给客户端。客户端只知道反向代理的 IP 地址,而不知道在代理服务器后面的服务器集群的存在。

前向代理作为客户端的代理,将从互联网上获取的资源返回给一个或多个客户端。服务器端(如 Web 服务器)只知道代理的 IP 地址,而不知道客户端的 IP 地址;而反向代理是作为服务器端(如 Web 服务器)而不是客户端的代理使用。客户端借由前向代理可以间接访问很多不同的互联网服务器(集群)的资源;而反向代理供客户端通过它间接访问不同后端服务器上的资源,而不需要知道这些后端服务器的存在。从客户端来看,所有资源都来自反向代理服务器。

Ngrok 的主要作用如下:

(1) 对客户端隐藏服务器(集群)的 IP 地址。

(2) 作为应用层防火墙,为网站提供对基于 Web 的攻击行为(例如 DoS 和 DDoS)的防御,便于排查恶意软件。

(3) 为后端服务器(集群)统一提供加密和 SSL 加速(如 SSL 终端代理)。

(4) 均衡负载。若服务器集群中有负载较高者,反向代理通过 URL 重写,根据连接请求从负载较低者获取需要的资源。

(5) 为静态内容及短时间内有大量访问请求的动态内容提供缓存服务。

(6) 对一些内容进行压缩,以节约带宽或为网络带宽较小的网络提供服务。

(7) 减速上传。

(8) 为私有网络(如局域网)的服务器(集群)提供 NAT 穿透及外网发布服务。

(9) 提供 HTTP 访问认证。

(10) 突破互联网封锁(不常用,因为反向代理与客户端之间的连接不一定是加密连接,非加密连接仍有因内容违规而被封禁的风险。此外,Ngrok 对于针对域名的关键字过滤、DNS 缓存污染、投毒攻击和深度数据包检测也无能为力)。

2. NATAPP

NATAPP 是基于 Ngrok 二次开发的反向代理软件。它可以在公网和本地运行的 Web 服务器之间建立一个安全的通道。NATAPP 可以捕获和分析所有通道上的流量,便于后期分析和重放。

NATAPP 是内外网连接的桥梁,客户端连接 NATAPP 服务器后,便建立了一个隧道。当访问隧道网址的时候,NATAPP 服务器会将数据通过隧道转发到客户端上,实现内网穿透。NATAPP 的所有数据都是经过 TLS 高强度加密的,以确保数据不会被监听、截取、篡改等。

NATAPP 的应用主要有以下几方面:

(1) 微信本地开发调试。在微信开发中,需要提供一个外网可以访问的网址。以往都是架设一台服务器,每次修改一点东西就上传到服务器中,给开发调试带来了很大的不便。而使用 NATAPP 后,在微信中添加 NATAPP 提供的网址,即可实现本地实时开发调试。

(2) 手机 App 本地开发调试。手机 App 可以与开发者的 PC 通信,实现本地实时开发调试。

(3) 快速项目演示。在 Web 开发中,时常要给客户演示项目。如果只是简单地演示一下,完全没必要购买和搭建服务器。只要运行 NATAPP,客户即可直接看到本地的项目,实现快速反馈、快速修改。

(4) TCP 转发。可实现管理树莓派应用以及远程登录内网 SSH、远程桌面、数据库、企业应用、FTP、游戏等。

(5) 穿透防火墙。只要本机可以访问外网,便可以穿透防火墙,向外网提供服务。

3. frp

frp 是一个可用于内网穿透的高性能反向代理应用,支持 TCP、UDP、HTTP、HTTPS 协议。frp 利用位于内网或防火墙后的主机,对外网提供 HTTP 或 HTTPS 服务。HTTP、HTTPS 服务支持基于域名的虚拟主机,支持自定义域名绑定,使多个域名可以共用 80 号端口。frp 还可以利用位于内网或防火墙后的主机,对外网提供 TCP 和 UDP 服务,例如在家里通过 SSH 访问位于公司内网的主机。frp 架构如图 4-4 所示。

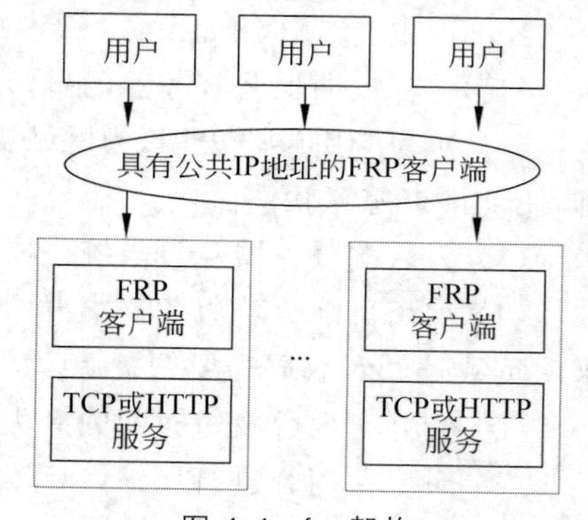

图 4-4 frp 架构

4. lanproxy

lanproxy 是一个将局域网中的个人计算机、服务器通过代理接入公网的内网穿透工具,目前仅支持 TCP 流量转发,可支持任何 TCP 上层协议(访问内网网站、本地支付接口调试、SSH 访问、远程桌面等)。lanproxy 的原理示意如图 4-5 所示。目前市面上提供类似服务的有花生壳、TeamView、GoToMyCloud 等,但要使用必须付费的第三方公网服务器，并且这些服务有各种各样的限制。此外，由于数据包会流经第三方服务器，因此数据安全存在隐患。

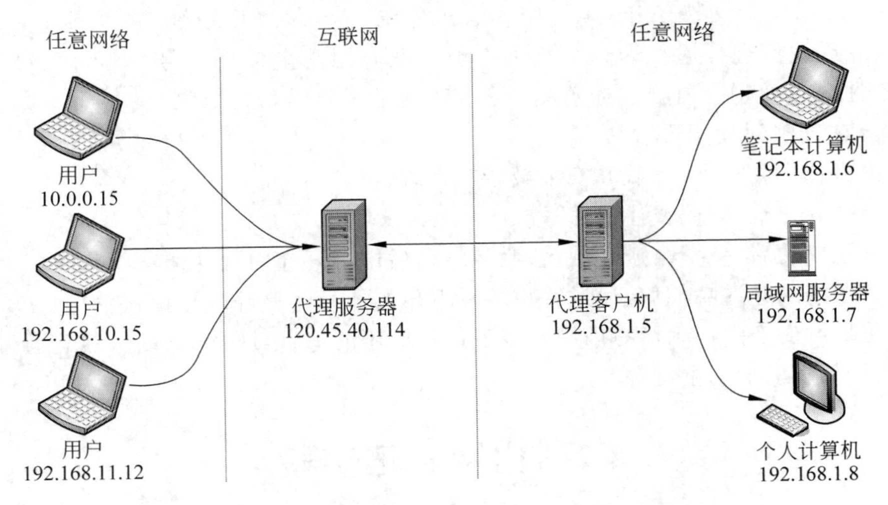

图 4-5 Lanproxy 的原理示意图

5. Spike

Spike 是一个可以将内网服务暴露给公网的快速反向代理软件，它基于 ReactPHP，采用 I/O 多路复用模型。Spike 是用 PHP 实现的。Spike 的原理示意如图 4-6 所示。

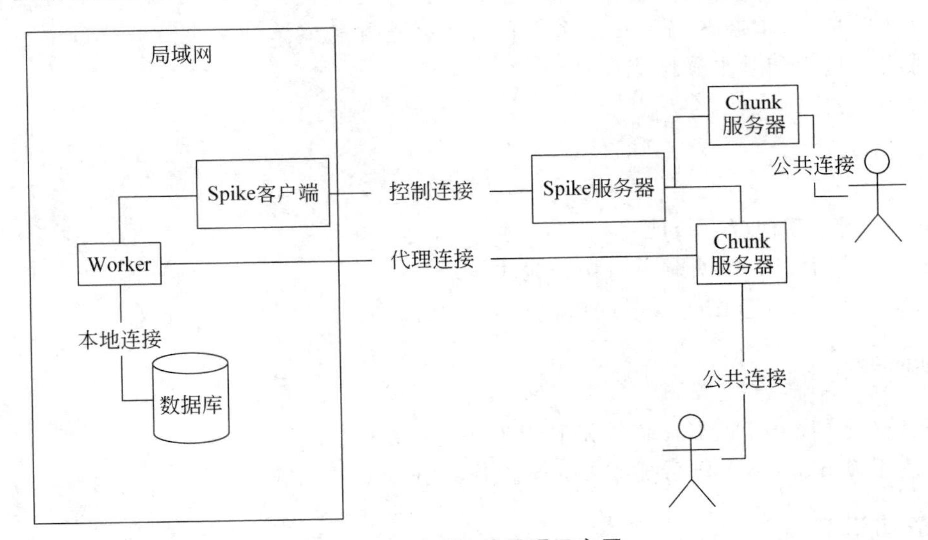

图 4-6 Spike 的原理示意图

6. 花生壳

花生壳内网穿透软件通过云服务器快速与内网服务器建立连接，同时把内网端口映射到云端，可以实现各类基于域名的互联网应用服务。

花生壳能够实现应用的反向代理，支持 TCP/HTTP/HTTPS 协议、端到端的 TLS 加密通信、黑白名单防黑验证等，支持外网设备穿透各种复杂的路由和防火墙访问内网的设备。

花生壳是国内较早的动态域名解析及内网穿透服务商之一。目前已自主研发花生壳软件以及花生棒、花生壳盒子等硬件。使用花生壳产品即使没有公网 IP 地址，也可以实现内网穿透服务。花生壳支持 Windows、Linux、树莓派、iOS 等操作系统，并可通过 iPhone、安卓手机 App 或微信进行远程管理。花生壳被广泛应用于微信公众号、小程序、HTTPS 映射、淘宝客采集系统、视频监控、遥感测绘、FTP、企业 OA 等应用领域。

花生壳内网映射使用方法如下：

(1) 进入花生壳官网，下载并安装最新客户端。

(2) 登录客户端，扫码或注册账号。

(3) 登录成功后，免费赠送壳域名，激活域名后即可开通内网穿透功能。

(4) 开通内网穿透功能后，通过客户端右下角的加号(＋)，添加内网映射。

(5) 在映射列表中正确填写内网环境下搭建应用的 IP 地址及端口号，然后通过生成的访问地址从外网访问内网。

4.2 内网穿透实验

实验器材

PC(Linux/Windows 10)1 台。

预习要求

做好实验预习，掌握 Kali Linux 系统和内网穿透内容。

熟悉实验过程和基本操作流程。

撰写预习报告。

实验任务

通过本实验，掌握以下技能：

(1) 使用花生壳端口映射内网穿透软件。

(2) 添加映射，并且配置映射端口信息。

实验环境

下载花生壳 Linux 版本安装包和 Kali Linux 系统。

PC 使用 Windows 操作系统或 Linux 操作系统。

预备知识

预习内网穿透概念。

了解花生壳的安装及使用方法。

学习内网穿透方法。

实验步骤

在 VMware Workstation 上安装 Kali Linux 系统。根据网上的教程操作，注意在选择客户机操作系统时候选择 Linux,版本选择 Ubuntu。安装完成后,安装 VMtools,这样可以将 Windows 系统中的文件复制到虚拟机。在 https://hsk.oray.com/download/网站下载花生壳 Linux 版本。花生壳版本选择界面如图 4-7 所示。

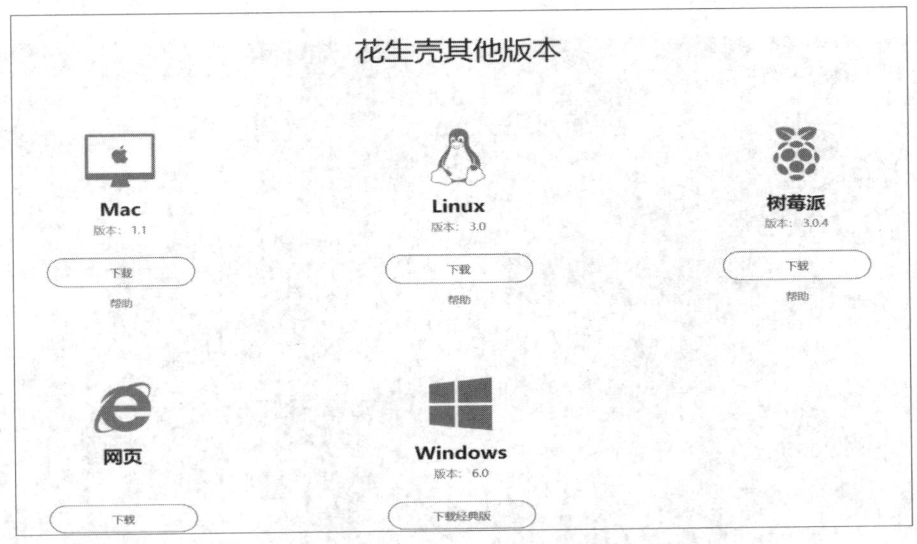

图 4-7　花生壳版本选择界面

将下载的安装包复制到虚拟机 Kali Linux 的桌面上。安装步骤如下:

(1) 在桌面上打开终端,输入 sudo su,输入 kali 的密码,切换到 root 用户,如图 4-8 所示。

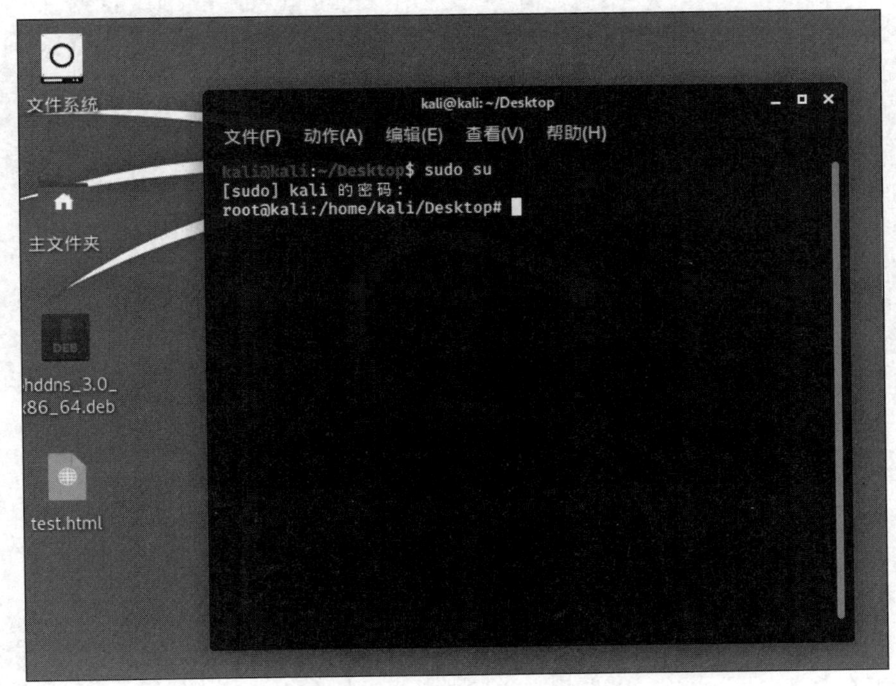

图 4-8　切换到 root 用户

(2) 安装花生壳软件，命令如下：

```
dpkg -i 安装包名称
```

安装过程中显示的信息如图 4-9 所示。

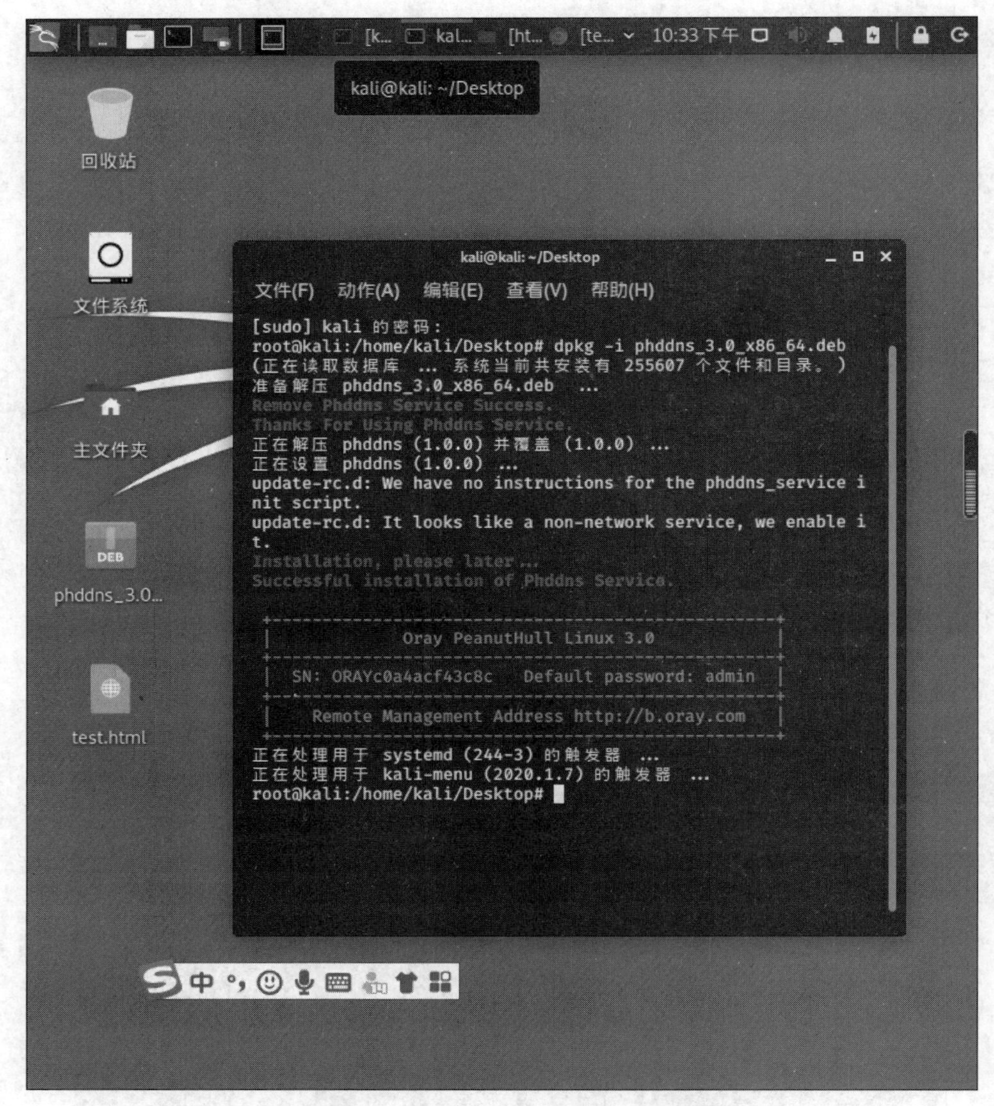

图 4-9 安装花生壳的过程中显示的信息

在图 4-9 中，SN 是用户名，Default password 是默认密码（即预设密码），Remete Management Address 是远程管理地址。

下面要打开远程管理地址进行下一步的操作。

(3) 在终端输入 phddns start 命令，启动花生壳，如图 4-10 所示。

(4) 在花生壳官网上设置内网穿透。打开浏览器，输入图 4-9 中的远程管理地址 http://b.oray.com，使用图 4-9 中的用户名(SN)，密码是 admin，如图 4-11 所示。

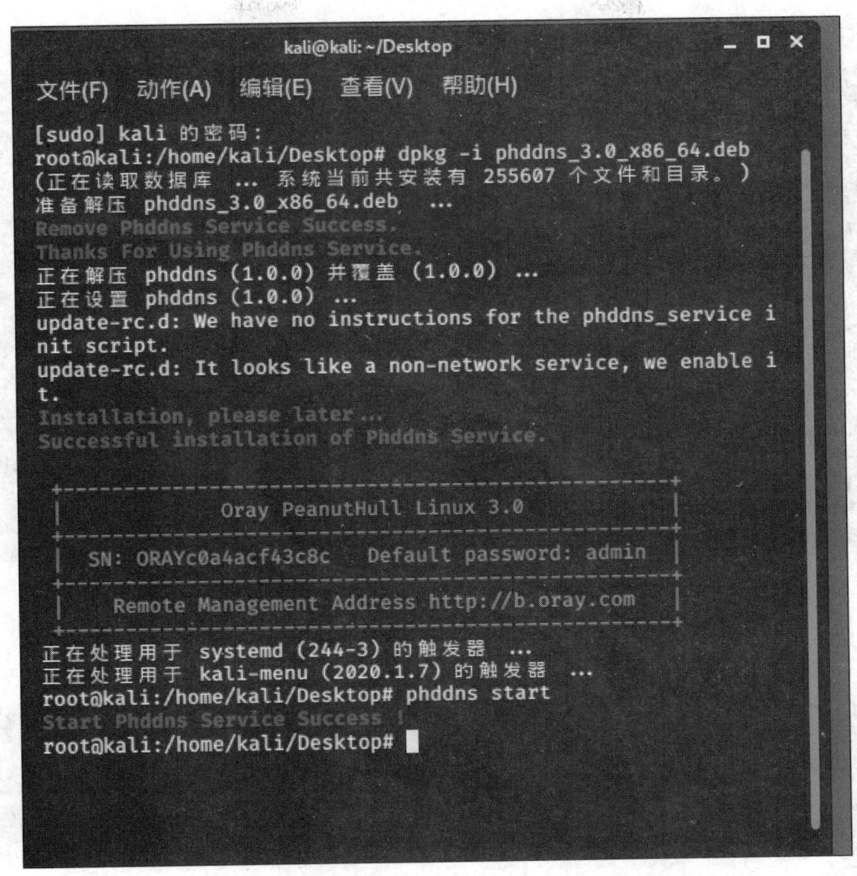

图 4-10 启动花生壳

图 4-11 登录界面

登录后，需要利用手机号注册，免费开通花生壳内网穿透版，如图 4-12 所示。

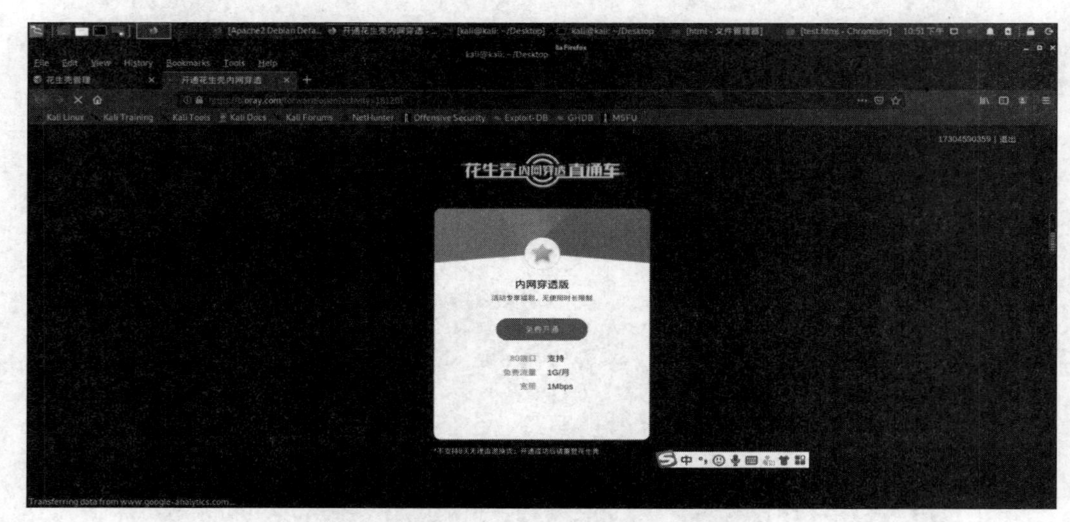

图 4-12　免费开通花生壳内网穿透版

然后，需要申请免费域名，如图 4-13 所示。

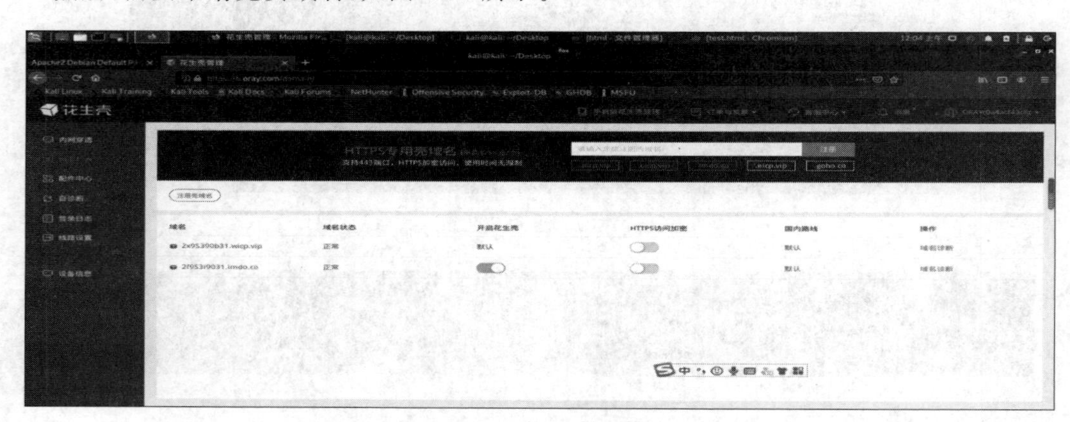

图 4-13　申请免费域名

（5）单击花生壳体验版（内网穿透）页面的加号（+），如图 4-14 所示。在打开的内网穿透参数设置页面中设置内网穿透参数，如图 4-15 所示。

（6）启动 apache2 服务。在终端输入以下命令：

```
service apache2 start
service apache2 status
```

这两个命令的执行结果如图 4-16 所示。

（7）编写一个测试网页文件。在终端输入以下命令：

```
cp test.html /var/www/html/test.html
```

将该文件复制到/var/www/html 下。将域名发给其他人。当其他人单击该域名时，显

图 4-14　花生壳体验版（内网穿透）界面

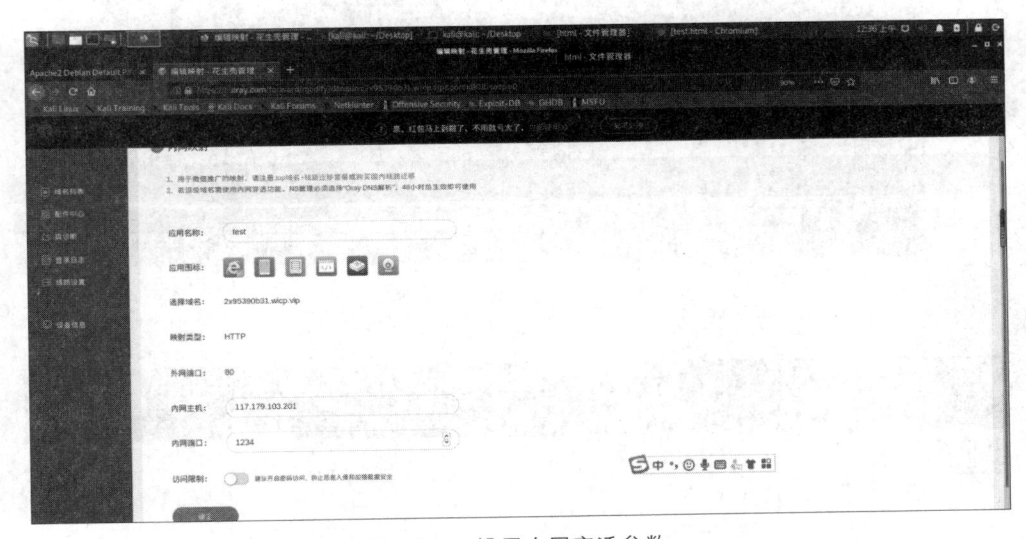

图 4-15　设置内网穿透参数

示 HelloWorld，表明 http://2x95390b31.wicp.vip /test.html 成功上线，如图 4-17 所示。

实验报告要求

实验报告应包括以下内容：

- 实验目的。
- 实验过程和结果截图。
- 实验过程中遇到的问题以及解决方法。
- 收获与体会。

```
kali@kali: ~/Desktop
文件(F)  动作(A)  编辑(E)  查看(V)  帮助(H)
kali@kali:~/Desktop$ sudo su
[sudo] kali 的密码:
root@kali:/home/kali/Desktop# phddns start
Start Phddns Service Success !
root@kali:/home/kali/Desktop# service apache2 start
Usage: apache2 {start|stop|graceful-stop|restart|reload|force-reload}
root@kali:/home/kali/Desktop# service apache2 start
root@kali:/home/kali/Desktop# ifconfig
eth0: flags=4163<UP,BROADCAST,RUNNING,MULTICAST>  mtu 1500
        inet 192.168.0.101  netmask 255.255.255.0  broadcast 192.168.0.255
        inet6 fe80::20c:29ff:feaf:d3e3  prefixlen 64  scopeid 0x20<link>
        ether 00:0c:29:af:d3:e3  txqueuelen 1000  (Ethernet)
        RX packets 1796  bytes 688747 (672.6 KiB)
        RX errors 0  dropped 0  overruns 0  frame 0
        TX packets 1741  bytes 200928 (196.2 KiB)
        TX errors 0  dropped 0 overruns 0  carrier 0  collisions 0

lo: flags=73<UP,LOOPBACK,RUNNING>  mtu 65536
        inet 127.0.0.1  netmask 255.0.0.0
        inet6 ::1  prefixlen 128  scopeid 0x10<host>
        loop  txqueuelen 1000  (Local Loopback)
        RX packets 10  bytes 496 (496.0 B)
        RX errors 0  dropped 0  overruns 0  frame 0
        TX packets 10  bytes 496 (496.0 B)
        TX errors 0  dropped 0 overruns 0  carrier 0  collisions 0

root@kali:/home/kali/Desktop# service apache2 status
● apache2.service - The Apache HTTP Server
     Loaded: loaded (/lib/systemd/system/apache2.service; disabled; vendor preset: disab>
     Active: active (running) since Tue 2020-02-25 20:09:03 EST; 1min 20s ago
       Docs: https://httpd.apache.org/docs/2.4/
    Process: 1546 ExecStart=/usr/sbin/apachectl start (code=exited, status=0/SUCCESS)
   Main PID: 1557 (apache2)
      Tasks: 7 (limit: 2333)
     Memory: 19.6M
     CGroup: /system.slice/apache2.service
             ├─1557 /usr/sbin/apache2 -k start
             ├─1558 /usr/sbin/apache2 -k start
             ├─1559 /usr/sbin/apache2 -k start
             ├─1560 /usr/sbin/apache2 -k start
             ├─1561 /usr/sbin/apache2 -k start
             ├─1562 /usr/sbin/apache2 -k start
             └─1595 /usr/sbin/apache2 -k start
```

图 4-16　启动 apache2 服务

图 4-17　测试网页成功上线

思　考　题

1. 内网穿透的方法有哪些？
2. 花生壳穿透是如何实现的？

第 5 章 Kali Linux 渗透测试实验

5.1 Wireshark 简介

5.1.1 Wireshark 的特点

Wireshark 是一个网络封包分析软件。网络封包分析软件的功能是捕获网络封包，并尽可能显示出详细的网络封包信息。作为目前世界上最受欢迎的协议分析软件，Wireshark 可将捕获的各种协议的网络二进制数据流翻译为人们容易读懂和理解的文字和图表等形式，极大地方便了对网络活动的监测分析和教学实验。它有十分丰富和强大的统计分析功能，可在 Windows、Linux 和 UNIX 等系统上运行。Wireshark 于 1998 年由美国 GeraldCombs 开发，原名 Ethereal，2006 年 5 月改为 Wireshark。目前世界各国有 100 多位网络专家和软件人员共同参与此软件的升级、完善和维护。它大约每两三个月推出一个新的版本，目前的最新版本号为 3.4.1。它是一个开源代码的免费软件，任何人都可自由下载，也可参与共同开发。

Wireshark 可以十分方便、直观地应用于计算机网络原理和网络安全教学实验、网络日常安全监测、网络性能参数测试、网络恶意代码捕获和分析、网络用户行为监测、黑客活动追踪等。因此它在世界范围的网络管理、信息安全、软硬件开发以及大学的科研、实验和教学工作中得到广泛的应用。Wireshark 在日常应用中具有许多优点，无论是初学者还是数据包分析专家，Wireshark 都能通过丰富的功能满足其需要。

Wireshark 的特点体现在以下 6 方面。

1. 支持的协议

Wireshark 在支持协议的数量方面是出类拔萃的，Wireshark 提供了对超过 1000 种协议的支持。这些协议既包括最基础的 IP 协议和 DHCP 协议，也包括高级的专用协议（例如 DNP3 和 BitTorrent 等）。由于 Wireshark 是在开源模式下开发的，因此每次更新都会增加一些对新协议的支持。在特殊情况下，如果 Wireshark 不支持用户需要的协议，那么用户还可以自己编写代码以提供相应的支持，并将代码提供给 Wirshark 的开发者，以便他们考虑是否将之包含在以后的版本中。可以在 Wireshark 的项目网站上找到更多的相关信息。

2. 用户友好度

Wireshark 的界面是数据包嗅探工具中用户友好度比较高的。它基于图形用户界面并提供了清晰的菜单栏和简明的布局。为了增强实用性，它还提供了针对不同协议的彩色高亮显示以及通过图形展示原始数据细节等功能。与 tcpdump 等使用复杂命令行的数据包嗅探工具相比，Wireshark 的图用户化界面对于数据包分析初学者而言是十分方便的。

3. 价格

由于 Wireshark 是开源的，因此它是免费的。Wireshark 是遵循 GPL 协议发布的自由软件，任何人无论出于私人目的还是商业目的都可以下载并且使用。虽然 Wireshark 是免费的，但是仍然会有一些人由于不了解这一点而付费“购买”它。如果在 eBay 搜索“数据包嗅探”，会发现会有很多人以 39.95 美元的“跳楼价”出售 Wireshark 的“专业企业级许可证”。显而易见，这些都是骗人的把戏。

4. 软件支持

一个软件的成败取决于其后期支持的好坏。像 Wireshark 这样的自由软件很少提供类似于商业软件的官方正式支持，它们主要依赖于开源项目社区的用户群提供帮助。Wireshark 社区是最活跃的开源项目社区之一。Wireshark 网站上给出了很多软件帮助的相关链接，包括在线文档、支持与开发维基条目和 FAQ。很多顶尖的开发者也加入并关注 Wireshark 的邮件列表。河床技术（Riverbed Technology）公司也提供对 Wireshark 的付费支持。

5. 源码访问

因为 Wrreshark 是开源软件，所以用户可以在任何时间访问其源码。这对查找程序漏洞、理解协议解释器的工作原理或上传自己的代码都有很大帮助。

6. 支持的操作系统

Wireshark 对主流的操作系统都提供了支持，其中包括 Windows、Mac OS X 以及基于 Linux 的系统。用户可以在 Wireshark 的主页上查询 Wireshark 支持的所有操作系统的列表。

5.1.2 安装 Wireshark

Wireshark 的安装过程极其简单，但在安装之前要确保计算机满足如下要求：

- 32 位或 64 位 CPU。
- 至少 400MB 可用内存（主要为了处理大流量文件）。
- 至少 300MB 的可用存储空间（不包括捕获的流量文件需要的存储空间）。
- 支持混杂模式的网卡。
- WinPcap 或 LibPcap。

WinPcap 是 Windows 平台 pcap 数据包捕获软件包的应用程序接口（API）的实现。简单来说，WinPcap 能够通过操作系统捕捉原始数据包、应用过滤器，并能够让网卡切入或切出混杂模式。

虽然可以单独下载并安装 WinPcap，但最好使用 Wireshark 安装包中的 WinPcap。这个版本的 WinPcap 经过了测试，能够和 Wireshark 一起工作。

1. 在 Windows 系统中安装 Wireshark

在 Windows 中安装 Wireshark 的第一步就是在 Wireshark 的官方网站上找到下载页面，并选择一个镜像站点下载最新版的安装包。

在下载好安装包之后，按照如下步骤安装 Wireshark：

(1) 双击安装包中的 EXE 文件开始安装，在介绍界面上单击 Next 按钮。

(2) 阅读许可证协议，如果接受此协议，单击 I Agree 按钮。

(3) 选择要安装的 Wireshark 组件，如图 5-1 所示，然后单击 Next 按钮。

(4) 在 Aditional Tasks 界面单击 Next 按钮。

(5) 选择 Wireshark 的安装位置，然后单击 Next 按钮。

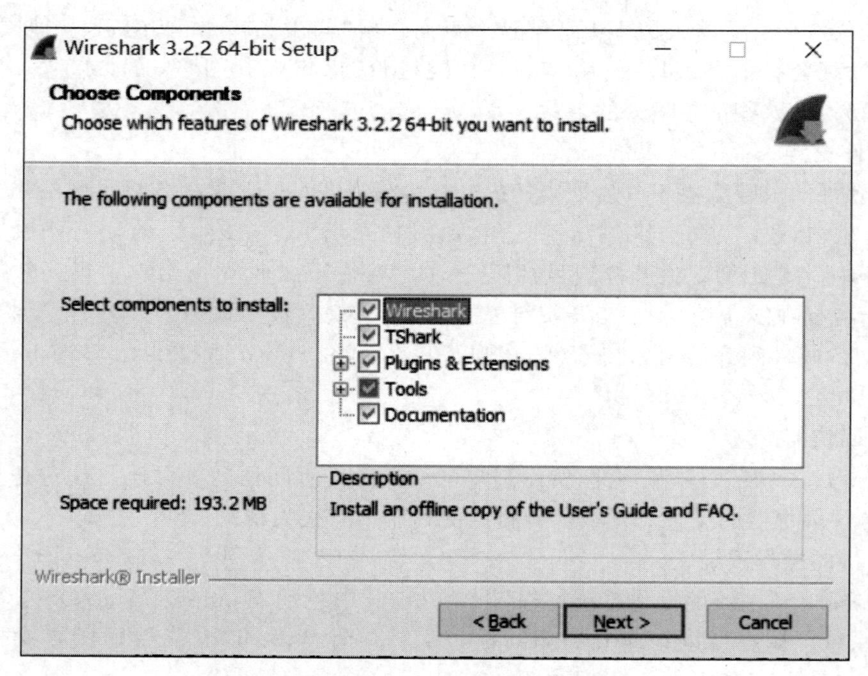

图 5-1 选择要安装的 Wireshark 组件

(6) 当弹出询问是否需要安装 WinPcap 的对话框时,确保 Install Npcap 0.9986 复选框被选中,如图 5-2 所示,然后单击 Install 按钮开始安装。

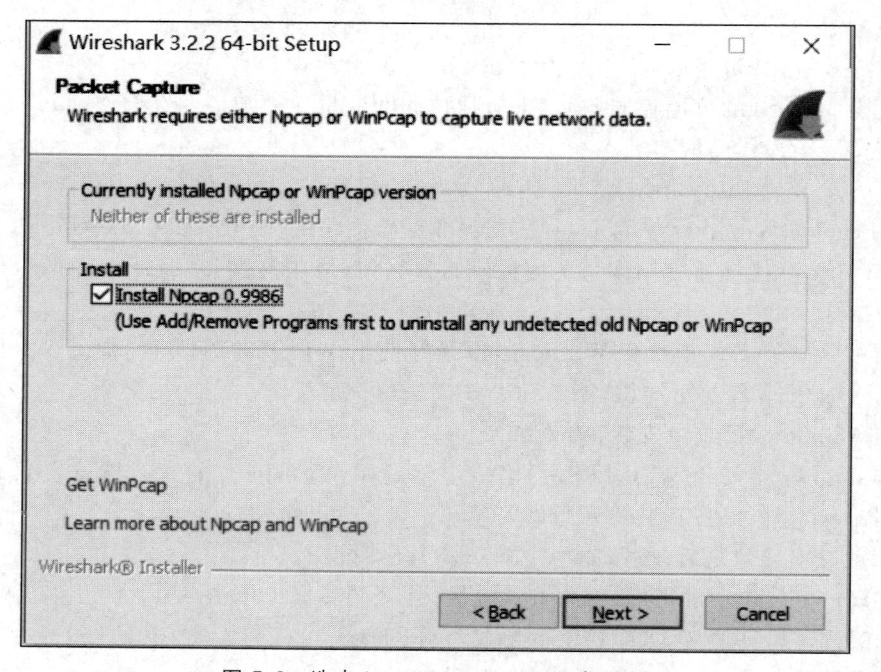

图 5-2 选中 Install Npcap 0.9986 复选框

(7) Wireshark 的安装过程进行了大约一半的时候,会开始安装 WinPcap。在 WinPcap

介绍页面单击 Next 按钮之后，阅读许可证协议并单击 I Agree 按钮。

(8) 选择是否安装 USBPcap 工具。USBPcap 用于从 USB 设备中收集数据。完成必要的选择后单击 Next 按钮。

(9) WinPcap 和 USBPcap 安装完成后，单击 Finish 按钮。

(10) Wireshark 安装完成后，单击 Finish 按钮。

(11) 在安装完成确认界面中单击 Finish 按钮。

2. 在 Linux 系统中安装 Wireshark

Wireshark 可以在大部分 Linux 系统中运行。可以通过 Linux 系统包管理器下载并安装适合用户当前系统的 Wireshark 版本。这里只介绍在几个常见的 Linux 系统中安装 Wireshark 的步骤。

一般来说，如果作为系统软件安装，安装者需要具有 root 权限；而如果通过编译源代码使之成为本地软件，通常就不需要 root 权限了。

1) 在使用 RPM 的 Linux 系统中安装 Wireshark

对于类似红帽 Linux(Red Hat Linux)等使用 RPM 的 Linux 系统，很可能系统默认安装了 Yum 包管理器。如果是这样，可以从 Linux 系统软件源中获取并快速安装 Wireshark。此时，打开控制台窗口，并输入以下命令：

```
sudo yum install Wireshark
```

如果需要依赖组件，可以根据提示安装它们。如果一切顺利，就可以使用命令行启动 Wireshark 并通过图形界面来操作它。

2) 在使用 DEB 的 Linux 中系统安装 Wireshark

对于类似于 Debian 和 Ubuntu 等使用 DEB 的 Linux 系统，可以使用 APT 包管理器安装 Wireshark。要从 Linux 系统软件源中安装 Wireshark。此时，打开控制台窗口并输入如下命令：

```
sudo apt-get install Wireshark Wireshark-qt
```

如果需要依赖组件，那么可以根据提示安装它们。

3) 使用源代码编译

因为操作系统架构和 Wireshark 功能的改变，所以从源代码安装 Wireshark 的方法可能也会随之变化，这也是建议从系统包管理器安装 Wireshark 的一个原因。然而，如果用户的 Linux 系统没有自动安装包管理器，那么安装 Wireshark 的一种高效的方法就是使用源代码编译。下面给出这种安装方法。

(1) 从 Wireshark 网站下载源代码包。

(2) 输入下面的命令将压缩包解压：

```
tar -jxvf 源代码包括名.tar.bz2
```

(3) 在安装和设置 Wireshark 之前，可能需要安装一些依赖组件。例如，Ubuntu 14.04 需要一些额外的软件包才能让 Wireshark 工作。这些依赖组件可以用以下的命令安装(可能需要 root 权限)：

```
sudo apt-get install pkg-config bison flex qt5-default libgtk-3-dev libpcap-dev
```

```
qttools5-dev-tools
```

(4) 进入源代码包解压缩后创建的文件夹。

(5) root 权限的用户使用 jconfigure 命令配置源代码,以便它能正常编译。如果不使用默认的设置,那么可以在这时指定安装选项。如果缺少相关软件支持,用户会得到相关错误信息;如果安装成功了,用户会得到安装成功提示。

(6) 输入 make 命令,将源代码编译成二进制文件。

(7) 输入 sudo make install 命令完成最后的安装。

(8) 输入 sudo /sbin/ldconfig 命令结束安装。

3. 在 Mac OS Ⅹ系统中安装 Wireshark

在 Mac OS Ⅹ系统中安装 Wireshark 的步骤如下:

(1) 从 Wireshark 网站下载针对 Mac OS Ⅹ系统的软件包。

(2) 运行安装程序,阅读并接受许可证协议。

(3) 按照安装向导的提示完成安装。

5.1.3 Wireshark 入门

1. 主窗口

Wireshark 的主窗口将捕获的数据包拆分并以更容易使人理解的方式呈现。也是用户花费时间较多的地方。Wireshark 的主窗口如图 5-3 所示。

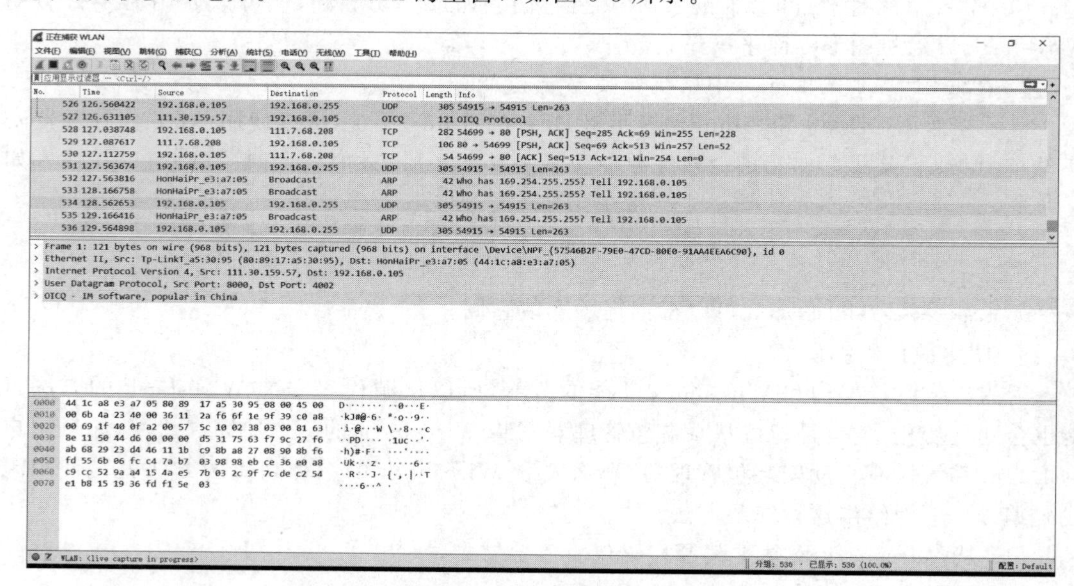

图 5-3 Wireshark 的主窗口

Wireshark 主窗口有 3 个面板。下面介绍每个面板的内容。

(1) 数据包列表(packet list)面板。这个面板用列表显示当前捕获文件中的所有数据包,其中包括数据包序号、数据包被捕获时的相对时间、数据包的源地址和目的地址、数据包的协议以及在数据包中找到的概况信息等。

(2) 数据包细节(packet details)面板。这个面板分层次显示了一个数据包中的内容，并且可以通过展开或收缩来显示从这个数据包中捕获的全部内容。

(3) 数据包字节(packet bytes)面板。这个面板可能是最令人困惑的，因为它显示了一个数据包未经处理的原始状态，也就是其在链路上传播时的样子。这些原始数据看上去不容易理解。

2. 首选项

Wireshark 提供了一些首选项设定，可以让用户根据需要进行定制。如果需要设定 Wireshark 首选项，那么需要在主菜单中选择“编辑”→“首选项”命令，然后便可以看到“首选项”对话框，里面有一些可以设置的选项，如图 5-4 所示。

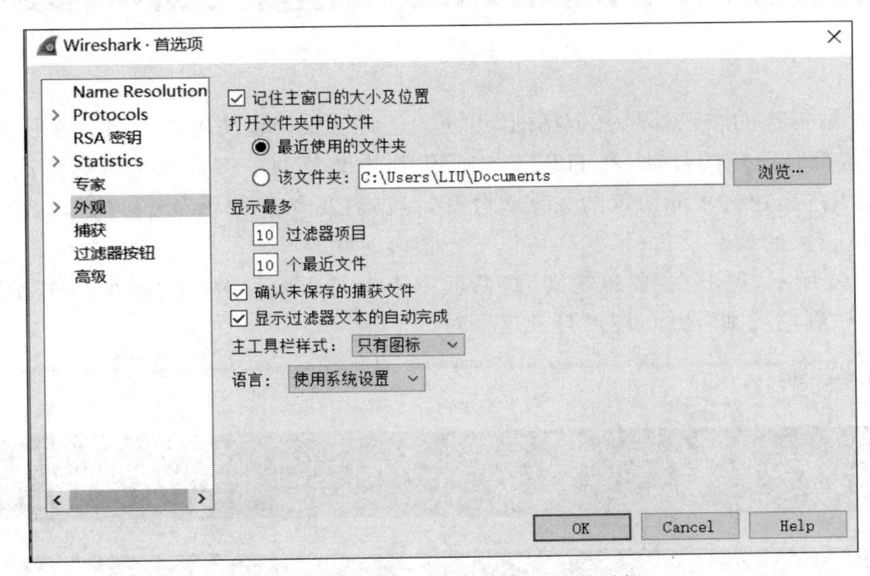

图 5-4 “Wireshark · 首选项”对话框

Wireshark 首选项分 9 部分，下面介绍其中的 7 部分。

(1) Name Resolutions(名称解析)。通过其中的选项设置，可以开启 Wireshark 将地址(包括 MAC 地址等)解析成更容易分辨的名字的功能，并且可以设置并发处理名称解析请求的最大数目。

(2) Protocols(协议)。其中的选项可以调整关于捕捉和显示各种 Wireshark 解码数据包的功能。虽然并不是针对每一个协议都可以进行调整，但是有一些协议的选项可以更改。除非用户有特殊的原因修改这些选项，否则最好保持它们的默认值。

(3) Statistics(统计)。其中提供了 Wireshark 统计功能的选项。

(4) 外观。其中的选项决定了 Wireshark 将如何显示数据。用户可以根据个人喜好对大多数选项进行调整，例如是否保存窗口位置、3 个主要窗口的布局、滚动条的摆放、数据包列表面板中列的摆放、显示捕获数据的字体、前景色和背景色等。

(5)捕获。其中选项可以对捕获数据包的方式进行设置，例如默认使用的设备、是否默认使用混杂模式、是否实时更新数据包列表面板等。

(6) 过滤器按钮。其中的选项用于生成和管理过滤器。

（7）高级。在以上 6 部分中不包括的设置会被归入这里。通常这些设置只有 Wireshark 的高级用户才会修改。

3. 数据包彩色高亮显示

数据包列表面板中用不同颜色显示数据包，如图 5-5 所示。看上去这些颜色是随机分配给每一个数据包的，但其实并不是这样的。

No.	Time	Source	Destination	Protocol	Length	Info
9513	1411.217867	192.168.0.105	20.45.3.193	TCP	54	58803 → 443 [ACK] Seq=198 Ack=2681 Win=66048 Len=0
9514	1411.249891	HonHaiPr_e3:a7:05	Broadcast	ARP	42	Who has 169.254.255.255? Tell 192.168.0.105
9515	1411.648155	192.168.0.105	192.168.0.255	UDP	305	54915 → 54915 Len=263
9516	1411.750187	HonHaiPr_e3:a7:05	Tp-LinkT_a5:30:95	ARP	42	Who has 192.168.0.1? Tell 192.168.0.105
9517	1411.751819	Tp-LinkT_a5:30:95	HonHaiPr_e3:a7:05	ARP	42	192.168.0.1 is at 80:89:17:a5:30:95
9518	1411.778521	192.168.0.105	111.7.68.208	TCP	546	54699 → 80 [PSH, ACK] Seq=2734 Ack=900 Win=257 Len=492
9519	1411.825531	111.7.68.208	192.168.0.105	TCP	162	80 → 54699 [PSH, ACK] Seq=900 Ack=3226 Win=374 Len=108
9520	1411.853491	192.168.0.105	111.7.68.208	TCP	54	54699 → 80 [ACK] Seq=3226 Ack=1008 Win=257 Len=0
9521	1412.249871	HonHaiPr_e3:a7:05	Broadcast	ARP	42	Who has 169.254.255.255? Tell 192.168.0.105
9522	1412.437642	192.168.0.105	58.251.121.55	TCP	66	[TCP Retransmission] 58855 → 8000 [SYN] Seq=0 Win=8192 Len=0 MSS=1460 WS=256 SACK_PERM=1
9523	1412.644420	192.168.0.105	192.168.0.255	UDP	305	54915 → 54915 Len=263

图 5-5　数据包彩色高亮显示

每一个数据包的颜色都是有依据的，不同颜色对应数据包使用的不同协议。例如，所有 DNS 数据包都是蓝色的，而所有 HTTP 数据包都是绿色的。将数据包以彩色高亮形式显示，可以让用户迅速将不同协议的数据包分开，而不需要查看每个数据包的 Protocol（协议）列。在浏览较大的捕获文件时，这样可以节省很多时间。

如图 5-6 所示，可以在“着色规则”对话框中查看每个协议对应的颜色。在主菜单中选择“视图”→“着色规则”命令，即可打开这个对话框。

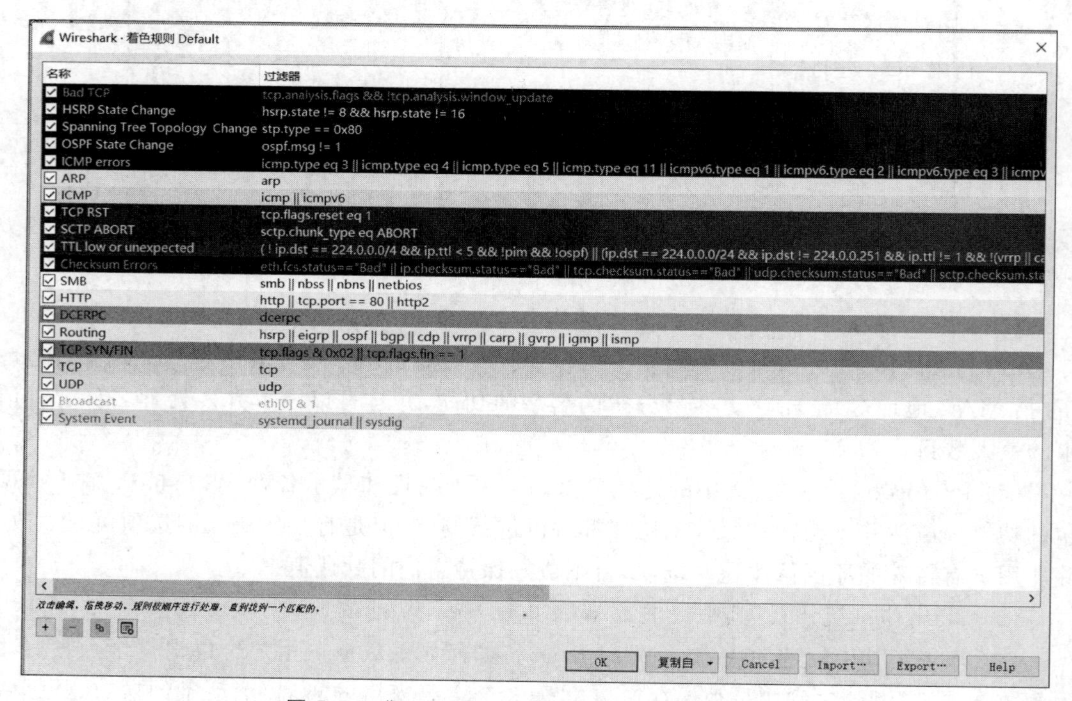

图 5-6　“Wireshark · 着色规则 Default”对话框

用户可以创建自己的着色规则，也可以修改已有的着色规则。

在使用 Wireshark 时，有可能处理某个协议的工作比较多。这时，对着色规则进行相应的修改能让工作更加方便。例如，如果网络中有一个恶意的 DHCP 服务器在分发 IP 地址，那么可以修改 DHCP 的着色规则，使其呈现明黄色（或者其他易于辨识的颜色），这样就可以更快地找出所有 DHCP 数据包，使数据包分析工作效率更高。还可以通过用户自定义的过滤器创建新的着色规则，以扩展着色规则。

5.2 渗透测试实验

实验器材

PC（Linux/Windows 10）1 台。

预习要求

做好实验预习，掌握数据还原内容。
熟悉实验过程和基本操作流程。
撰写预习报告。

实验任务

通过本实验，掌握以下技能：
（1）利用 nc、ncat 建立网络连接通道，进行信息传递。
（2）利用 Wireshark 捕获并分析数据。
（3）利用 ncat 进行 SSL 加密传输。

实验环境

在 VMware 中安装两个 Kali Linux 虚拟机，分别作为服务器和客户机。安装 nc、ncat、Wireshark 工具（Kali Linux 默认已安装这些工具）。

预备知识

了解 VMware、Kali Linux、nc、ncat、Wireshark 的安装以及使用方法。

实验步骤

本实验主要在两台虚拟机上用 nc 建立网络连接通道并进行信息传递，然后用 Wireshark 捕获数据包。开始实验之前，需要对两台虚拟机进行网络设置，将两台虚拟机的“网络连接”选项设置为“仅主机模式”，一台定义为服务器（192.168.241.131），另一台定义为客户机（192.168.241.130），如图 5-7 所示。

用 nc 建立网络连接通道。在服务器上打开一个接口。例如，打开 333 号端口进行通信的命令为 nc -lp 333 -c bash，如图 5-8 所示。

在客户机上打开 Wireshark 并选择用于捕获数据包的网卡，然后开始捕获数据包，如图 5-9 所示。

打开客户机的终端，输入 ncat -nv 192.168.241.131 333 命令，连接服务器的 333 号端口并进行通信，如图 5-10 所示。

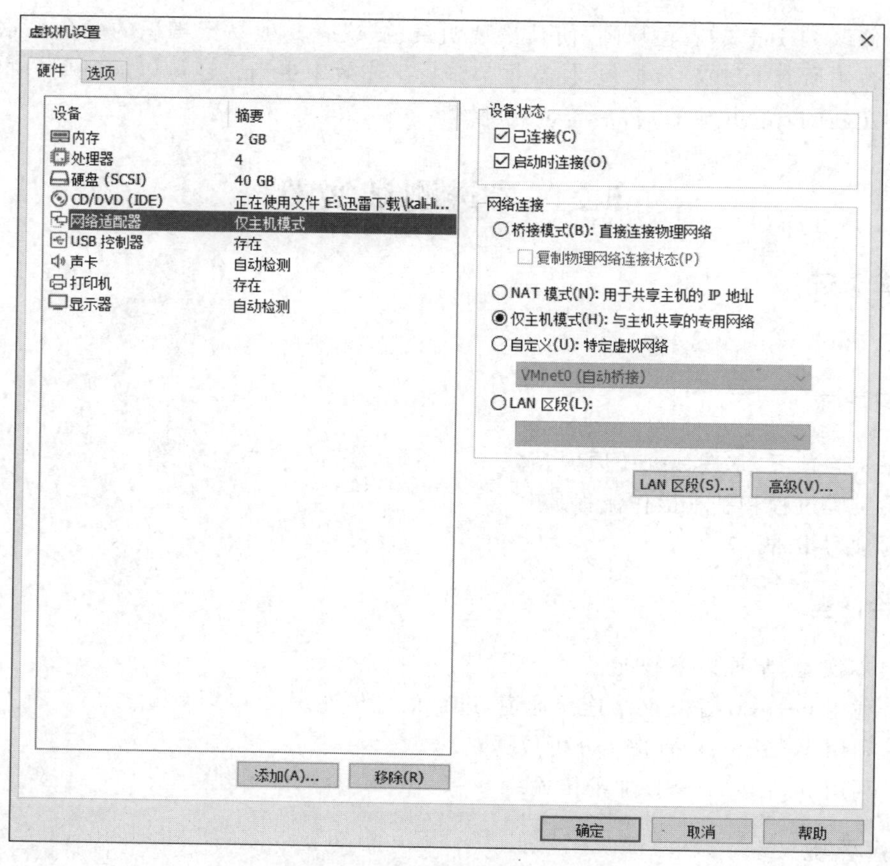

图 5-7 “虚拟机设置”对话框

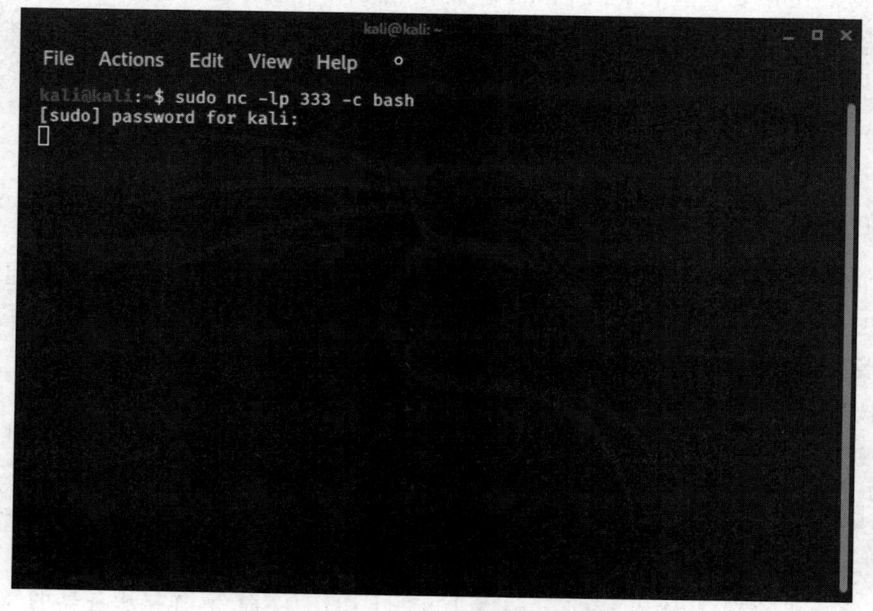

图 5-8 打开 333 号端口

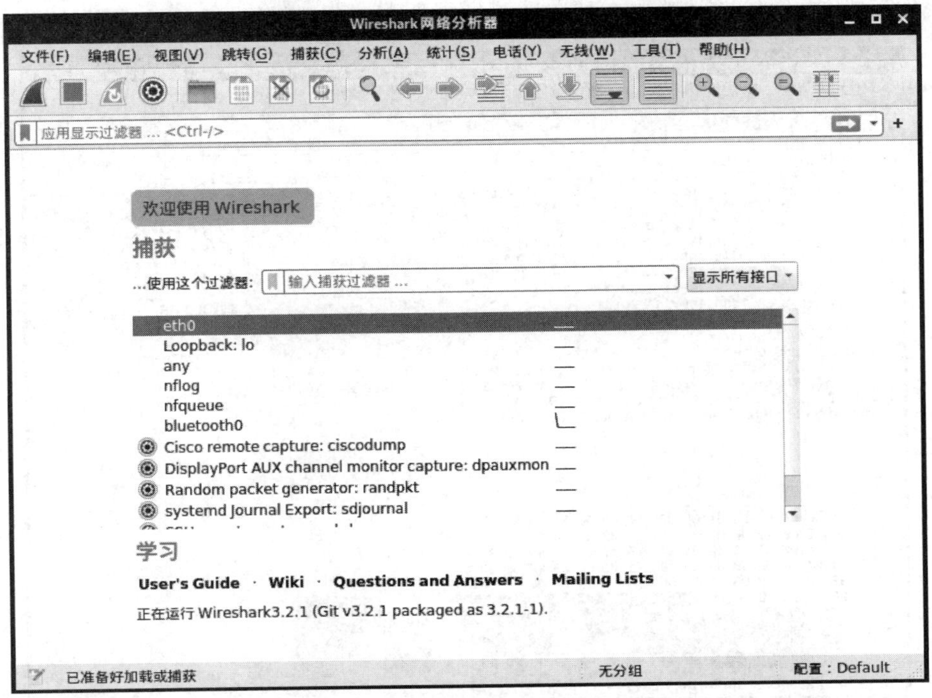

图 5-9　选择用于捕获数据包的网卡

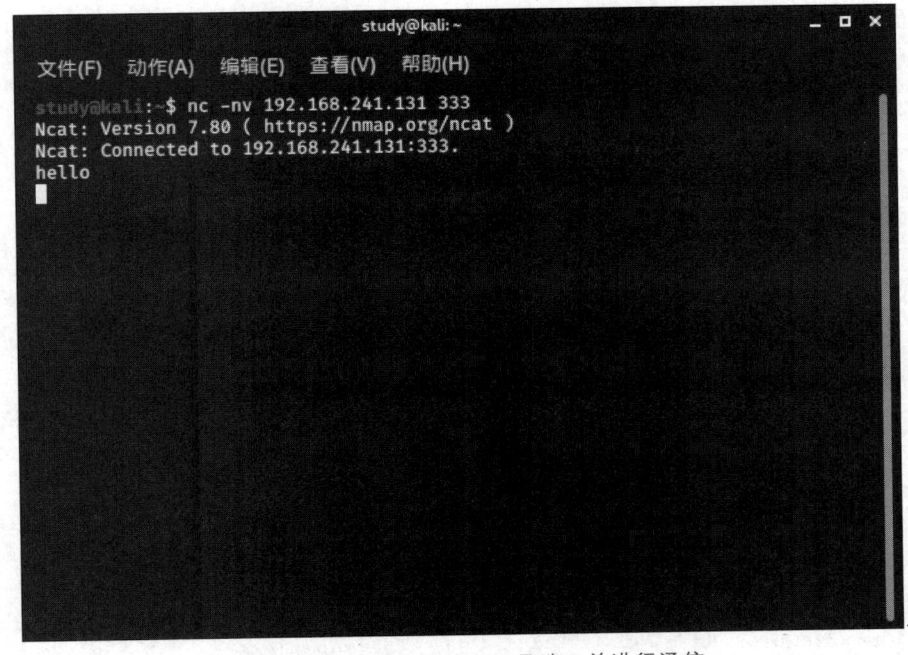

图 5-10　连接服务器的 333 号端口并进行通信

查看 Wireshark 捕获的数据包并进行分析：首先是 ARP 协议，ARP 用来查看对方的 MAC 地址（ARP 解析）；有了 MAC 地址，接下来组装二层包头；然后建立 TCP 连接（三次握手)；最后进行返向 ARP 解析。捕获的数据包如图 5-11 所示。

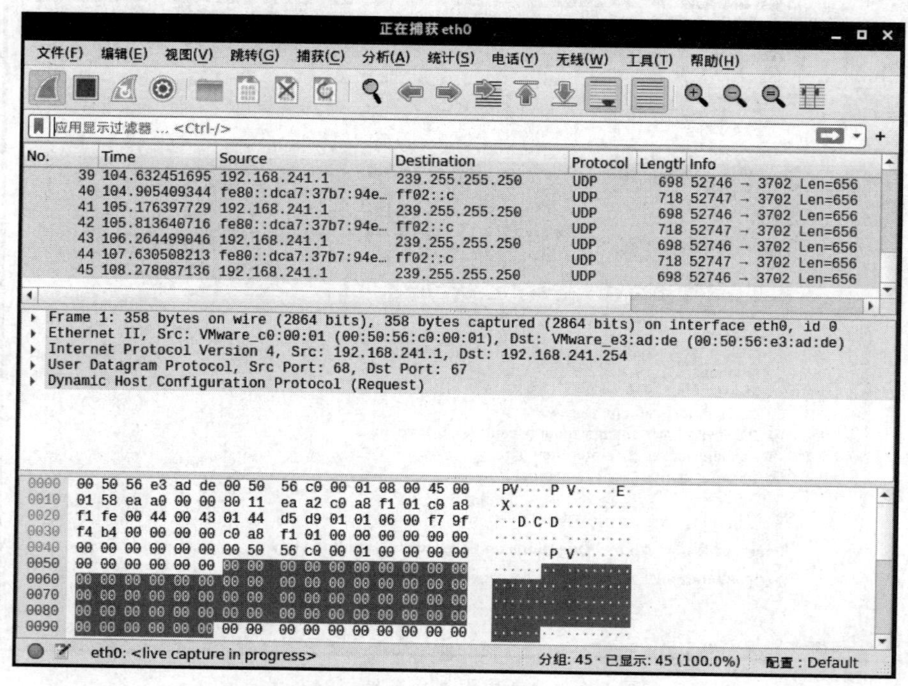

图 5-11　捕获的数据包

查看建立连接后的传输数据。右击 TCP 数据流，查看传输的具体数据，如图 5-12 所示。

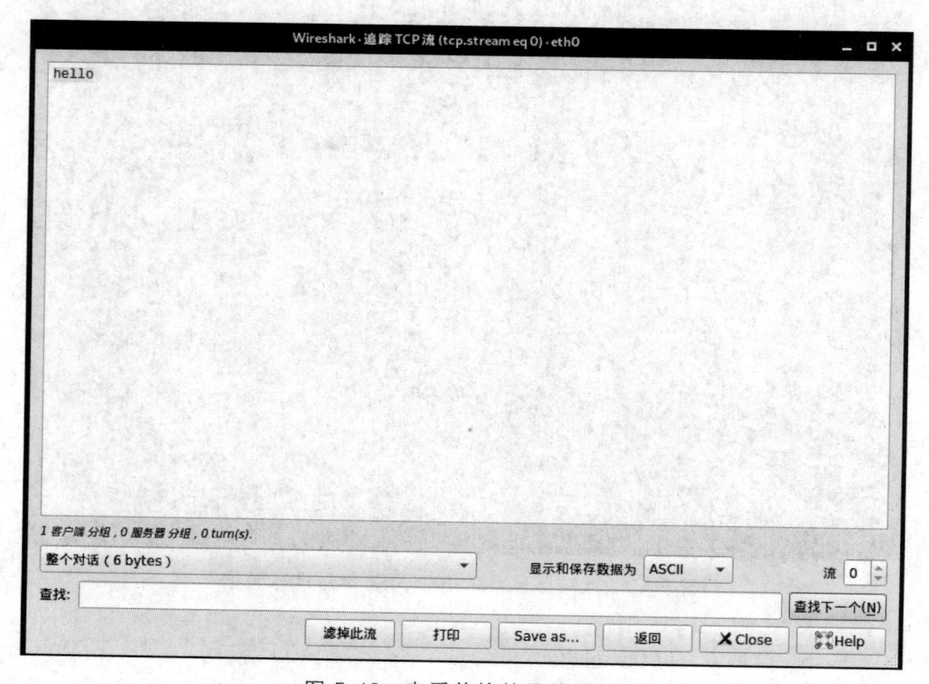

图 5-12　查看传输的具体数据

以上是明文传输。如果通信过程被别人嗅探，隐私信息将会被泄露，因此需要选择一个加密通道进行信息传输，对网络流量进行加密。在这里，通过 ncat 工具利用 SSL 协议进行通信。打开服务器的终端，输入 ncat -nvl 3333 -c bash --ssl 命令，用 ncat 打开 3333 号端口，如图 5-13 所示。

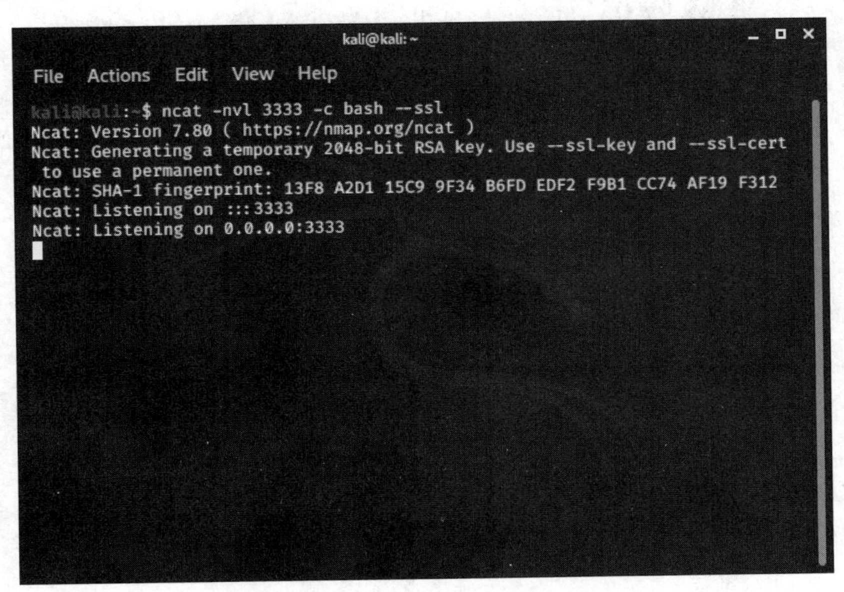

图 5-13　用 ncat 打开 3333 号端口

在客户机的终端输入 ncat -nv 192.168.241.131 3333 --ssl 命令，连接服务器的 333 号端口，如图 5-14 所示。

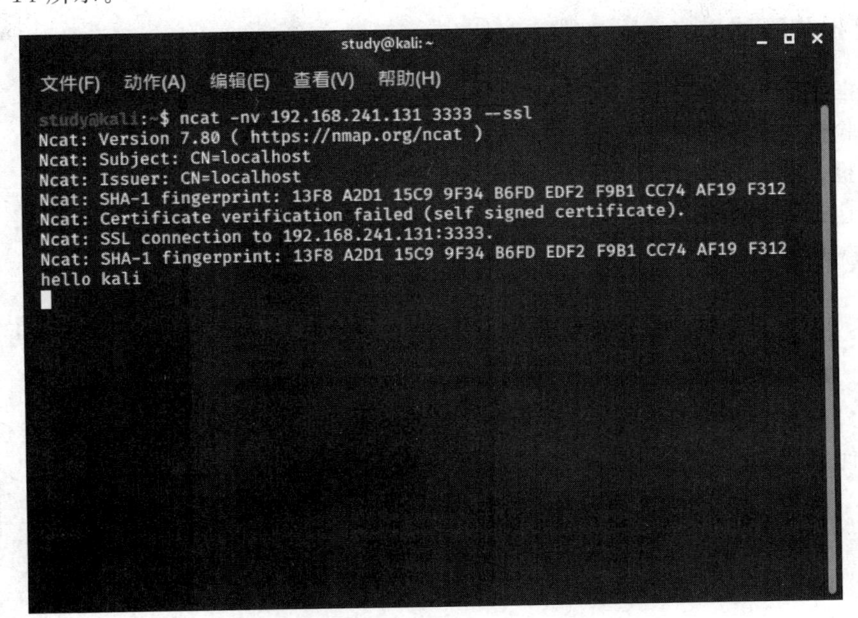

图 5-14　连接服务器的 333 号端口

查看 Wirshark 的捕获结果，找到有 psh 字样（这里代表发送信息的协议）的协议包，追踪 TCP 流，可以看到传送的信息被加密了，如图 5-15 所示。

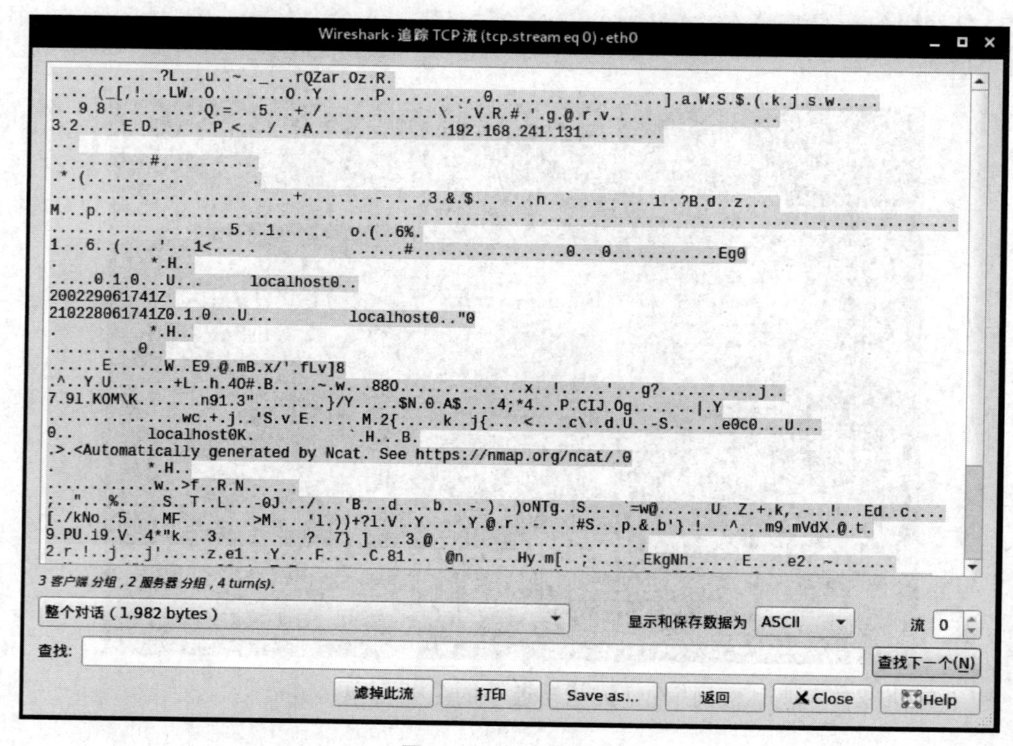

图 5-15　加密的信息

实验报告要求

实验报告应包括以下内容：

- 实验目的。
- 实验过程和结果截图。
- 实验过程中遇到的问题以及解决方法。
- 收获与体会。

思　考　题

1. 客户端在不知道服务器(192.168.241.131) 开放的端口时如何与服务器连接？
2. 如何利用 nc 从服务器(192.168.241.131) 向客户机传输文件？

第 6 章　Kali Linux 网络嗅探实验

6.1　网络嗅探简介

6.1.1　网络嗅探的基本概念和原理

网络嗅探是指利用计算机的网络接口截获其他计算机的数据报文。网络嗅探需要用到网络嗅探器(sniffer),它最早是为网络管理员配备的工具。有了网络嗅探器,网络管理员可以随时掌握网络的实际情况,查找网络漏洞,检测网络性能;当网络性能急剧下降的时候,可以通过网络嗅探器分析网络流量,找出网络阻塞的来源。网络嗅探是网络监控系统的实现基础。

网络嗅探在计算机信息安全中具有重要的地位。通过对网络嗅探技术的研究,了解其工作模式,对于提高计算机安全具有重要的促进作用。网络嗅探技术也称为网络监听技术,是一种基于被动监听原理的网络分析方式,可以了解网络的状态、数据流动情况以及网络上传输的信息。网络嗅探器是能够实现网络嗅探的工具。

网络嗅探器通常由网络硬件设备、监听驱动程序、实时分析程序和解码程序 4 部分组成。网络硬件设备主要是指网卡;监听驱动程序的主要作用是截获数据流,进行过滤并把数据存入缓冲区;实时分析程序的主要作用是实时分析数据帧中包含的数据,目的是发现网络性能问题和故障;解码程序用于将接收到的加密数据进行解密,构造自己的加密数据包并将其发送到网络中。

网络的一个特点就是数据总在流动,从一处到另一处。而互联网是由错综复杂的各种网络交汇而成的。当传送的数据从网络中的一台计算机传输到另一台计算机的时候,是以很小的称为帧(frame)的单位传输的。帧由几部分组成,不同的部分具有不同的功能。帧通过特定的称为网络驱动程序的软件构建,然后通过网卡发送到网线上,通过网络到达目标计算机,在目标计算机执行相反的过程。接收端计算机的以太网卡捕获这些帧后,通知操作系统帧已到达,然后对帧进行存储。网络中的信息在传输和接收的过程中存在安全隐患。针对这一情况,就需要用网络嗅探器对网络中传输的信息进行实时分析。

嗅探器最初是网络管理员检测网络通信的工具,它既可以是软件,又可以是硬件。软件嗅探器应用方便,针对不同的操作系统平台都有相应的软件嗅探器,而且很多是免费的。硬件嗅探器通常被称作协议分析器,其价格一般都很高昂。在局域网中,以太网的共享特性决定了嗅探能够成功。这是因为以太网是基于广播方式传送数据的,所有的物理信号都会被传送到每一个主机节点。此外,网卡可以被设置成混杂(promiscuous)模式,在这种模式下,无论监听到的数据帧的目标地址如何,网卡都能予以接收。而 TCP/IP 协议栈中的应用协议大多数以明文在网络上传输,在这些明文数据中往往包含一些敏感信息(如密码、账号等),因此使用嗅探器可以悄无声息地监听到局域网内的所有数据通信,得到这些敏感信息。同时嗅探器的隐蔽性好,它只是被动接收数据,而不向外发送数据,所以在传输数据的过程中，根本无法察觉受到监听。当然，嗅探器也有局限性，它只能在局域网的冲突域中进行监听，或者在点到点连接的中间节点上进行监听。

在交换网络中，虽然避免了利用网卡混杂模式进行的嗅探，但交换机并不能解决所有的问题。在一个完全由交换机连接的局域网内，同样可以进行网络嗅探。

网络嗅探主要有以下几种方法：MAC泛洪、MAC复制和ARP欺骗。

1. MAC泛洪

交换机负责建立两个节点间的虚电路，为此就必须维护一个交换机端口与MAC地址的映射表，这个映射表是放在交换机内存中的。由于内存容量有限，映射表可以存储的表项也有限。如果恶意攻击者向交换机发送大量的虚假MAC地址数据，有些交换机在应接不暇的情况下，就会像一台普通的集线器那样只是简单地向所有端口广播数据，嗅探者就可以借机达到窃听的目的。这种网络嗅探方法称为MAC泛洪(MAC flooding)。当然，并不是所有交换机都采用这样的处理方式；况且，如果交换机使用静态地址映射表，这种方法就失灵了。

2. MAC复制

MAC复制(MAC duplicating)实际上就是修改本地的MAC地址，使其与嗅探主机的MAC地址相同，这样，交换机将会发现，有两个端口对应同一MAC地址，于是到该MAC地址的数据包将同时从这两个端口发送出去。这种方法与一面要提到的ARP欺骗有本质的不同，前者是欺骗交换机，后者是侵害主机的ARP缓存而与交换机没有关系。但是，只要简单地设置交换机使用静态地址映射表，MAC复制这种欺骗方式也就失效了。

3. ARP欺骗

按照ARP协议的设计，为了减少网络上过多的ARP数据通信，一台主机即使收到的ARP应答并非自己请求得到的，它也会将其插入自己的ARP缓存表中，这样就造成了ARP欺骗的可能。如果黑客想探听同一网络中两台主机之间的通信，他会分别给这两台主机发送一个ARP应答包，让两台主机都误认为黑客的主机的MAC地址是对方的MAC地址，这样，双方看似直接通信，实际上都是通过黑客的主机间接进行的。黑客一方面得到了想要的通信内容；另一方面只需要更改数据包中的一些信息，成功地做好转发工作。在这种嗅探方式中，黑客的主机是不需要将网卡设置为混杂模式的，因为通信双方的数据包在物理上都是发给黑客的主机的。

6.1.2 网络嗅探技术分类

根据功能的不同，嗅探器可以分为通用嗅探器和专用嗅探器。前者是支持多种协议的嗅探器，如tcpdump、Snifferit等；后者一般是针对特定软件或只提供特定功能的，如专门针对MSN等即时通信软件的嗅探器、专门嗅探邮件密码的嗅探器等。

根据工作环境和工作原理不同，嗅探技术可以分为本机嗅探、广播网嗅探、基于交换机的嗅探等类型。

1. 本机嗅探

本机嗅探是指在某台计算机内，嗅探器通过某种方式获取发送给其他进程的数据包。例如，在邮件客户端收发邮件时，嗅探器可以窃听到所有的交互过程和其中传递的数据。本机嗅探原理如图6-1所示。

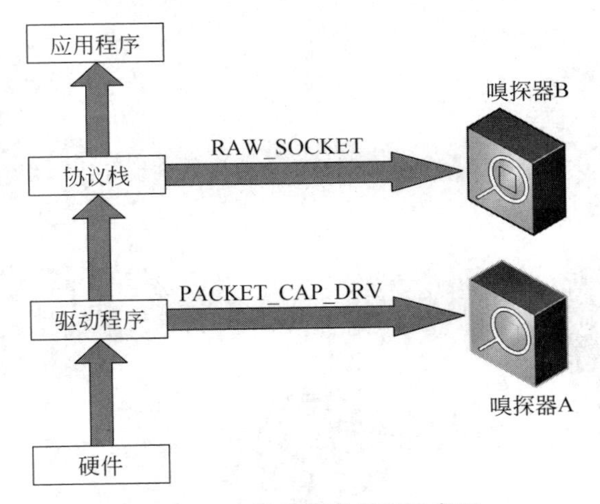

图 6-1　本机嗅探的原理示意图

图 6-1 中展示了操作系统处理网络数据包的流程。网络数据包需要经过多次解析才能获得其中的应用数据。一般来说，网络数据包被获取后，首先经过硬件驱动程序、操作系统协议栈，然后才进入应用程序处理。因此，如果在硬件驱动程序层或操作系统协议栈层编写数据包捕获代码，就可以捕获其他应用程序的网络数据。

2. 广播网嗅探

广播网一般是基于集线器的局域网，其工作原理是基于总线方式的，所有数据包在该网络中都会被广播发送(即发送给所有端口)。广播网的数据传输是基于共享原理的，同一局域网范围内的所有计算机都会接收到相同的数据包。正是由于这样的原因，在以太网卡上都构造了硬件的过滤器，这个过滤器将忽略一切与自己无关的网络信息，事实上是忽略了与自身 MAC 地址不符的信息。换句话说，在广播网中，每一个网络数据包都被发送到所有的端口，然后由各端口连接的网卡判断是否需要接收该数据包，所有目标地址与网卡 MAC 地址不符的数据包都将被网卡自动丢弃，这样就确保了广播网中的每台主机都只接收到以自己为目标的数据包。

广播网嗅探是在广播网(如集线器环境)中进行的网络嗅探行为。广播网嗅探利用了广播网共享的通信方式。在广播网中的每一个网卡都会收到所有的数据包，然后再通过网卡自身的过滤器过滤不需要的数据包，因此，只要将本机网卡设为混杂模式，就可以使嗅探器支持针对广播网或多播网的嗅探功能。广播嗅探的原理示意如图 6-2 所示。嗅探器将本机的网卡设为混杂模式，这样就可以获得该广播网段的所有数据包。

3. 基于交换机的嗅探

交换机的工作原理与集线器不同，它不再将数据包转发给所有端口，而是通过分组交换的方式进行一对一的数据传输。即交换机能记住每个端口的 MAC 地址，根据数据包的目标地址选择目标端口，所以只有对应该目标地址的网卡才能接收到数据。基于交换机的嗅探是指在交换环境中通过某种方式进行的嗅探。由于交换机基于分组交换的工作方式，因此，简单地将网卡设为混杂模式并不能嗅探到网络上的数据包，而只能接收本机的数据包，因此必须采用其他的方法实现基于交换机的嗅探。

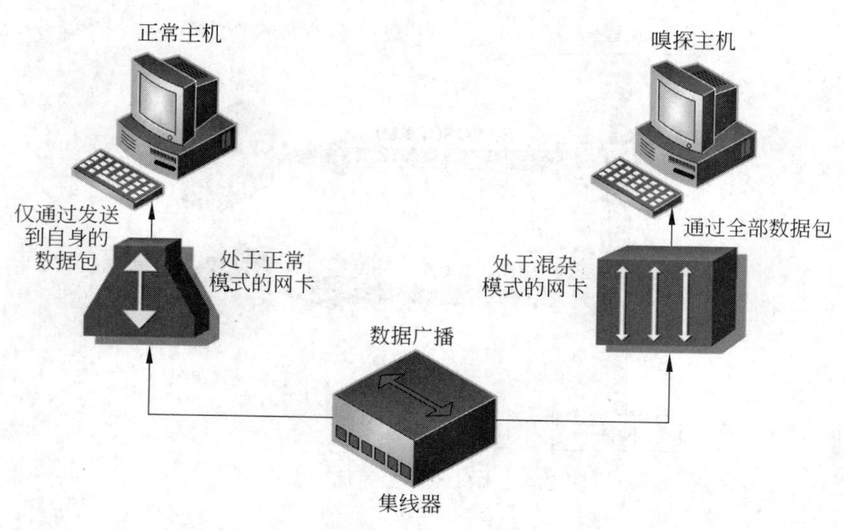

图 6-2　广播嗅探原理示意图

1）通过端口镜像进行嗅探

端口镜像（port mirror）也称为巡回分析端口（roving analysis port），它从网络交换机的一个端口转发每个进出分组的副本到另一个端口，分组将在此端口进行分析。端口镜像是监视网络通信量和通信内容的一种方法。网络管理员可将端口镜像作为一种诊断或调试的工具，尤其是在分析网络情况的时候。它使网络管理员能跟踪交换机的性能并在必要时对其进行更改。大部分可管理的交换机都支持端口镜像功能。端口镜像是交换机为调试预留的功能。可以将交换机中任意端口的数据复制给镜像端口，本机嗅探工具就可以嗅探交换机上的任意端口了。

例如，下面的命令是在 Cisco 2900 系列交换机上配置端口镜像：

```
interface FastEthernet0/1 port monitor FastEthernet0/2 port monitor FastEthernet0/5
port monitor VLAN1
```

而下面的命令则是在 iOS 系统的 Cisco 交换机上配置端口镜像：

```
set span 6/1,6/3-5 6/2
```

基于端口镜像的嗅探受限于交换机能够支持的镜像功能，能够镜像多少个端口取决于交换机的型号和配置。例如，一部分 Nortel 交换机只能进行单端口到单端口的镜像，而大部分 Cisco 的高端交换机都支持多对一的端口镜像。由于进行基于端口镜像的嗅探必须拥有交换机的管理权限，因此，基于端口镜像的嗅探往往是网络管理员常用的嗅探方式。

2）通过 MAC 泛洪进行交换机嗅探

这种方法往往被攻击者使用。网络交换机为了能够进行分组交换，必须在内部维护一个转换表，将不同的 MAC 地址转换成交换机上的物理端口。由于交换机的工作内存有限，如果用虚假 MAC 地址对交换机进行不断攻击，直到交换机的工作内存被占满，交换机就进入了打开失效模式（fail-open mode），也就是开始了类似于集线器的工作方式，向网络上所有的计算机广播数据包。在这种情况下，交换机嗅探就可以同样采用广播网嗅探的方式实现。通过 MAC 泛洪进行交换机嗅探是较为古老的方法，由于此种方法很容易引起网络瘫痪和网络管理人员的警觉，因而逐渐被淘汰了。

6.1.3 网络嗅探技术的应用

网络嗅探技术的应用主要有以下 5 方面：网络入侵监测、网络安全审计、蠕虫病毒控制、网络布控与追踪和网络取证。

1. 网络入侵监测

网络入侵检测系统（Network Intrusion Detection System，NIDS）是指通过模式匹配、异常分析等方式对网络上的数据包进行分析，从而判断入侵、攻击、病毒蠕虫传播等网络违规事件的软件或硬件。网络入侵检测系统实际上是带有专家系统的嗅探工具。网络入侵检测系统将嗅探得到的数据包提交分析模块进行分析，分析模块根据专家库中的模型和特征提取出可疑的、有害的事件，从而实现对网络入侵、蠕虫病毒的报警。网络入侵检测系统与网络协议分析器一样，一般工作在交换机的镜像端口。

2. 网络安全审计

网络安全审计是指通过网络嗅探工具将网络数据包捕获、解码并加以存储，以备后期查询或即时报警。通过网络嗅探技术，网络安全审计可以实现网络行为审计、网络违规数据监控等功能。利用网络嗅探技术开发的网络安全审计类软件运行在关键的网络节点，对网络传输的数据流进行合法性检查。网络安全审计可以检测到以下网络违规行为：

（1）发送反动、色情或其他含有违反国家法律规定内容的邮件。

（2）在网站或论坛中散布反动、色情或其他含有违反国家法律规定内容的信息。

（3）访问反动、色情或其他含有违反国家法律规定内容的网站。

利用类似于网络通信劫持和篡改的技术，还可以将上述内容实时替换或阻断。

3. 蠕虫病毒控制

当前网络中的病毒蠕虫的扩散越来越严重，其传播范围越来越大，传播速度也越来越快。采用网络嗅探技术，对蠕虫病毒可起到以下控制作用：

（1）通过基于网络嗅探的流量检测及时发现网络流量异常，并根据已经建成的流量异常模型初步判断出网络蠕虫病毒爆发的前兆。

（2）通过基于网络嗅探的网络协议分析进一步确认蠕虫病毒的发作，并及时给出预警信息。

（3）通过基于网络嗅探技术的蜜罐尽早捕获蠕虫病毒的样本，并通过对其进行详细的分析，制订有效的防御方案和清除方案。

（4）通过基于网络嗅探技术的入侵检测能够准确定位局域网络中的蠕虫病毒传播源，从而及时扼制病毒蠕虫的传播行为。

4. 网络布控与追踪

针对网络犯罪，如黑客入侵、拒绝服务攻击等，通过网络嗅探技术进行追踪，可以协助执法部门定位网络犯罪嫌疑人。

现代网络犯罪往往采用跳板实施，即通过一台中间主机进行网络犯罪活动，这对抓捕网络犯罪嫌疑人造成了很大的障碍，而网络嗅探技术可以有效地帮助执法人员解决这一问题。

网络布控的实际操作情况如下：当发现某网络犯罪行为是通过中间主机进行时，执法人员暂时不对该主机进行明显的操作，而是运行网络嗅探器对其进行不间断监控，一旦网络犯罪嫌疑人远程登录该主机，网络嗅探器就会记录真实主机的 IP 地址，从而协助执法人员进行定位和追踪。

需要注意的是，有些犯罪嫌疑人可能会采用多级跳板，因此也必须对应地进行多次布控，才能获得其真实的 IP 地址。

网络追踪是针对伪造 IP 地址攻击的一种追查方法。由于网络攻击（特别是大规模的拒绝服务攻击）往往采用虚假的 IP 地址，因此，从被攻击主机通过嗅探获取的数据无法直接判断攻击源，需要采用移动的网络嗅探器，以溯源的方式从终点逐个前溯，直到发现攻击源为止。目前，国内已经有多例通过网络布控和追踪的方式抓获网络犯罪嫌疑人的案例，其中也往往涉及嗅探技术的应用。例如，在某次针对政府门户网站的拒绝服务攻击案件的侦破过程中，由某省执法人员和当地安全专家共同采用嗅探技术对犯罪嫌疑人进行追踪。首先对被攻击主机进行嗅探抓包分析，判断出攻击种类、攻击强度等攻击特征。由于攻击的源地址是伪装的 IP 地址，因此进一步通过移动的网络嗅探器，采用溯源法进行反向追踪，最后发现攻击源处于某运营商的 IDC 机房中。经过分析判断，该主机为攻击跳板机，因此执法人员和安全专家在获得授权的前提下对该主机采取了嗅探监控的方式，记录对该主机的所有可疑登录，并最后将犯罪嫌疑人抓获。基于嗅探的网络取证工具可以运行在需要取证的犯罪嫌疑人使用的计算机（如个人计算机或公共场所的计算机）上，并可以将该犯罪嫌疑人的网络行为（如邮件、聊天信息、上网记录等）加以实时记录，从而协助案件的侦破和起诉证据的获取。为了确保利用网络嗅探器获得的网络证据具备不可篡改性，网络取证工具中还需要内置数字签名工具以，防止操作人员人为修改或误删数字证据。嗅探技术在黑客防御技术及信息安全体系建设中都起到了非常重要的作用，而反嗅探技术也是确保网络私密性的关键之一。同时，嗅探技术在网络安全管理工作中也具有很大的作用。

5. 网络取证

由于目前网络犯罪数量的高速增长，再加上传统犯罪行为的网络化趋势也越来越明显，原先的电话搭线录音、常规取证等方式已经很难满足日益变化的形势和需求，利用嗅探技术的网络取证工具则可以很好地填补这一空白。

需要注意的是，由于对网络取证的合法性和不可抵赖性尚存争议，因此，网络取证结果当前只能作为辅助证据。

6.2 网络嗅探实验

实验器材

PC（Windows XP/10）1 台。

预习要求

做好实验预习，掌握 Kali Linux 网络嗅探的有相关内容。
熟悉实验过程和基本操作流程。
撰写预习报告。

实验任务

通过本实验，掌握以下技能：

(1) 了解 Kali Linux 的基本操作。

(2) 掌握 WebScarab 软件的使用。

实验环境

PC 使用 Windows 10 操作系统，接入互联网，并安装 Kali Linux 虚拟机和 Windows XP 虚拟机。

预备知识

(1) 了解 Kali Linux 虚拟机的安装方法。

(2) 了解 WebScarab 软件的安装。

实验步骤

虚拟机采用 NAT 模式，打开浏览器，能访问公网网页即可。

(1) 开启 Apache 服务器。

打开终端，输入以下命令进入 root 模式：

```
sudo su root
```

再输入以下命令开启 Apache 服务器：

```
service apache2 start
```

这两个命令的执行结果如图 6-3 所示。

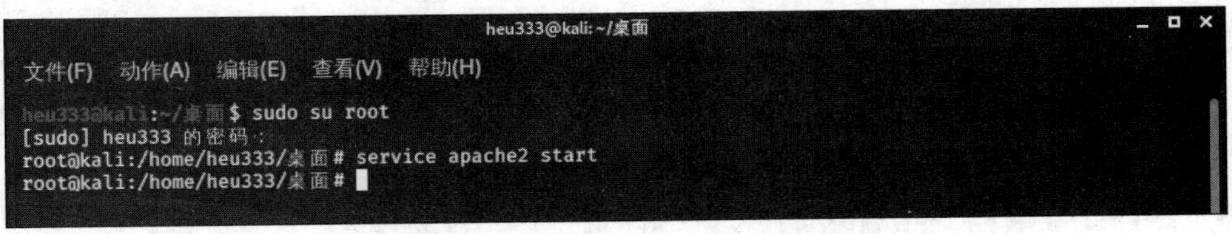

```
heu333@kali: ~/桌面
文件(F)  动作(A)  编辑(E)  查看(V)  帮助(H)
heu333@kali:~/桌面$ sudo su root
[sudo] heu333 的密码：
root@kali:/home/heu333/桌面# service apache2 start
root@kali:/home/heu333/桌面#
```

图 6-3　进入 root 模式并开启 Apache 服务器

输入以下命令查询本机 IP 地址：

```
ifconfig
```

该命令的执行结果如图 6-4 所示。

在浏览器中输入上一步查询到的本机 IP 地址，如果看到"It works!"的信息，则表明 Apache 服务器成功开启，如图 6-5 所示。

(2) 开启 SSH 服务并设置开机启动。

输入以下命令开启 SSH 服务：

```
service ssh start
```

```
heu333@kali: ~/桌面
文件(F) 动作(A) 编辑(E) 查看(V) 帮助(H)
heu333@kali:~/桌面$ sudo su root
[sudo] heu333 的密码：
root@kali:/home/heu333/桌面# service apache2 start
root@kali:/home/heu333/桌面# ifconfig
eth0: flags=4163<UP,BROADCAST,RUNNING,MULTICAST>  mtu 1500
        inet 192.168.196.130  netmask 255.255.255.0  broadcast 192.168.196.255
        inet6 fe80::20c:29ff:fe4f:525  prefixlen 64  scopeid 0x20<link>
        ether 00:0c:29:4f:05:25  txqueuelen 1000  (Ethernet)
        RX packets 36  bytes 4672 (4.5 KiB)
        RX errors 0  dropped 0  overruns 0  frame 0
        TX packets 44  bytes 3603 (3.5 KiB)
        TX errors 0  dropped 0 overruns 0  carrier 0  collisions 0
        device interrupt 19  base 0x2000

lo: flags=73<UP,LOOPBACK,RUNNING>  mtu 65536
        inet 127.0.0.1  netmask 255.0.0.0
        inet6 ::1  prefixlen 128  scopeid 0x10<host>
        loop  txqueuelen 1000  (Local Loopback)
        RX packets 8  bytes 396 (396.0 B)
        RX errors 0  dropped 0  overruns 0  frame 0
        TX packets 8  bytes 396 (396.0 B)
        TX errors 0  dropped 0 overruns 0  carrier 0  collisions 0

root@kali:/home/heu333/桌面#
```

图 6-4　查询本机 IP 地址

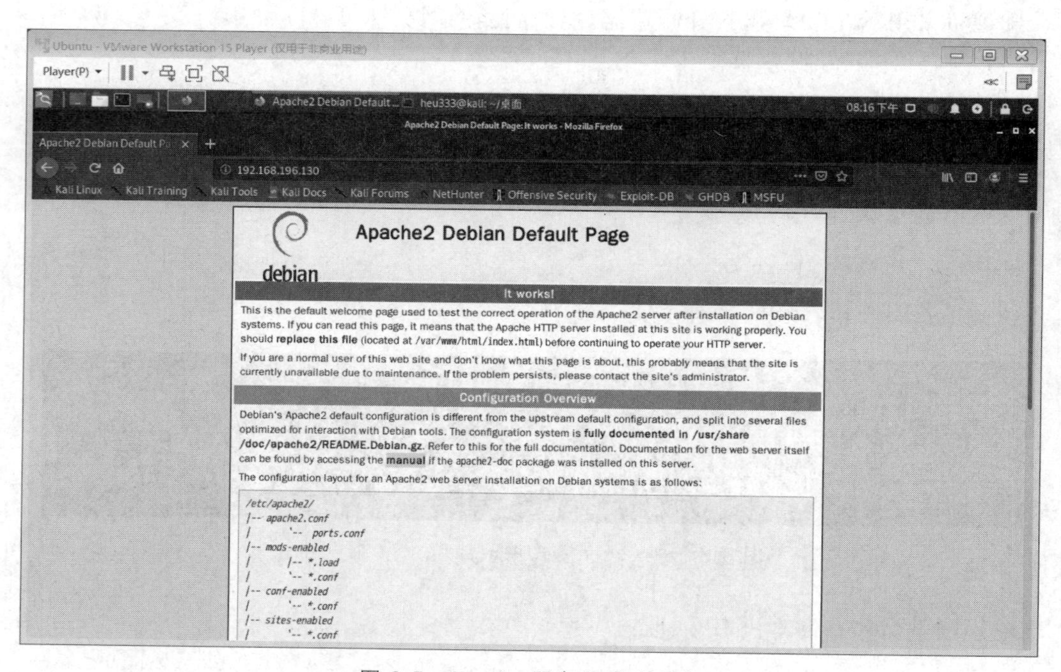

图 6-5　Apache 服务器成功开启

该命令的执行结果如图 6-6 所示。

查询 SSH 服务是否成功开启，命令如下：

```
netstat -tpan | grep 22
```

该命令的执行结果如图 6-7 所示。

设置 SSH 服务开机启动，命令如下：

```
heu333@kali: ~/桌面
文件(F) 动作(A) 编辑(E) 查看(V) 帮助(H)
heu333@kali:~/桌面$ sudo su root
[sudo] heu333 的密码：
root@kali:/home/heu333/桌面# service apache2 start
root@kali:/home/heu333/桌面# ifconfig
eth0: flags=4163<UP,BROADCAST,RUNNING,MULTICAST>  mtu 1500
        inet 192.168.196.130  netmask 255.255.255.0  broadcast 192.168.196.255
        inet6 fe80::20c:29ff:fe4f:525  prefixlen 64  scopeid 0×20<link>
        ether 00:0c:29:4f:05:25  txqueuelen 1000  (Ethernet)
        RX packets 36  bytes 4672 (4.5 KiB)
        RX errors 0  dropped 0  overruns 0  frame 0
        TX packets 44  bytes 3603 (3.5 KiB)
        TX errors 0  dropped 0 overruns 0  carrier 0  collisions 0
        device interrupt 19  base 0×2000

lo: flags=73<UP,LOOPBACK,RUNNING>  mtu 65536
        inet 127.0.0.1  netmask 255.0.0.0
        inet6 ::1  prefixlen 128  scopeid 0×10<host>
        loop  txqueuelen 1000  (Local Loopback)
        RX packets 8  bytes 396 (396.0 B)
        RX errors 0  dropped 0  overruns 0  frame 0
        TX packets 8  bytes 396 (396.0 B)
        TX errors 0  dropped 0 overruns 0  carrier 0  collisions 0

root@kali:/home/heu333/桌面# service ssh start
root@kali:/home/heu333/桌面# 
```

图 6-6　开启 SSH 服务

```
heu333@kali: ~/桌面
文件(F) 动作(A) 编辑(E) 查看(V) 帮助(H)
heu333@kali:~/桌面$ sudo su root
[sudo] heu333 的密码：
root@kali:/home/heu333/桌面# service apache2 start
root@kali:/home/heu333/桌面# ifconfig
eth0: flags=4163<UP,BROADCAST,RUNNING,MULTICAST>  mtu 1500
        inet 192.168.196.130  netmask 255.255.255.0  broadcast 192.168.196.255
        inet6 fe80::20c:29ff:fe4f:525  prefixlen 64  scopeid 0×20<link>
        ether 00:0c:29:4f:05:25  txqueuelen 1000  (Ethernet)
        RX packets 36  bytes 4672 (4.5 KiB)
        RX errors 0  dropped 0  overruns 0  frame 0
        TX packets 44  bytes 3603 (3.5 KiB)
        TX errors 0  dropped 0 overruns 0  carrier 0  collisions 0
        device interrupt 19  base 0×2000

lo: flags=73<UP,LOOPBACK,RUNNING>  mtu 65536
        inet 127.0.0.1  netmask 255.0.0.0
        inet6 ::1  prefixlen 128  scopeid 0×10<host>
        loop  txqueuelen 1000  (Local Loopback)
        RX packets 8  bytes 396 (396.0 B)
        RX errors 0  dropped 0  overruns 0  frame 0
        TX packets 8  bytes 396 (396.0 B)
        TX errors 0  dropped 0 overruns 0  carrier 0  collisions 0

root@kali:/home/heu333/桌面# service ssh start
root@kali:/home/heu333/桌面# netstat -tpan | grep 22
tcp        0      0 0.0.0.0:22              0.0.0.0:*               LISTEN
tcp        0      0 192.168.196.130:56480   13.224.161.35:443       TIME_WAIT
tcp        0      0 192.168.196.130:48060   203.208.39.224:443      TIME_WAIT
tcp6       0      0 :::22                   :::*                    LISTEN
root@kali:/home/heu333/桌面# 
```

图 6-7　SSH 服务成功开启

```
update-rc.d -f ssh defaults
```

该命令的执行结果如图 6-8 所示。

(3) 收集在线设备数量及 IP 地址。例如，输入以下命令：

```
nmap -sP 192.168.100.*
```

```
heu333@kali: ~/桌面
文件(F) 动作(A) 编辑(E) 查看(V) 帮助(H)
heu333@kali:~/桌面$ sudo su root
[sudo] heu333 的密码：
root@kali:/home/heu333/桌面# service apache2 start
root@kali:/home/heu333/桌面# ifconfig
eth0: flags=4163<UP,BROADCAST,RUNNING,MULTICAST>  mtu 1500
        inet 192.168.196.130  netmask 255.255.255.0  broadcast 192.168.196.255
        inet6 fe80::20c:29ff:fe4f:525  prefixlen 64  scopeid 0x20<link>
        ether 00:0c:29:4f:05:25  txqueuelen 1000  (Ethernet)
        RX packets 36  bytes 4672 (4.5 KiB)
        RX errors 0  dropped 0  overruns 0  frame 0
        TX packets 44  bytes 3603 (3.5 KiB)
        TX errors 0  dropped 0 overruns 0  carrier 0  collisions 0
        device interrupt 19  base 0x2000

lo: flags=73<UP,LOOPBACK,RUNNING>  mtu 65536
        inet 127.0.0.1  netmask 255.0.0.0
        inet6 ::1  prefixlen 128  scopeid 0x10<host>
        loop  txqueuelen 1000  (Local Loopback)
        RX packets 8  bytes 396 (396.0 B)
        RX errors 0  dropped 0  overruns 0  frame 0
        TX packets 8  bytes 396 (396.0 B)
        TX errors 0  dropped 0 overruns 0  carrier 0  collisions 0

root@kali:/home/heu333/桌面# service ssh start
root@kali:/home/heu333/桌面# netstat -tpan | grep 22
tcp        0      0 0.0.0.0:22              0.0.0.0:*               LISTEN
tcp        0      0 192.168.196.130:56480   13.224.161.35:443       TIME_WAIT
tcp        0      0 192.168.196.130:48060   203.208.39.224:443      TIME_WAIT
tcp6       0      0 :::22                   :::*                    LISTEN
root@kali:/home/heu333/桌面# update-rc.d -f ssh defaults
root@kali:/home/heu333/桌面# 
```

图 6-8　设置 SSH 服务开机启动

该命令共发现 256 台在线设备，扫描用时 6.89s。该命令的执行结果如图 6-9 所示。

```
heu333@kali: ~/桌面
文件(F) 动作(A) 编辑(E) 查看(V) 帮助(H)
        loop  txqueuelen 1000  (Local Loopback)
        RX packets 8  bytes 396 (396.0 B)
        RX errors 0  dropped 0  overruns 0  frame 0
        TX packets 8  bytes 396 (396.0 B)
        TX errors 0  dropped 0 overruns 0  carrier 0  collisions 0

root@kali:/home/heu333/桌面# service ssh start
root@kali:/home/heu333/桌面# netstat -tpan | grep 22
tcp        0      0 0.0.0.0:22              0.0.0.0:*               LISTEN      1545/ssh
tcp        0      0 192.168.196.130:56480   13.224.161.35:443       TIME_WAIT   -
tcp        0      0 192.168.196.130:48060   203.208.39.224:443      TIME_WAIT   -
tcp6       0      0 :::22                   :::*                    LISTEN      1545/ssh
root@kali:/home/heu333/桌面# update-rc.d -f ssh defaults
root@kali:/home/heu333/桌面# nmap -sP 192.168.100.*
Starting Nmap 7.80 ( https://nmap.org ) at 2020-02-21 20:19 CST
Nmap scan report for 192.168.100.0
Host is up (0.000095s latency).
Nmap scan report for 192.168.100.1
Host is up (0.0044s latency).
Nmap scan report for 192.168.100.2
Host is up (0.0065s latency).
Nmap scan report for 192.168.100.3
Host is up (0.00013s latency).
Nmap scan report for 192.168.100.4
Host is up (0.00015s latency).
Nmap scan report for 192.168.100.5
Host is up (0.00012s latency).
Nmap scan report for 192.168.100.6
Host is up (0.0028s latency).
Nmap scan report for 192.168.100.7
Host is up (0.000048s latency).
Nmap scan report for 192.168.100.8
Host is up (0.000098s latency).
Nmap scan report for 192.168.100.9
```

图 6-9　收集在线设备数量及 IP 地址

```
heu333@kali: ~/桌面
文件(F)  动作(A)  编辑(E)  查看(V)  帮助(H)
Nmap scan report for 192.168.100.240
Host is up (0.0028s latency).
Nmap scan report for 192.168.100.241
Host is up (0.0028s latency).
Nmap scan report for 192.168.100.242
Host is up (0.00011s latency).
Nmap scan report for 192.168.100.243
Host is up (0.00012s latency).
Nmap scan report for 192.168.100.244
Host is up (0.00013s latency).
Nmap scan report for 192.168.100.245
Host is up (0.00012s latency).
Nmap scan report for 192.168.100.246
Host is up (0.000049s latency).
Nmap scan report for 192.168.100.247
Host is up (0.000096s latency).
Nmap scan report for 192.168.100.248
Host is up (0.00047s latency).
Nmap scan report for 192.168.100.249
Host is up (0.00047s latency).
Nmap scan report for 192.168.100.250
Host is up (0.00011s latency).
Nmap scan report for 192.168.100.251
Host is up (0.000049s latency).
Nmap scan report for 192.168.100.252
Host is up (0.000097s latency).
Nmap scan report for 192.168.100.253
Host is up (0.000096s latency).
Nmap scan report for 192.168.100.254
Host is up (0.000096s latency).
Nmap scan report for 192.168.100.255
Host is up (0.000096s latency).
Nmap done: 256 IP addresses (256 hosts up) scanned in 6.89 seconds
root@kali:/home/heu333/桌面#
```

图 6-9 (续)

(4) 获取目标主机信息。

开启 Windows XP 平台上的虚拟机。在 DOS 命令窗口中输入 ipconfig 命令查看 IP 地址。本实验的目标主机 IP 地址为 192.168.196.131。

获取目标主机的操作系统类型和版本信息,命令如下:

```
nmap -O 192.168.196.131
```

该命令的执行结果如图 6-10 所示。

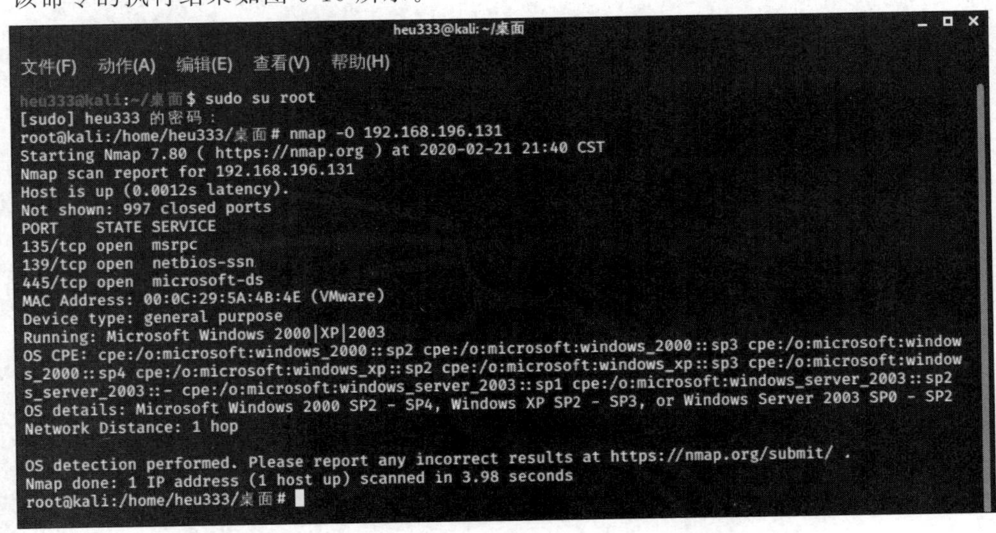

图 6-10 获取目标主机的操作系统类型和版本信息

扫描目标主机开放的端口、服务和版本信息，命令如下：

```
nmap -p1-1024 192.168.100.19
```

该命令的执行结果如图 6-11 所示。

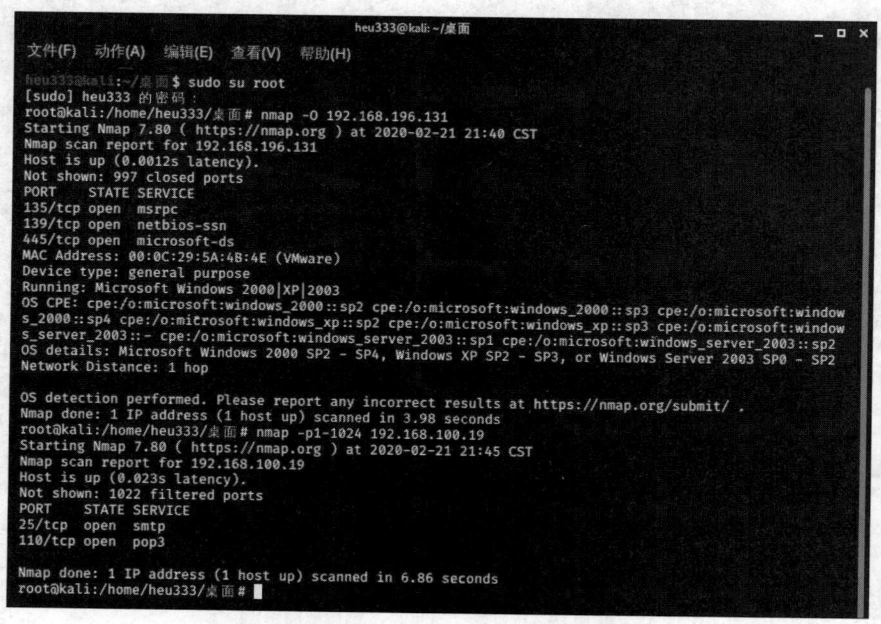

图 6-11 扫描目标主机开放的端口、服务和版本信息

（5）Web 敏感目录扫描。

打开 WebScarab 软件，在主界面中选择 Proxy→Listeners 选项卡，单击右侧的 start 按钮，开启监听功能，如图 6-12 所示。

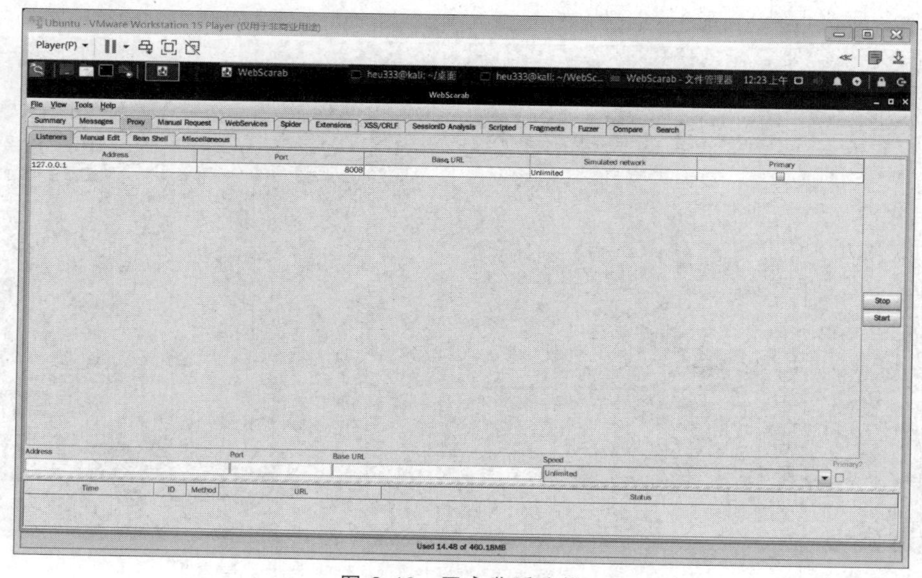

图 6-12 开启监听功能

在 WebScarab 主界面中选择 Spider 选项卡，单击底部的 Fetch Tree 按钮，爬取目录和文件，如图 6-13 所示。

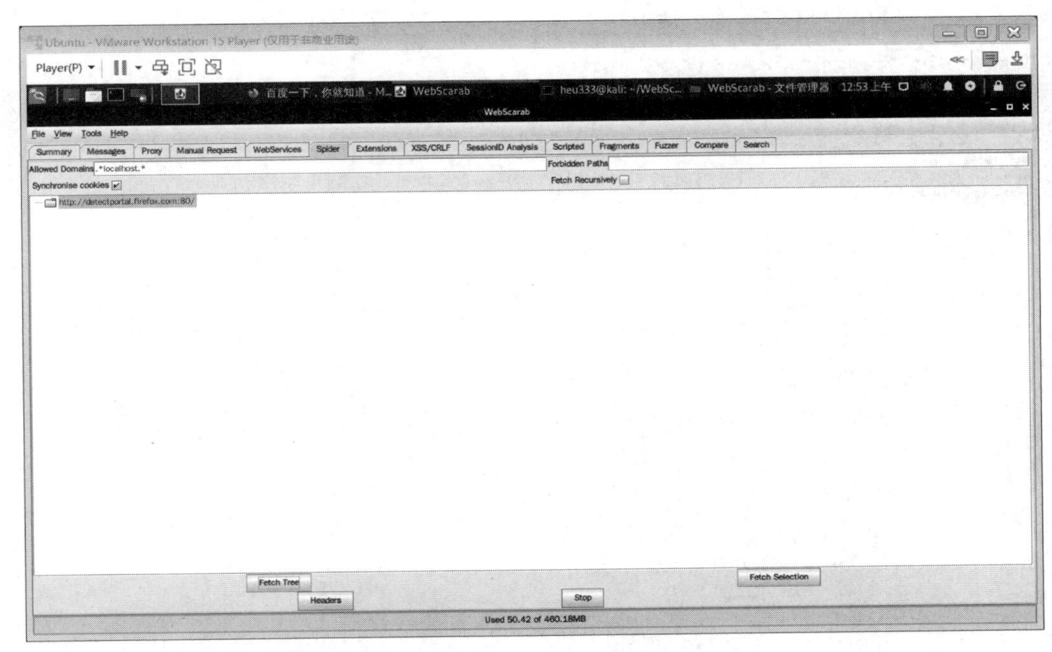

图 6-13　Spider 选项卡

在 WebScarab 主界面中选择 Message 选项卡，查看爬取过程信息，如图 6-14 所示。

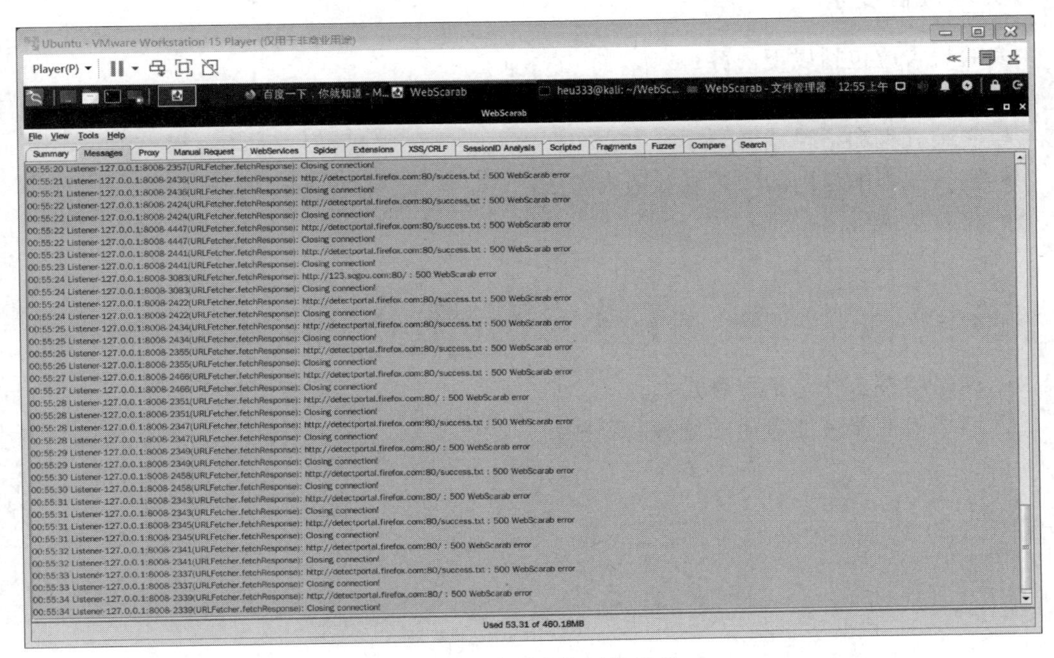

图 6-14　查看爬取过程信息

在 WebScarab 主界面中重新选择 Spider 选项卡，查看爬取的目录及文件，如图 6-15 所示。

图 6-15 查看爬取的目录及文件

实验报告要求

实验报告应包括以下内容：

- 实验目的。
- 实验过程和结果截图。
- 实验过程中遇到的问题以及解决方法。
- 收获与体会。

思 考 题

1. 网络嗅探有什么积极意义？
2. 网络嗅探器可能造成的危害有哪些？

第7章　Kali Linux ARP嗅探实验

7.1　ARP嗅探简介

7.1.1　ARP嗅探的基本概念

嗅探技术用于监听网络上流经的数据包，捕获真实的网络报文。不同传输介质的网络被监听的可能性是不同的。一般来说，以太网这种广播型网络被监听的可能性比较高；FDDI令牌网被监听的可能性也比较高；无线网被监听的可能性同样比较高，因为无线电本身是一个广播型传输介质，弥散在空中的无线电信号可以很轻易地被截获。通常使用网络嗅探器的入侵者都必须拥有基点，用来放置网络嗅探器。对于外部入侵者，首先要通过入侵外网服务器、向内部工作站发送木马等手段获得控制，然后放置网络嗅探器。而内部破坏者能够直接获得网络嗅探器的放置点，例如使用附加的物理设备作为网络嗅探器。实际应用中的嗅探技术分软硬两种。软件嗅探技术价格便宜，易于使用，它的缺点是无法抓取网络上所有的传输数据，也就是无法全面了解网络的故障和运行情况；硬件嗅探技术通常用于协议分析仪，它的优点恰恰是软件嗅探技术所欠缺的，但是它价格昂贵。

7.1.2　ARP嗅探的基本原理

网络嗅探是黑客常用的窃听技术，可以理解为一个安装在计算机上的窃听设备，它可以截获在网络上发送和接收的数据，监听数据流中的私密信息。通常，网络嗅探器被放置于网络接口捕获网络报文。在数据传输和接收的过程中，每一个在位于局域网中的工作站都有其硬件地址，这些地址表示网络中唯一的计算机。当用户发送一个报文时，这些报文就会发送到局域网中所有可用的计算机。在一般情况下，局域网中所有的计算机都可以"听"到通过的流量，但对不属于自己的报文则不予响应。由于以太网等很多网络中的站点利用广播机制发送数据，因此，当局域网中某台计算机的网络接口处于混杂模式（即网卡可以接收其收到的所有数据包）时，那么它就可以捕获局域网中所有的报文。如果一台计算机被配置成这样的模式，它（包括其软件）就是一个嗅探器。

以太网中的数据传输是在OSI参考模型的物理层中进行的，所有的数据信息经过OSI参考模型的逐层封装，最后都以帧的形式在物理介质中传输。OSI参考模型各层的功能和封装内容不同，其中，数据链路层通过ARP或RARP可以完成软件地址与硬件地址的相互解析（计算机的硬件地址由网卡的MAC地址决定）。经过数据链路层封装后的帧由两部分组成：帧头和数据。数据部分由来自上一层的数据组成，帧头则包含源MAC地址、源IP地址、目标MAC地址和目标IP地址等字段。在正常的情况下，一个网络接口应该只响应下面两种数据帧：

（1）目标MAC地址为本机硬件地址的数据帧。

（2）向所有设备发送的广播数据帧。

在一个实际的局域网中，数据的收发是由网卡完成的，网卡内的单片程序解析数据帧中的目标 MAC 地址，并根据网卡驱动程序设置的接收模式判断是否应该接收该数据帧。如果应该接收该数据帧，就接收该数据帧，同时产生中断信号通知 CPU；否则就丢弃该数据。对于网卡来说，一般有如下 4 种接收模式：

(1) 广播方式。该模式下的网卡能够接收网络中的广播信息。

(2) 多播方式。该模式下的网卡能够接收多播数据。

(3) 直接方式。在该模式下，只有目标网卡才能接收数据。

(4) 混杂模式。该模式下的网卡能够接收一切通过它的数据，不管该数据是否是传给它的。

如果将网卡的工作模式设置为混杂模式，那么网卡将接收所有传递给它的数据包。在数据链路层拦截网卡接收到的数据帧，它们首先被传递给某些能够直接访问数据链路层的软件，通过逆向解析还原数据帧的内容。接下来，嗅探者就可以挑选自己觉得有用的信息，完成对网络的嗅探。

ARP(Address Resolution Protocol，地址解析协议)用于将计算机的网络地址(32 位 IP 地址)转换为物理地址(48 位 MAC 地址)。ARP 是工作于数据链路层的协议。以太网中的数据帧从一台主机到达网内的另一台主机时根据 48 位的以太网地址(物理地址)而不是 32 位的 IP 地址确定接口。内核(如驱动程序)必须知道目标端的物理地址才能发送数据。当然，点对点的连接是不需要 ARP 的。

ARP 的数据结构如下：

```
typedef struct arphdr{
    unsigned short arp_hrd;              /* 硬件类型 */
    unsigned short arp_pro;              /* 协议类型 */
    unsigned char arp_hln;               /* 硬件地址长度 */
    unsigned char arp_pln;               /* 协议地址长度 */
    unsigned short arp_op;               /* ARP 操作类型 */
    unsigned char arp_sha[6];            /* 发送者的硬件地址 */
    unsigned long arp_spa;               /* 发送者的协议地址 */
    unsigned char arp_tha[6];            /* 目标主机的硬件地址 */
    unsigned long arp_tpa;               /* 目标主机的协议地址 */
}ARPHDR, * PARPHDR;
```

为了解释 ARP 的作用，就必须说明数据在网络上的传输过程。这里举一个简单的例子。

假设计算机的 IP 地址是 192.168.1.1，要执行下面的命令：

```
ping192.168.1.2
```

该命令会通过 ICMP 协议发送 ICMP 数据包。该过程需要经过下面的步骤：

(1) 应用程序构造数据包。本例是产生 ICMP 数据包，它被提交给内核(网络驱动程序)。

(2) 内核检查是否能够将该 IP 地址转换为 MAC 地址，也就是在本地主机的 ARP 缓存中查看 IP 地址和 MAC 地址映射表。

(3) 如果存在该 IP 地址和 MAC 地址的映射关系，那么跳到步骤(7)；否则，继续执行步骤(4)。

(4) 内核进行 ARP 广播，目标主机的 MAC 地址是 FF-FF-FF-FF-FF-FF，ARP 命令类型为 REQUEST(1)，其中包含源主机的 MAC 地址。

(5) 当主机 192.168.1.2 接收到该 ARP 请求后，将源主机的 IP 地址及 MAC 地址更新至自己的 ARP 缓存中，然后发送一个类型为 REPLY(2)的 ARP 应答命令，其中包含目标主机的 MAC 地址。

(6) 源主机获得主机 192.168.1.2 的 IP 地址和 MAC 地址的映射关系，并保存到 ARP 缓存中。

(7) 内核把 IP 地址转换为 MAC 地址，然后封装在以太网帧头中，再把数据帧发送出去。

使用 arp -a 命令可以查看本地主机的 ARP 缓存内容，所以，执行一个本地的 ping 命令后，ARP 缓存就会存在一条目标主机 IP 地址的记录了。当然，如果数据包要发送到另一个网段的目标主机，那么就一定存在一条网关的 IP 地址和 MAC 地址的映射关系记录。知道了 ARP 的作用，就能够很清楚地知道，数据包向外传输时要依靠 ARP，当然也就是依靠 ARP 缓存。ARP 的所有操作都是由内核自动完成的，同其他应用程序没有任何关系。

7.1.3 ARP 嗅探技术

共享式以太网的工作方式决定了可以利用嗅探器对其进行嗅探。

根据部署方式，以太网分为共享式局域网和交换式局域网。共享式局域网也称基于集线器的局域网(hub-based LAN)，是采用集线器作为网络连接设备的以太网。在这种网络结构里，所有的计算机共享同一条传输线路，采用广播的数据发送方式；集线器接收到相应数据时，将单纯地把数据向它所连接的每一台计算机的线路上发送。在交换式局域网(switched LAN)中，网络连接设备是交换机。交换机引入了端口的概念，它会产生一个地址表，用于存放与之连接的所有计算机的 MAC 地址，每个网线接口作为一个独立的端口存在(除了声明为广播或多播的报文以外)。在一般情况下，交换机不会让其他报文以类似共享式局域网那样的广播形式发送。这样，即使网卡设置为混杂模式，也收不到发往其他计算机的数据，因为数据的目标地址会在交换机中被识别，然后有针对性地发往地址表中对应该地址的端口。

在图 7-1 所示的共享式以太网中，主机 A、B、C 与集线器相连接，集线器通过路由器访问外部网络。假设主机 A 上的管理员通过 FTP 维护主机 C，数据传输过程是这样的：主机 A 上的管理员输入的登录主机 C 的 FTP 口令经过主机 A 的应用层 FTP→传输层 TCP→网络层 IP→数据链路层上的以太网驱动程序→物理层的网线→集线器。因为普通的集线器以广播方式传输数据包，它将接收到的 FTP 口令数据帧向每一台主机广播。主机 B 接收到集线器广播的数据帧，检查数据帧中的目标 MAC 地址，发现和自己的硬件地址不匹配，于是丢弃该数据帧。主机 C 也接收到了该数据帧，并在比较了目标 MAC 地址之后发现是发给自己的，接下来它就对该数据帧

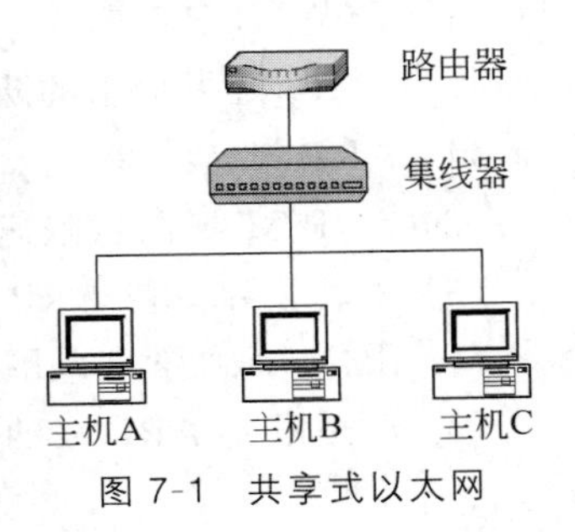

图 7-1　共享式以太网

进行分析处理。如果主机B上的用户很好奇，想知道成功登录主机C的FTP口令是什么，那么他就要把主机B的网卡的工作模式设置为混杂模式，这样主机B就可以接收到由集线器广播的、从主机A传送过来的FTP口令数据帧，通过程序进行分析，就可以找到包含在数据帧中的FTP口令信息。

在图7-2所示的交换式以太网中，主机A、B、C都是通过交换机相连的。当交换机收到一个数据包时，它会检查数据包的目标MAC地址，核对自己的地址表以决定从哪个端口发送出去。在交换式以太网中，将网卡设置为混杂模式也不能嗅探到任何非本地接收的数据包，交换机不会再把发送给目标主机的数据包转发给其他主机，但在一个完全由交换机连接的局域网内，同样可以进行网络嗅探。概括地说，有3种可行的方法：MAC泛洪攻击、MAC欺骗和ARP欺骗，见6.1节的相关介绍。

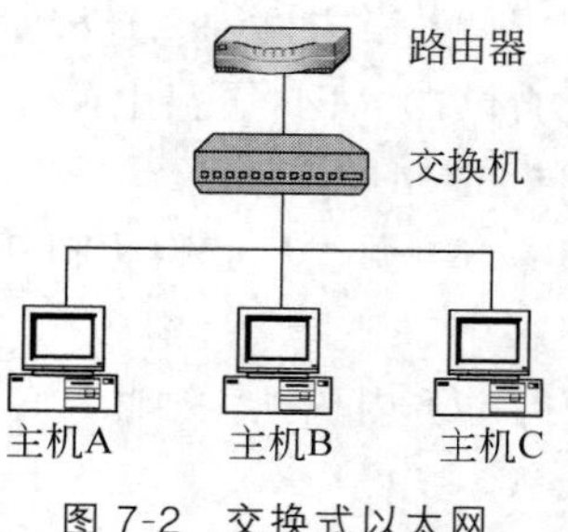

图7-2　交换式以太网

各种嗅探器在功能和设计方面有很多不同，有些只能分析一种协议，而另一些能分析几百种协议。一般情况下，大多数嗅探器至少能分析下面几种协议：标准以太网协议、TCP/IP和IPX协议。

另外，黑客通过诱骗或入侵将嗅探器部署在关键设备和服务器上以实现攻击。黑客可以通过一些入侵手段，如木马或后门程序，成功地取得系统控制权，随后就可以将嗅探器安装在数据传输的关键设备(如交换机)的监听端口上。

针对ARP欺骗的防范手段如下：

(1) ARP表固化。网关在第一次学习到ARP之后，不允许更新此ARP，或者只能更新其部分信息，或者以单播方式发送ARP请求包对一个ARP条目进行合法性确认，以防止伪造的免费ARP报文修改其他主机的ARP表。

(2) 主动丢弃免费ARP报文。直接丢弃免费ARP报文，以防止伪造的免费ARP报文修改其他主机的ARP表。

(3) 限定学习范围。网关只向特定主机学习ARP，不学习其他主机的ARP，以防止攻击者修改已有ARP条目。

(4) 发送免费ARP报文。这与主动丢弃免费ARP报文不冲突，网关只发送自身的ARP报文，定时更新其他主机的ARP条目。

(5) 动态监测ARP。将接收到的ARP报文中的源IP地址、源MAC地址、收到ARP报文的接口和VLAN信息与ARP表中的信息进行比较，若匹配则通过，否则丢弃，这样就可以有效防范ARP欺骗。

针对ARP泛洪攻击的防范手段如下：

(1) ARP报文限速。

(2) ARP Miss消息限速。

(3) 主动丢弃免费ARP数据包。

(4) 限定ARP学习范围。

(5) 严格限制ARP表的更新。

7.2 ARP 嗅探实验

实验器材

PC(Kali Linux)1 台。

预习要求

做好实验预习,掌握数据还原的有关内容。
熟悉实验过程和基本操作流程。
撰写预习报告。

实验任务

通过本实验,掌握利用 ARP 嗅探技术获取被攻击者的用户信息的技能。

实验环境

下载 VMware、Kali Linux 和 VirtualBox 软件。
PC 使用 Windows 操作系统或 Linux 操作系统。

预备知识

了解 VMware、Kali Linux、VirtualBox 的安装和使用方法。
了解 ARP 嗅探技术的原理。

实验步骤

打开 VMware Workstation 15.5 Pro,单击页面中的加号(+)创建新的虚拟机,如图 7-3 所示。

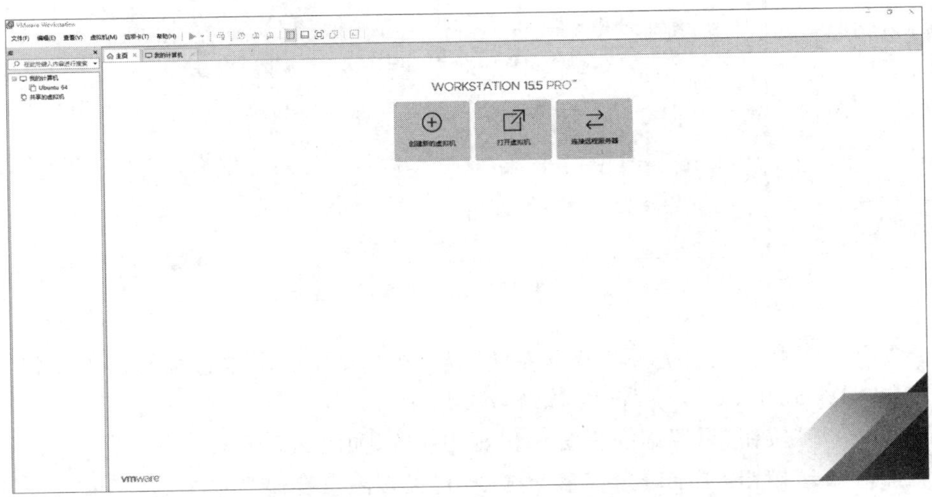

图 7-3　VMware Workstation 15.5 Pro

在新建虚拟机向导的欢迎界面中，选中"典型(推荐)"单选按钮，开始创建虚拟机，如图 7-4 所示。

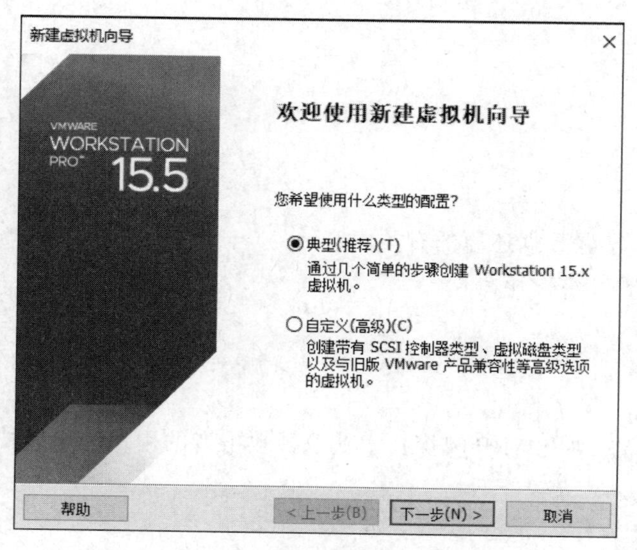

图 7-4　选择典型配置类型

单击"下一步"按钮，在"安装客户机操作系统"界面中，选中"稍后安装操作系统"单选按钮，如图 7-5 所示。

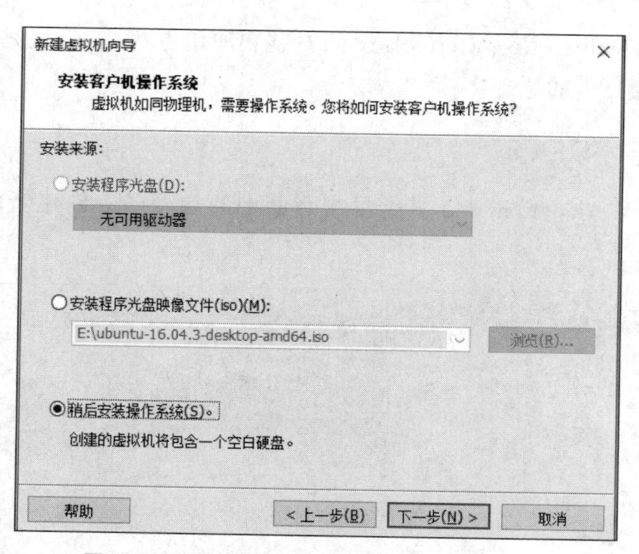

图 7-5　选择"稍后安装操作系统"单选按钮

单击"下一步"按钮，在"客户机操作系统"界面中选中 Linux 单选按钮，在"版本"下拉列表框中选择"Debian 10.x 64 位"选项，如图 7-6 所示。

单击"下一步"按钮，设置虚拟机名称和安装位置，如图 7-7 所示。

单击"下一步"按钮，指定磁盘容量。选中"将虚拟磁盘存储为单个文件"单选按钮，从而提高 I/O 性能，如图 7-8 所示。

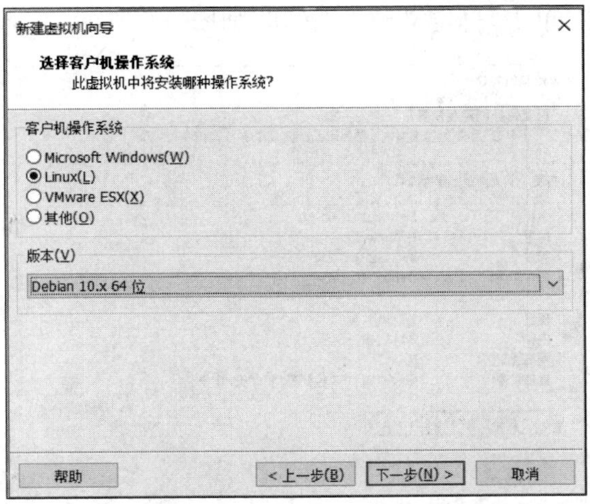

新建虚拟机向导

选择客户机操作系统

此虚拟机中将安装哪种操作系统?

客户机操作系统

○ Microsoft Windows(W)
◉ Linux(L)
○ VMware ESX(X)
○ 其他(O)

版本(V)

Debian 10.x 64 位

帮助　< 上一步(B)　下一步(N) >　取消

图 7-6　选择操作系统和版本

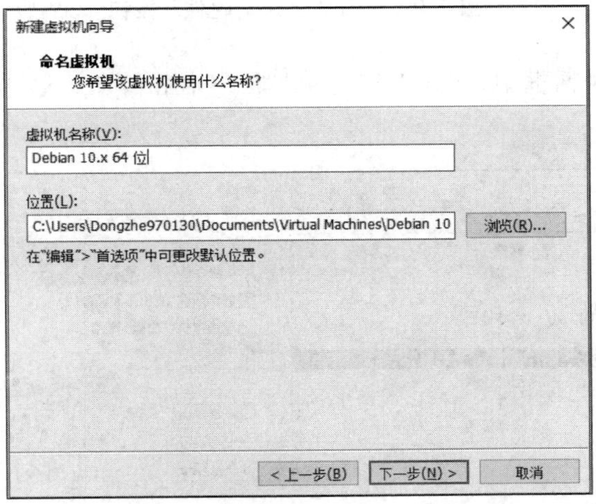

新建虚拟机向导

命名虚拟机

您希望该虚拟机使用什么名称?

虚拟机名称(V):

Debian 10.x 64 位

位置(L):

C:\Users\Dongzhe970130\Documents\Virtual Machines\Debian 10　浏览(R)...

在"编辑">"首选项"中可更改默认位置。

< 上一步(B)　下一步(N) >　取消

图 7-7　设置虚拟机名称和安装位置

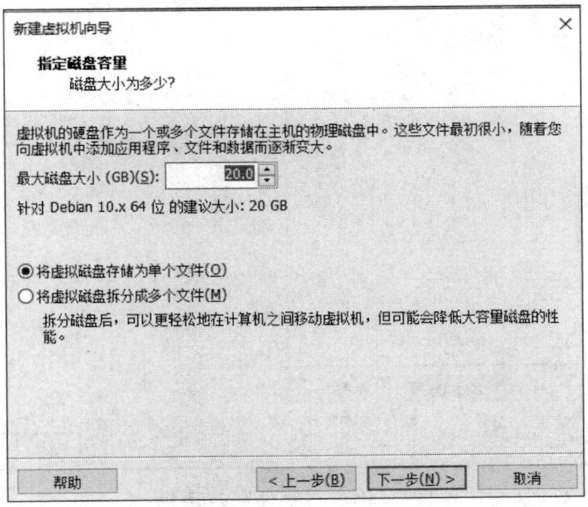

新建虚拟机向导

指定磁盘容量

磁盘大小为多少?

虚拟机的硬盘作为一个或多个文件存储在主机的物理磁盘中。这些文件最初很小，随着您向虚拟机中添加应用程序、文件和数据而逐渐变大。

最大磁盘大小 (GB)(S): 20.0

针对 Debian 10.x 64 位 的建议大小: 20 GB

◉ 将虚拟磁盘存储为单个文件(O)
○ 将虚拟磁盘拆分成多个文件(M)

拆分磁盘后，可以更轻松地在计算机之间移动虚拟机，但可能会降低大容量磁盘的性能。

帮助　< 上一步(B)　下一步(N) >　取消

图 7-8　指定磁盘容量

单击“下一步”按钮，单击“自定义硬件”按钮，如图 7-9 所示。

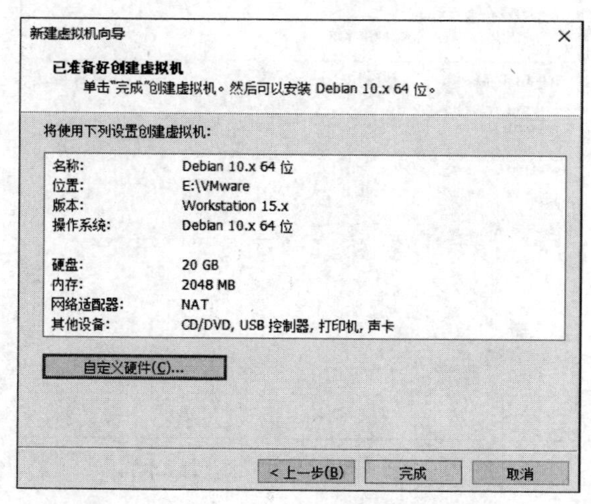

图 7-9 单击“自定义硬件”按钮

在弹出的“硬件”对话框中，移除 USB 控制器、声卡和打印机这 3 个无用设备，如图 7-10 所示。

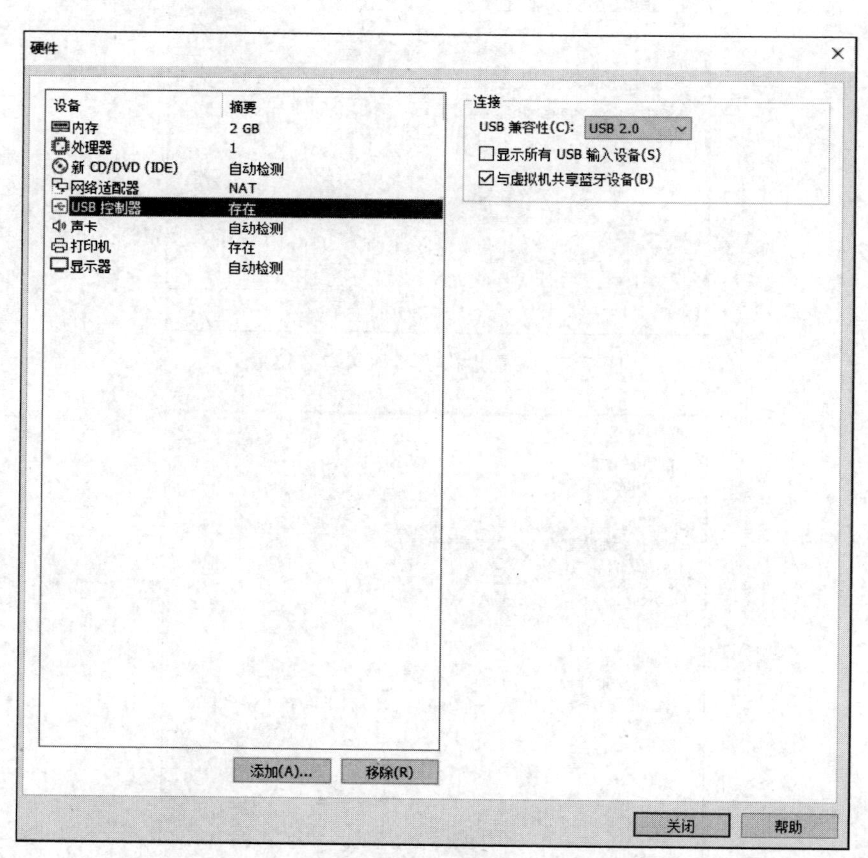

图 7-10 “硬件”对话框

选择“网络适配器”，在右侧的“网络连接”下选中“桥接模式：直接连接物理网络”单选按钮，如图 7-11 所示。

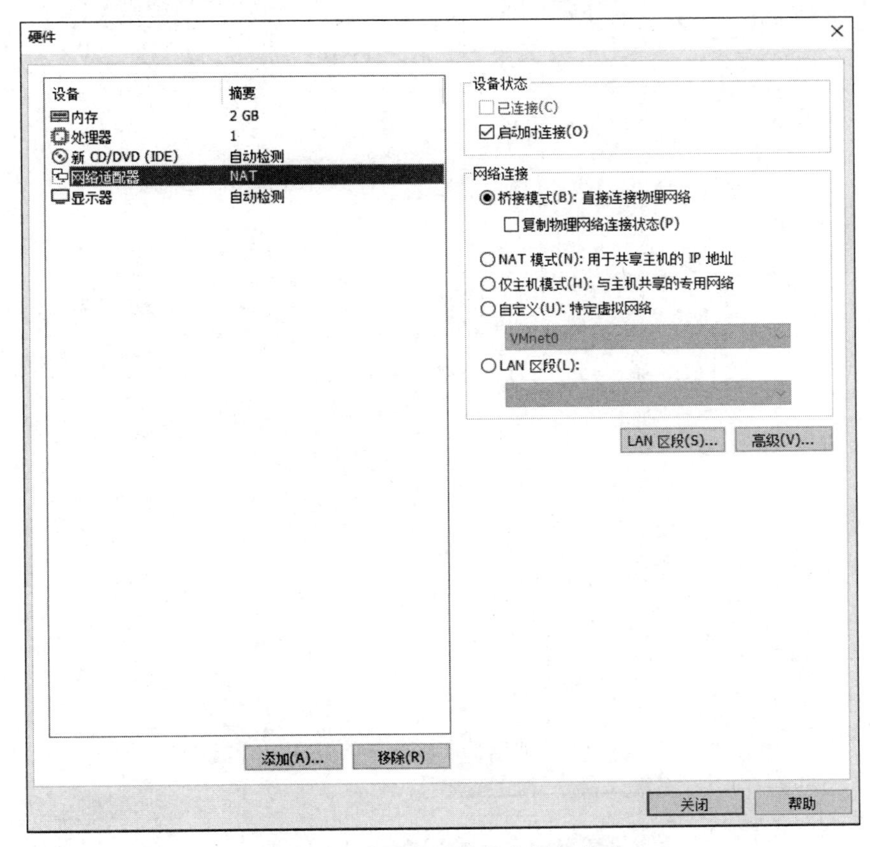

图 7-11　将网络连接设为桥接模式

下载 Kali Linux 的 ISO 映像文件，如图 7-12 所示。

Index of /kali-images/kali-2020.1

Name	Last modified	Size	Description
Parent Directory		-	
SHA1SUMS	2020-02-14 07:50	644	
SHA1SUMS.gpg	2020-02-14 07:50	833	
SHA256SUMS	2020-02-14 07:50	836	
SHA256SUMS.gpg	2020-02-14 07:50	833	
kali-linux-2020.1-installer-amd64.iso	2020-01-24 09:35	2.0G	
kali-linux-2020.1-installer-i386.iso	2020-01-24 09:57	1.7G	
kali-linux-2020.1-installer-netinst-amd64.iso	2020-01-24 09:36	285M	
kali-linux-2020.1-installer-netinst-i386.iso	2020-01-24 09:58	287M	
kali-linux-2020.1-live-amd64.iso	2020-01-24 09:32	2.7G	
kali-linux-2020.1-live-i386.iso	2020-01-24 09:54	2.4G	
kali-linux-2020.1a-installer-amd64.iso	2020-02-13 14:56	2.0G	
kali-linux-2020.1a-installer-i386.iso	2020-02-13 14:59	1.7G	

Apache/2.4.25 (Debian) Server at old.kali.org Port 80

图 7-12　下载 Kali Linux 的 ISO 映像文件

在“硬件”对话框中，在左侧选择“新 CD/DVD(IDE)”，在右侧的“连接”下选中“使用 ISO 映像文件”单选按钮，并单击下面的“浏览”按钮，选择已经下载到本机的 ISO 映像文件，如图 7-13 所示。

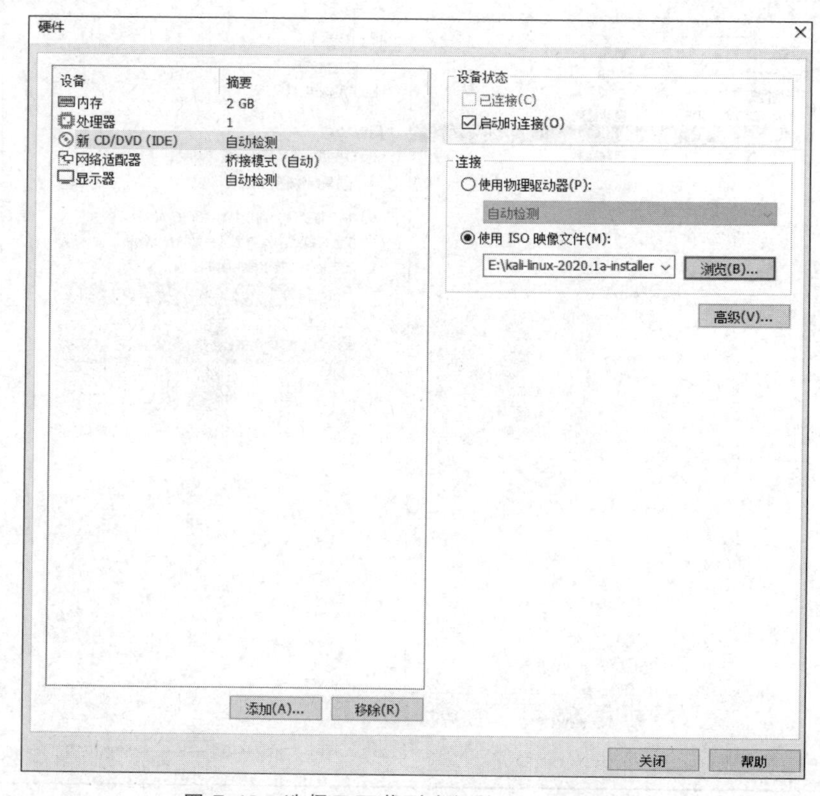

图 7-13 选择已下载到本机的 ISO 映像文件

单击“关闭”按钮，返回新建虚拟机向导，单击“完成”按钮，至此就完成了虚拟机的基本设置，如图 7-14 所示。

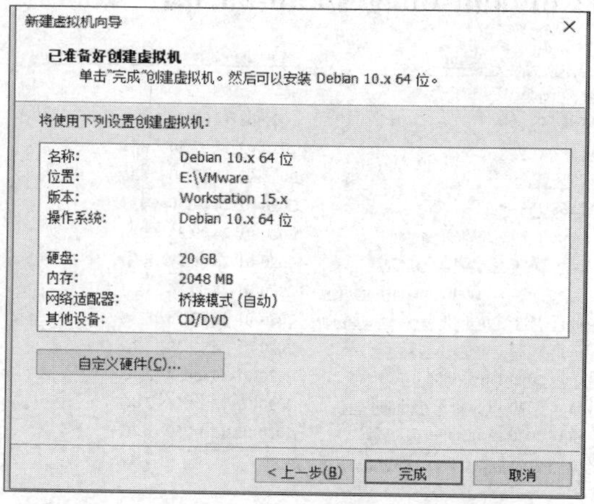

图 7-14 单击“完成”按钮

在 VMware 主界面的“Debian 10.x 64 位”选项卡中单击“开启此虚拟机”，如图 7-15 所示。

图 7-15 “Debian 10.x 64 位”选项卡

进入安装界面，选择 Graphical install(图形界面安装)方式，如图 7-16 所示。

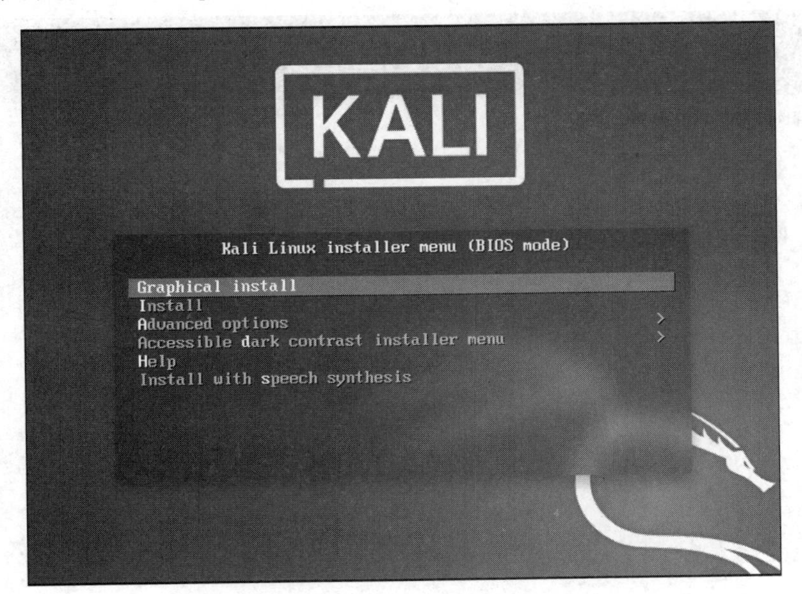

图 7-16 选择图形界面安装方式

选择语言后，单击 Continue 按钮，如图 7-17 所示。

显示安装程序的安装进度，如图 7-18 所示。

输入系统的主机名，如图 7-19 所示。随后并设置用户名和密码。

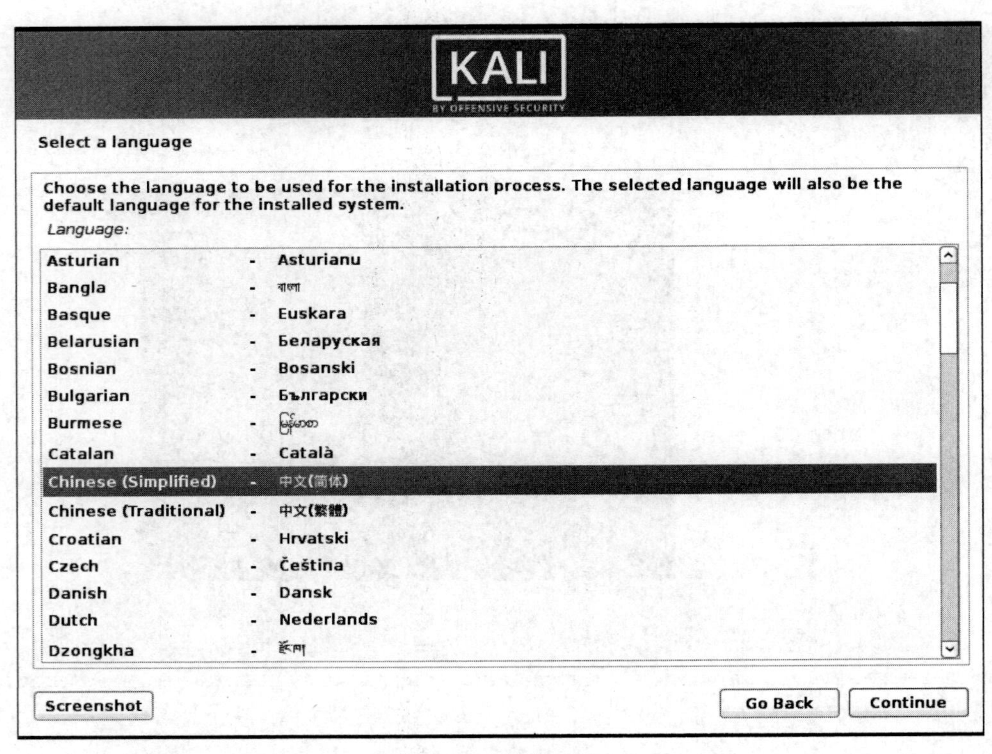

图 7-17　选择语言

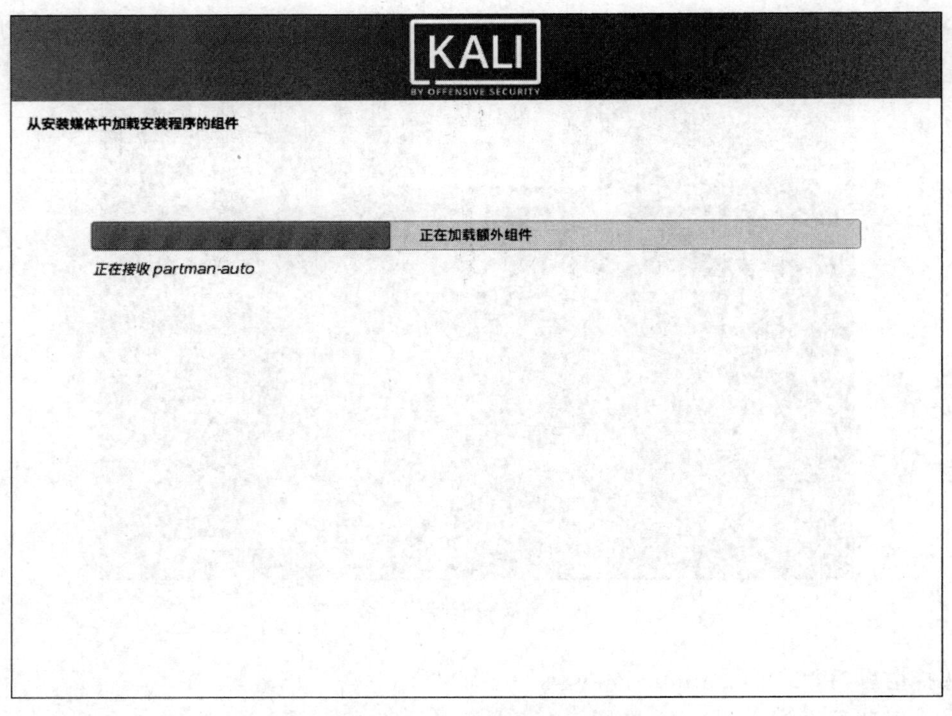

图 7-18　显示安装程序的安装进度

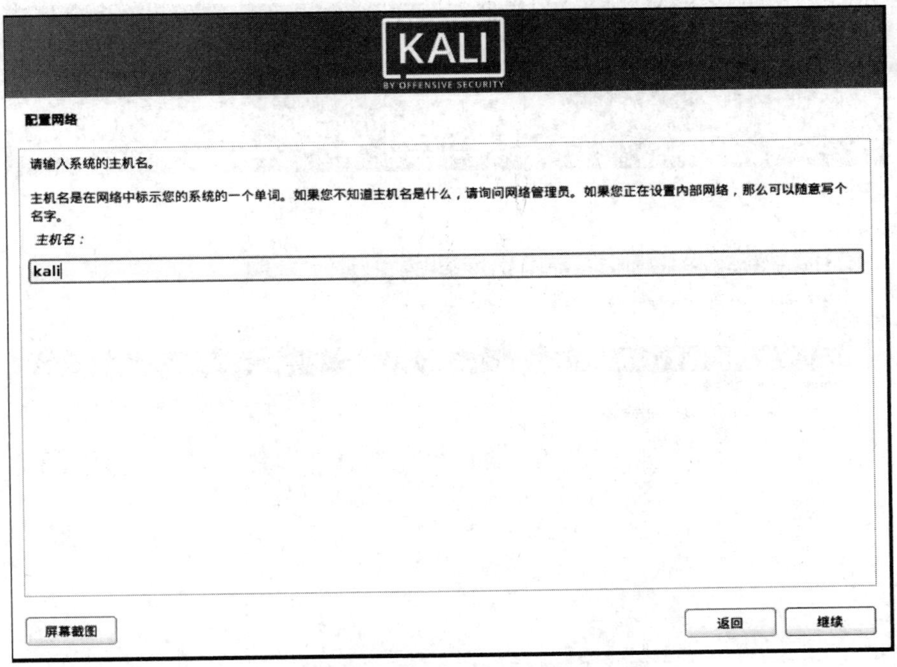

图 7-19　输入系统的主机名

单击“继续”按钮，设置磁盘分区，在“分区方法”列表框中选择“向导－使用整个磁盘”选项，如图 7-20 所示。

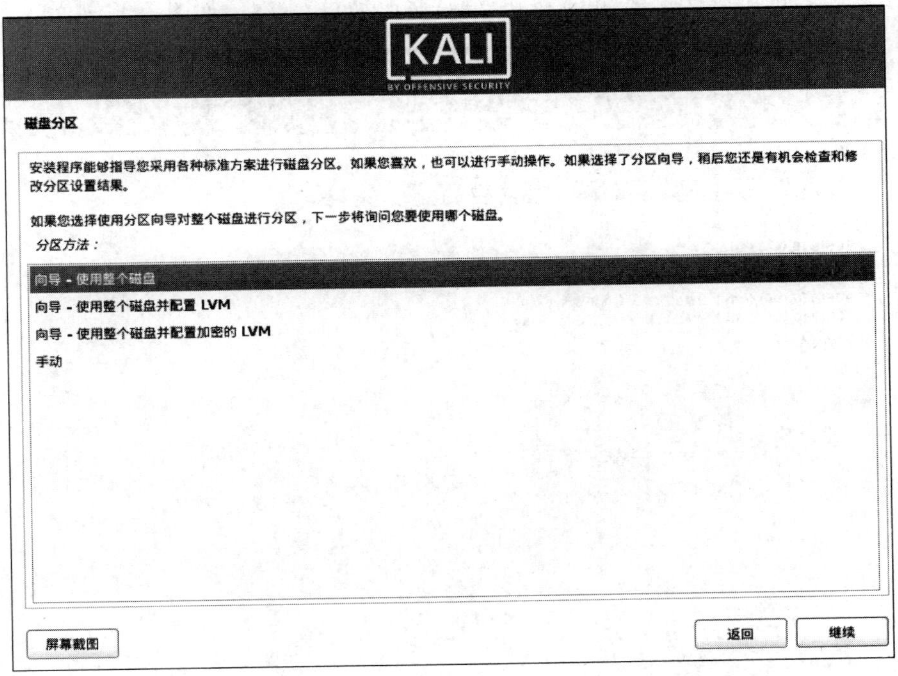

图 7-20　设置磁盘分区方法

单击“继续”按钮，在“分区方案”列表框中选择“将所有文件放在同一个分区中(推荐新手使用)”选项，如图 7-21 所示。

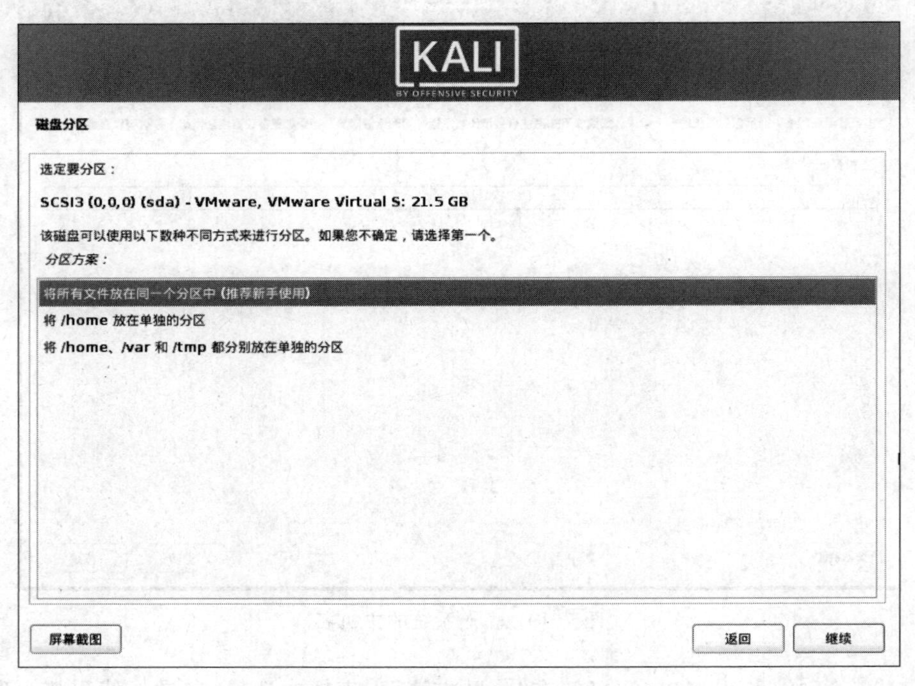

图 7-21　设置磁盘分区方案

单击“继续”按钮，选中“是”单选按钮，确认将改动写入磁盘，如图 7-22 所示。

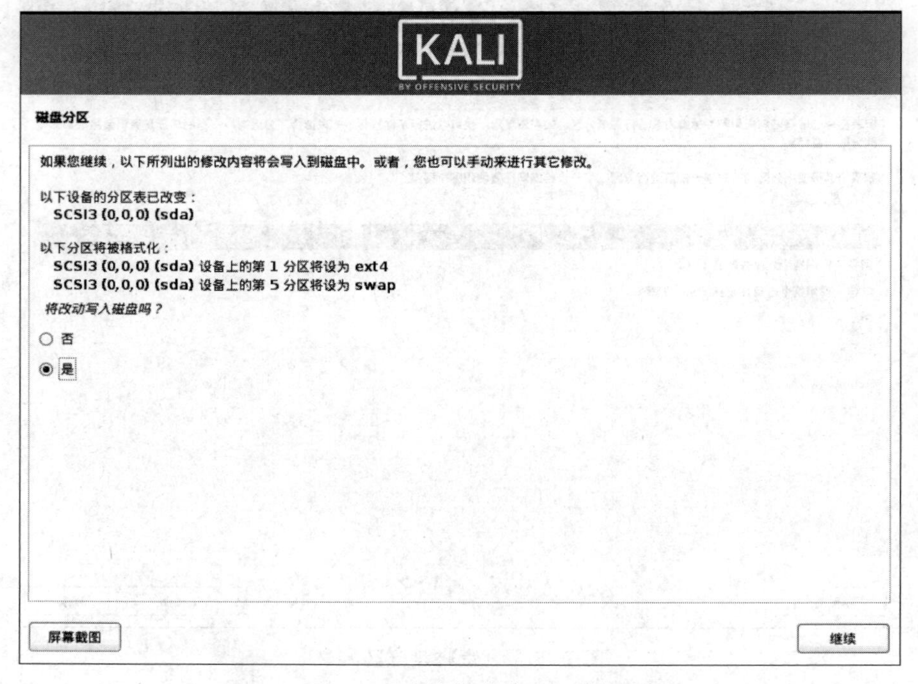

图 7-22　确认将改动写入磁盘

输入用户名和密码,登录虚拟机,如图 7-23 所示。

应用程序
位置
星期二 19:29
Kali Live

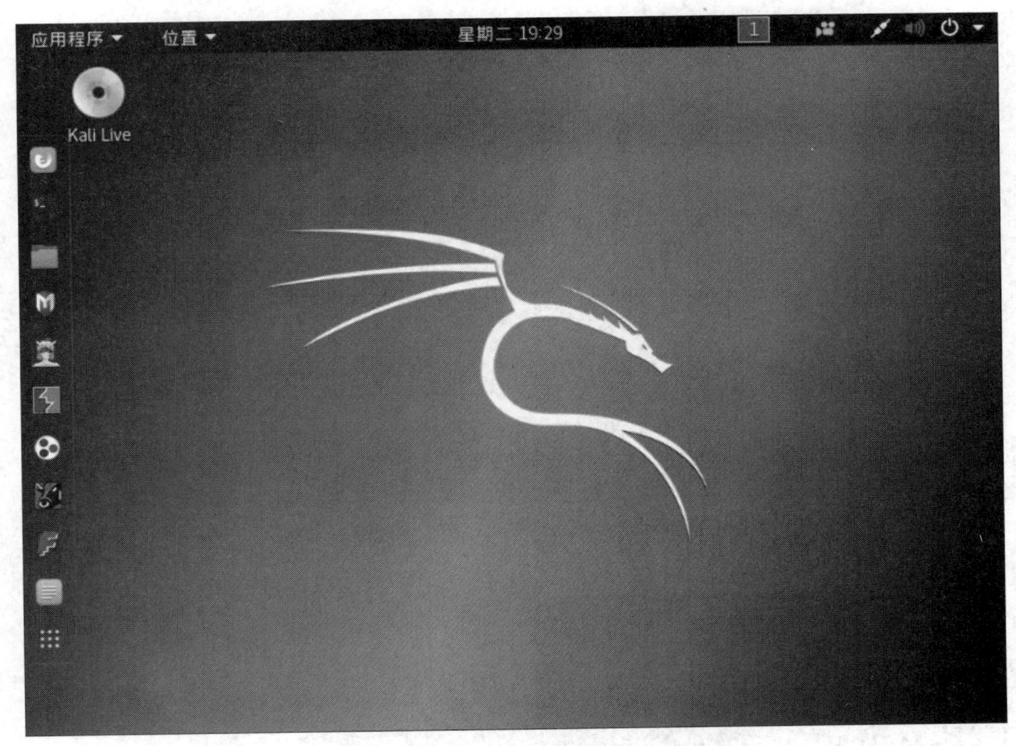

图 7-23　登录虚拟机

获取虚拟机的 IP 地址,将其作为被攻击者的 IP 地址,如图 7-24 所示。

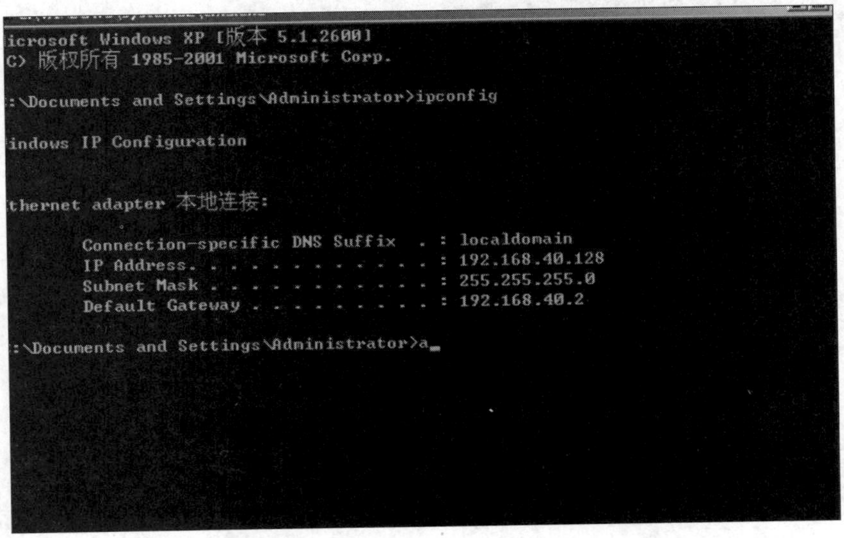

icrosoft Windows XP [版本 5.1.2600]
C) 版权所有 1985-2001 Microsoft Corp.
:\Documents and Settings\Administrator>ipconfig
indows IP Configuration
thernet adapter 本地连接:
Connection-specific DNS Suffix . : localdomain
IP Address. . . . . : 192.168.40.128
Subnet Mask . . . . : 255.255.255.0
Default Gateway . . . . : 192.168.40.2
:\Documents and Settings\Administrator>a_

图 7-24　获取虚拟机 IP 地址

利用 pint 命令查看本地主机和虚拟机能否连通,如图 7-25 所示。

启动 Ettercap,利用其中间人攻击功能达到网络嗅探的目的,如图 7-26 所示。

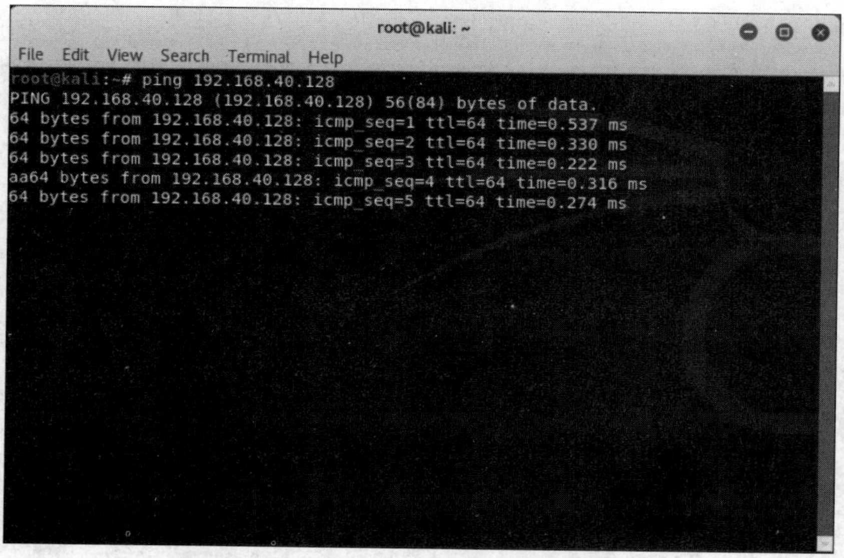

```
root@kali:~# ping 192.168.40.128
PING 192.168.40.128 (192.168.40.128) 56(84) bytes of data.
64 bytes from 192.168.40.128: icmp_seq=1 ttl=64 time=0.537 ms
64 bytes from 192.168.40.128: icmp_seq=2 ttl=64 time=0.330 ms
64 bytes from 192.168.40.128: icmp_seq=3 ttl=64 time=0.222 ms
aa64 bytes from 192.168.40.128: icmp_seq=4 ttl=64 time=0.316 ms
64 bytes from 192.168.40.128: icmp_seq=5 ttl=64 time=0.274 ms
```

图 7-25　查看本地主机和虚拟机能否连通

图 7-26　启动 Ettercap

在主菜单中选择 Sniff→Unified Sniffing 命令，绑定嗅探网卡，如图 7-27 所示。

图 7-27　绑定嗅探网卡

设置网络接口，如图 7-28 所示。

在主菜单中选择 Hosts→Scan for hosts 命令，扫描本地主机，如图 7-29 所示。

在主菜单中选择 Hosts→Hosts list 命令，查看主机列表，如图 7-30 所示。

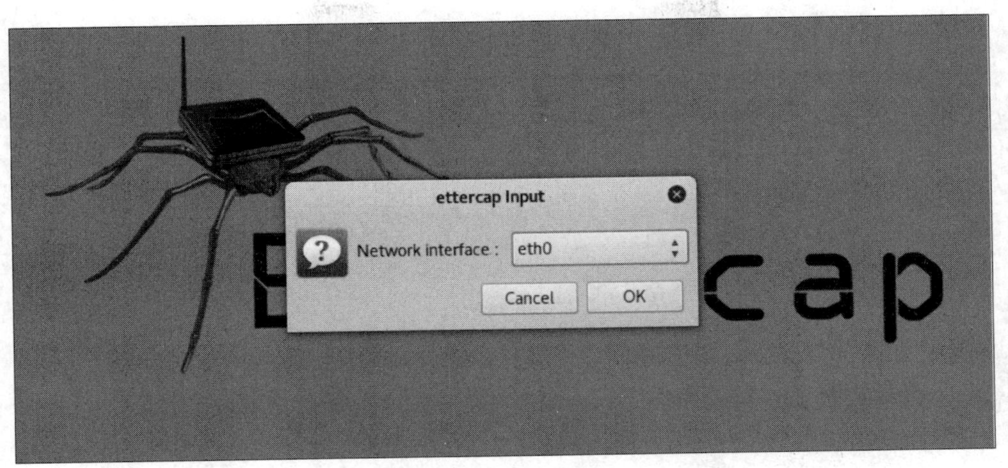

图 7-28　设置网络接口

图 7-29　扫描本地主机

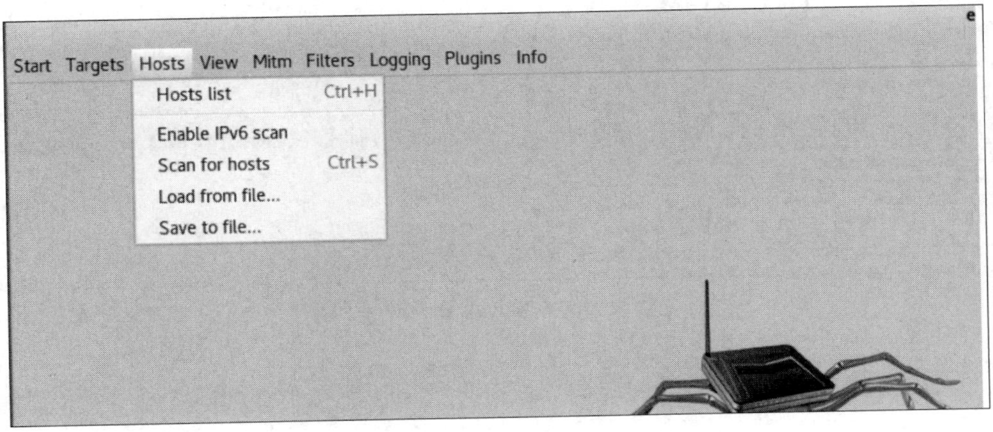

图 7-30　查看主机列表

以被攻击者的身份登录网站，如图 7-31 所示。

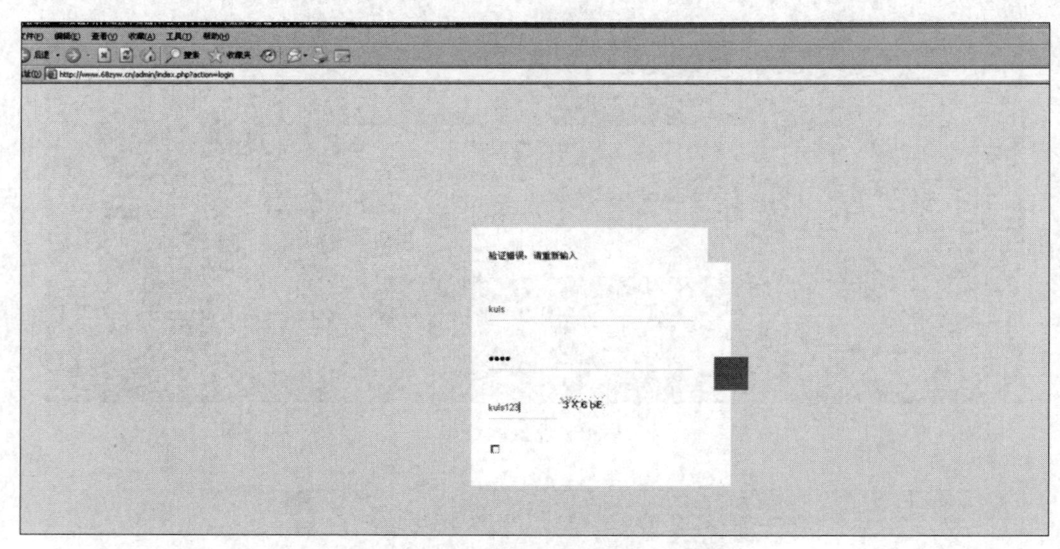

图 7-31　以被攻击者的身份登录网站

攻击者的计算机上会显示被攻击者的用户信息，这表明 ARP 嗅探成功，如图 7-32 所示。

ettercap 0.8.2

Start Targets Hosts View Mitm Filters Logging Plugins Info

Host List ×

IP Address	MAC Address	Description
192.168.40.1	00:50:56:C0:00:08	
192.168.40.2	00:50:56:E9:4A:8A	
192.168.40.128	00:0C:29:93:BD:7E	
192.168.40.254	00:50:56:F9:8E:4D	

Delete Host　　Add to Target 1

```
GROUP 2 : 192.168.40.2 00:50:56:E9:4A:8A
Unified sniffing already started...
Unified sniffing already started...
HTTP : 123.1.179.207:80 -> USER: kuls  PASS: kuls  INFO: http://www.68zyw.cn/admin/
CONTENT: user=kuls&pw=kuls&imgcode=kuls123
```

图 7-32　显示被攻击者的用户信息

实验报告要求

实验报告应包括以下内容：

- 实验目的。
- 实验过程和结果截图。
- 实验过程中遇到的问题以及解决方法。
- 收获与体会。

思 考 题

1. 交换式以太网中的嗅探方式有哪些？
2. ARP 嗅探与 ARP 欺骗有什么区别？

第8章 Kali Linux 拒绝服务攻击实验

8.1 Ubuntu 简介

8.1.1 Ubuntu 分类

Ubuntu 是一个以桌面应用为主的 Linux 操作系统，其名称来自非洲南部祖鲁语或豪萨语，意思是“人性”“我的存在是因为大家的存在”，这是非洲传统的一种价值观。Ubuntu 基于 Debian 发行版和 Gnome 桌面环境，而从 11.04 版起，Ubuntu 发行版放弃了 Gnome 桌面环境，改为 Unity。从前人们认为 Linux 难以安装和使用，在 Ubuntu 出现后，这些都彻底改变了。Ubuntu 也拥有庞大的社区力量，用户可以方便地从社区获得帮助。

作为 Linux 发行版中的后起之秀，Ubuntu 在短短几年时间里便迅速成长为从初学者到资深专家都十分青睐的 Linux 发行版。由于 Ubuntu 是开放源代码的自由软件，用户可以登录 Ubuntu 的官方网站，免费下载该软件的安装包。用户在使用过程中，没有人对该软件进行技术维护，用户只能自己解决遇到的技术故障。

Ubuntu 官方网站提供了丰富的 Ubuntu 版本及衍生版本。下面按照几个流行的标准来进行分类。

1. 根据 CPU 架构划分

根据 CPU 架构，Ubuntu 可分为支持 i386 32 位系列、AMD 64 位 x86 系列、ARM 系列及 PowerPC 系列 CPU 的版本。由于不同的 CPU 实现的技术不同，体系架构各异，所以 Ubuntu 会编译出支持不同 CPU 架构的发行版本。

2. 根据发布版本用途划分

Ubuntu 根据发行版本的用途可分为 Ubuntu 桌面版(Ubuntu Desktop)、Ubuntu 服务器版(Ubuntu Server)、Ubuntu 云操作系统(Ubuntu Cloud)和 Ubuntu 移动设备系统(Ubuntu Touch)。Ubuntu 已经形成一个比较完整的解决方案，涵盖了 IT 产品的方方面面。

3. 根据开发项目划分

除了标准 Ubuntu 版本之外，Ubuntu 还有几大主要分支，分别是 Edubuntu、Kubuntu、Lubuntu、Mythbuntu、UbuntuMATE、UbuntuGNOME、UbuntuKylin、UbuntuStudio 和 Xubuntu。

Edubuntu 是 Ubuntu 的教育发行版，专注于学校(教育)的需求。它是由 Ubuntu 社区和 K12-LTSP 社区合作开发的，适合儿童、学生、教师使用的基础发行版，内置了大量适合教学的应用软件和游戏。

Kubuntu 是使用 KDE 取代 GNOME 作为默认桌面管理器的版本。Kubuntu 的推出为喜爱 KDE 桌面环境的用户带来了很大的便利。

Lubuntu 是一个后起之秀，它以轻量级桌面环境 LXDE 替代了 Ubuntu 默认的 Unity。

由于 LXDE 是一个轻量级桌面环境，所以 Lubuntu 所需的计算机资源很少，十分适合追求简洁或速度以及还在使用老旧硬件的用户选用。

Mythbuntu 是一个用来实现媒体中心的 Ubuntu 发行版本，其核心组件是 MythTV，所以 Mythbuntu 可以视为 Ubuntu 和 MythTV 的结合体。

UbuntuGNOME 是采用 GNOME3 作为 Ubuntu 默认桌面管理器的发行版本。Ubuntu 的默认桌面环境是 Unity。为了满足 Linux 用户的不同需求和使用习惯，UbuntuGNOME 版本应运而生。

UbuntuKylin（优麒麟）是专门为中文用户定制的 Ubuntu 版本，预置了大量中文用户熟悉的应用，是开箱即用的 Ubuntu 官方中文定制版本。

UbuntuStudio 是为专业多媒体制作而打造的 Ubuntu 版本，可以编辑和处理音频、视频和图形图像等多媒体文件。对于多媒体专业人士而言，这个版本是一个鱼和熊掌能够兼得的好选择。

Xubuntu 采用了小巧和高效的 Xfce 作为桌面环境，界面简洁，类似于 GNOME2，功能全面，系统资源消耗较小，是追求速度和使用低配置计算机的用户的福音，同时也为老旧计算机提供了发挥余热的机会。

8.1.2 Ubuntu 的发展

Ubuntu 可谓 Linux 世界中的黑马，其第一个正式版本于 2004 年 10 月正式推出。需要详细解释的是 Ubuntu 版本号的定义，其版本号以“年份的最后一位.发布月份”的格式命名，因此 Ubuntu 的第一个版本就称为 4.10。除了版本号之外，每个 Ubuntu 版本在开发之初还有一个开发代号。Ubuntu 开发代号的格式为“形容词＋动物”，且形容词和动物名称的第一个字母要一致。例如，Ubuntu 16.04 LTS 的开发代号是 Xenial Xerus，意为“好客的非洲地松鼠”。Ubuntu 历史版本如表 8-1 所示。

表 8-1 Ubuntu 历史版本

版　本　号	代　　号	发布时间
19.04	Disco Dingo	2019 年 4 月 19
18.10	Cosmic Cuttlefish	2018 年 10 月 18
18.04 LTS	Bionic Beaver	2018 年 04 月 26
17.10	Artful Aardvark	2017 年 10 月 21
17.04	Zesty Zapus	2017 年 04 月 13
16.10	Yakkety Yak	2016 年 10 月 20
16.04 LTS	Xenial Xerus	2016 年 04 月 21
15.10	Wily Werewolf	2015 年 10 月 23
15.04	Vivid Vervet	2015 年 04 月 22
14.10	Utopic Unicorn	2014 年 10 月 23
14.04 LTS	Trusty Tahr	2014 年 04 月 18

续表

版　本　号	代　　号	发布时间
13.10	Saucy Salamander	2013 年 10 月 17
13.04	Raring Ringtail	2013 年 04 月 25
12.10	Quantal Quetzal	2012 年 10 月 18
12.04 LTS	Precise Pangolin	2012 年 04 月 26
11.10	Oneiric Ocelot	2011 年 10 月 13
11.04(Unity 成为默认桌面环境)	Natty Narwhal	2011 年 04 月 28
10.10	Maverick Meerkat	2010 年 10 月 10
10.04 LTS	Lucid Lynx	2010 年 04 月 29
9.10	Karmic Koala	2009 年 10 月 29
9.04	Jaunty Jackalope	2009 年 04 月 23
8.10	Intrepid Ibex	2008 年 10 月 30
8.04 LTS	Hardy Heron	2008 年 04 月 24
7.10	Gutsy Gibbon	2007 年 10 月 18
7.04	Feisty Fawn	2007 年 04 月 19
6.10	Edgy Eft	2006 年 10 月 26
6.06 LTS	Dapper Drake	2006 年 06 月 01
5.10	Breezy Badger	2005 年 10 月 13
5.04	Hoary Hedgehog	2005 年 04 月 08
4.10	Warty Warthog	2004 年 10 月 20

8.2　拒绝服务攻击实验

实验器材

PC(Linux/Windows 10)1 台。

预习要求

做好实验预习,掌握数据还原的有关内容。
熟悉实验过程和基本操作流程。
撰写预习报告。

实验任务

通过本实验,掌握利用集成的 DDoS 工具进行攻击的技能。

实验环境

下载 VMware、Kali Linux、VirtualBox 和 Metasploitable-Linux 软件。

PC 使用 Windows 操作系统或 Linux 操作系统。

预备知识

了解 VMware、Kali Linux、VirtualBox 和 Metasploitable-Linux 的安装及使用方法。

实验步骤

1. 利用 yersinia 攻击 DHC 服务器

yersinia 的用法如下：

```
yersinia [-hVGIDd] [-l logfile] [-c conffile] protocol [protocol_options]
```

部分参数说明如下：

- -h：获取帮助信息。
- V：版本信息。
- G：图形化工作界面。
- I：交互模式。
- D：后台模式。
- d：调试。
- -l logfile：选择日志文件。
- -c conffile：选择配置文件。

yersinia 可以攻击的协议包括 CDP、DHCP、IEEE 802.1q、IEEE 802.1x、DTP、HSRP、ISL、MPLS、STP 和 VTP 等。

一般使用 yersinia 的图形界面，如图 8-1 所示。

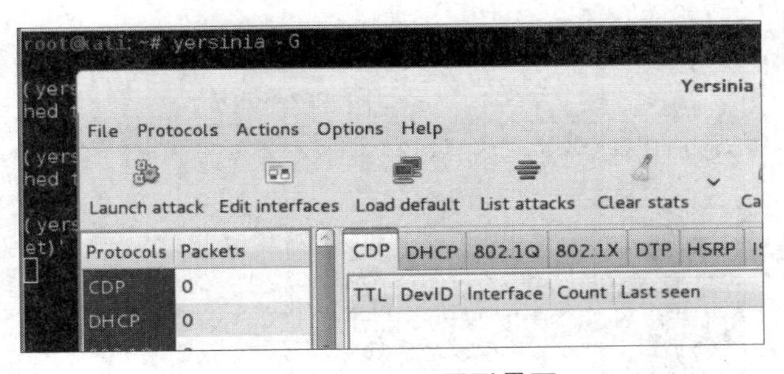

图 8-1　yersinia 图形界面

利用 yersinia 攻击测试 DHCP 服务器的步骤如下。

第一步：启动 DHCP 服务器。

在 DHCP(Windows Server 2003) 服务器上，允许的 IP 地址范围是 192.168.10.100～192.168.10.200。Kali Linux 已经租用了其中的 192.168.10.100，如图 8-2 所示。

第二步：启动 yersinia 攻击程序。

在 yersinia 图形界面中选择网卡接口，如图 8-3 所示。

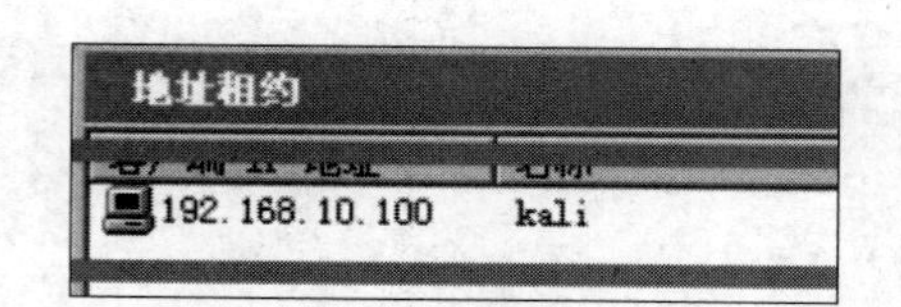

图 8-2 Kali Linux 租用的 IP 地址

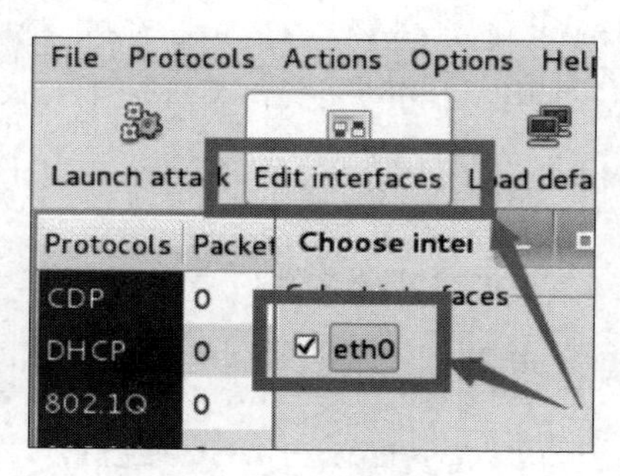

图 8-3 选择网卡接口

针对 DHCP 服务器的攻击有 4 种方式：

（1）发送原始数据包。命令如下：

```
sending RAW packet
```

（2）发送请求获取 IP 地址的数据包，占用所有的 IP 地址，造成 DHC 服务器拒绝服务。命令如下：

```
sending DISCOVER packet
```

（3）创建虚假 DHCP 服务器，让用户链接，使真正的 DHCP 服务器无法工作。命令如下：

```
creating DHCP rogue server
```

（4）发送释放 IP 地址请求到 DHCP 服务器，致使正在使用的 IP 地址全部失效。命令如下：

```
sending RELEASE packet
```

发送请求获取 IP 地址的数据包的界面如图 8-4 所示。

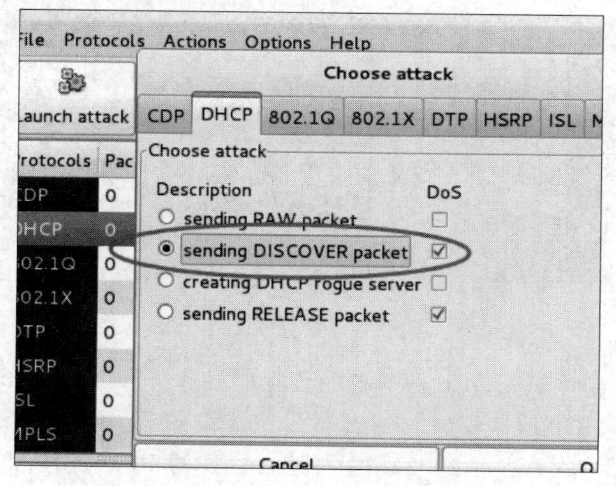

图 8-4 发送请求获取 IP 地址的数据包的界面

利用 DHCP DISCOVER 执行攻击，如图 8-5 所示。

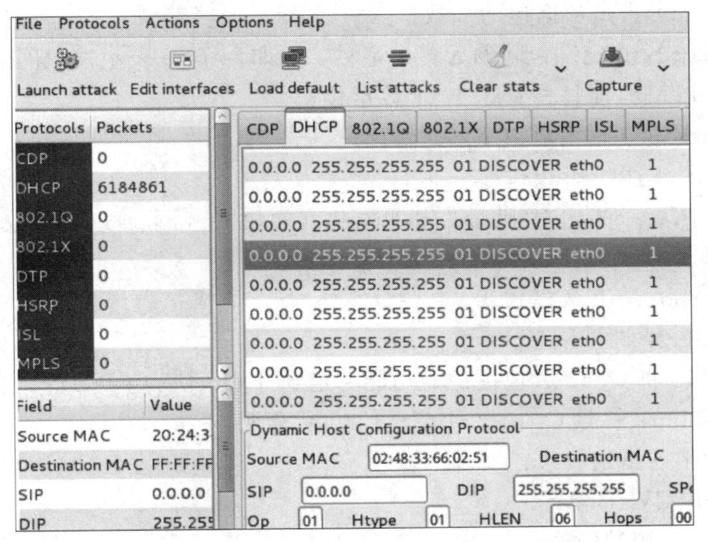

图 8-5 利用 DHCP DISCOVER 执行攻击

一旦 DHCP 服务器遭受 DISCOVER 攻击，地址池内所有的有效 IP 地址都无法使用，新的用户就无法获取 IP 地址。

注意：在这里，虽然所有的 IP 地址都被占用了，但是 DHCP 服务器的地址池并没有显示这一情况。

第三步：验证攻击结果。

用一台安装了 Windows 的计算机获取 IP 地址，会发现获取 IP 地址的命令无效，如图 8-6 所示。

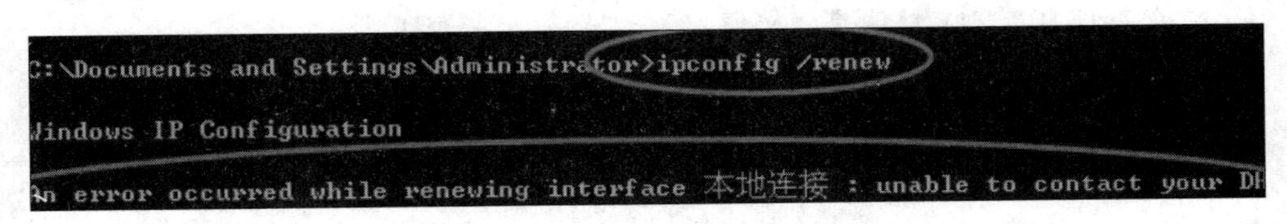

图 8-6 获取 IP 地址的命令无效

这表明 DHCP DISCOVER 攻击生效了。

2. 利用 hping3 发动拒绝服务攻击

hping3 是 TCP/IP 数据包组装和分析工具。它支持多种协议（ICMP、TCP、UPD、RAW-IP 等），可以运行在多种操作系统（Linux、FreeBSD、NetBSD、OpenBSD、Solaris、Mac OS X、Windows）上，可以用于防火墙测试、端口扫描、操作系统探测、网络检查等。

hping3 用法如下：

```
hping3 选项
```

基本选项如下：

- -h 或--help：显示帮助信息。

- -v 或--version：显示 hping3 的版本信息。
- -c 或--count：指定数据包的计数。
- -i 或--interval：指定发包间隔为多少毫秒。例如，-i m10 表示发包间隔为 10ms。--fast 与-i m100 等同，即每秒发送 10 个数据包。
- -n 或--numeric：指定以数字形式输出。
- -q 或--quit：退出 hping3。
- -I 或--interface：指定 IP 地址。如果本机有两块网卡，可通过此参数指定发送数据包的 IP 地址。
- -V 或--verbose：冗余模式。
- -D 或--debug：调试信息。
- -z 或--bind：将 Ctrl+Z 快捷键的功能绑定到 TTL，默认使用 DST 端口。
- -Z 或--unbind：解除 Ctrl+Z 快捷键的功能的绑定。

可以用以下选项指定模式：

- --rawip：RAW IP 模式。
- -1 或--icmp：ICMP 模式。
- -2 或--udp：UDP 模式。
- -8 或--scan：扫描模式。
- 默认模式为 TCP 模式(—0)。

以下为 IP 地址选项：

- -a 或--spoof：伪造源地址欺骗。
- --rand-dest：随机目的地址模式。
- --rand-source：随机源地址模式。
- -t 或--ttl：TTL 值，默认为 64。
- -N 或--id：指定 ID，默认是随机值。
- -W 或--winid：使用 win * 的 ID 字节顺序。
- -r 或--rel：相对的 ID 区域。
- -f 或--frag：将数据包分片后传输(可以通过访问控制列表)。
- -x 或--morefrag：设置更多的分片标记。
- -y 或--dontfrag：设置不加分片标记。
- -g 或--fragoff：设置分片偏移。
- -m 或--mtu：设置虚拟 MTU。当数据包的大小超过 MTU 时，要使用--frag 选项进行分片。
- -o 或--tos：指定服务类型，默认是 0x00，可以使用--tos help 选项查看帮助。
- -G 或--rroute：包含 RECORD_ROUTE 选项并且显示路由缓存。
- --lsrr：宽松的源路由记录。
- --ssrr：严格的源路由记录。
- -H 或--ipproto：设置协议范围，仅在 RAW IP 模式下使用。

以下为 ICMP 选项：

- -C 或--icmptype：指定 ICMP 数据包的类型(默认类型为回显请求)。

- -K 或--icmpcode：指定 ICMP 数据包编码(默认为 0)。
- --force-icmp：发送所有 ICMP 数据包类型(默认只发送可以支持的类型)。
- --icmp-gw：针对 ICMP 数据包重定向网关地址(默认是 0.0.0.0)。
- --icmp-ts：相当于--icmp --icmptype 13(ICMP 时间戳)。
- --icmp-addr：相当于--icmp --icmptype 17(ICMP 地址掩码)。
- --icmp-help：显示 ICMP 选项的帮助。

以下为 UDP/TCP 选项：

- -s 或--baseport：基本源端口(默认是随机的)。
- -p 或--destport：目的端口(默认为 0)。可同时指定多个端口。
- -k 或--keep：仍然保持源端口。
- -w 或--win：指定数据包大小，默认为 64B。
- -O 或--tcpoff：设置假的 TCP 数据偏移。
- -Q 或--seqnum：仅显示 TCP 序列号。
- -b 或--badcksum：尝试发送 IP 校验和不正确的数据包。许多系统在发送数据包时使用固定的 IP 校验和，因此会得到不正确的 UDP/TCP 校验和。
- -M 或--setseq：设置 TCP 序列号。
- -L 或--setack：使用 TCP 的访问控制列表。
- -F 或--fin：使用 FIN 标记。
- -S 或--syn：使用 SNY 标记。
- -R 或--rst：使用 RST 标记。
- -P 或--push：使用 PUSH 标记。
- -A 或--ack：使用 ACK 标记。
- -U 或--urg：使用 URG 标记。
- -X 或--xmas：使用 X 未用标记(0x40)。
- -Y 或--ymas：使用 Y 未用标记(0x80)。
- --tcpexitcode：最后使用 tcp->th_flags 作为退出代码。
- --tcp-timestamp：启动 TCP 时间戳选项来猜测运行时间。

以下是常规选项：

- -d 或--data：数据大小，默认为 0。
- -E 或--file：从指定文件中读取数据。
- -e 或--sign：增加签名。
- -j 或--dump：以十六进制形式转存数据包。
- -J 或--print：转存可输出的字符。
- -B 或--safe：启用安全协议。
- -u 或--end：当通过--file 指定的文件结束时停止并显示，防止文件再从头开始。
- -T 或--traceroute：路由跟踪模式。
- --tr-stop：在路由跟踪模式下，当收到第一个非 ICMP 数据包时退出。
- --tr-keep-ttl：保持源 TTL，对监测一跳有用。
- --tr-no-rtt：使用路由跟踪模式时不计算或显示 RTT 信息。

下面给出 3 个简单测试的说明。

第一个测试命令如下：

```
hping3 -S -a 1.1.1.1-V www.baidu.com
```

选项说明如下：

- -S：发送 SYN 数据包。
- -a：伪造 IP 地址来源。
- -V：冗余模式。

启动 Wireshark 抓包，查看伪造的 IP 地址 1.1.1.1 是否生效。

选择 Capture 菜单，选择监听正确的网卡，如图 8-7 所示。

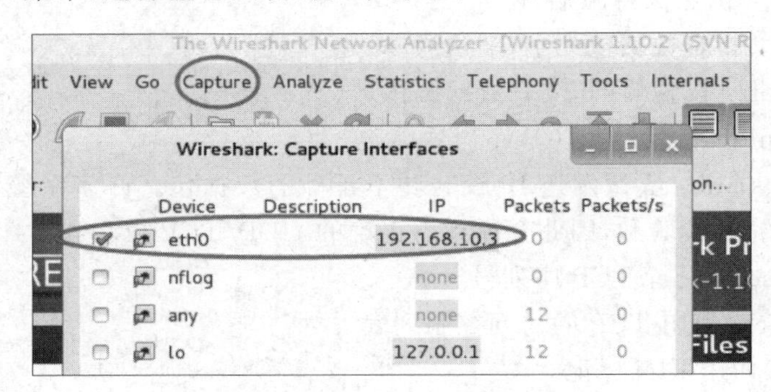

图 8-7 选择监听正确的网卡

单击 Start 按钮抓包。

通过数据分析可以看到，hping3 成功地伪造了数据包的来源，并且不断向外发送数据包，如图 8-8 所示。

Filter: ip.addr==1.1.1.1 Expression... Clear Apply

o.	Time	Source	Destination	Protocol	Lengtl	Info
5	0.015550000	1.1.1.1	115.239.211.112	TCP	54	oraclenet8cman > 0 [SYN]
7	1.016419000	1.1.1.1	115.239.211.112	TCP	54	visitview > 0 [SYN] Seq=0
9	2.017380000	1.1.1.1	115.239.211.112	TCP	54	pammratc > 0 [SYN] Seq=0
11	3.018525000	1.1.1.1	115.239.211.112	TCP	54	pammrpc > 0 [SYN] Seq=0 W
13	4.019456000	1.1.1.1	115.239.211.112	TCP	54	loaprobe > 0 [SYN] Seq=0
15	5.020551000	1.1.1.1	115.239.211.112	TCP	54	edb-server1 > 0 [SYN] Seq
17	6.021087000	1.1.1.1	115.239.211.112	TCP	54	isdc > 0 [SYN] Seq=0 Win=

伪造IP地址成功

```
Ethernet II, Src: Vmware_b?e0:a7 (00:0c:29:b1:e0:a7), Dst: Vmware_ef:80:6e (00:50:56:ef:80:6e)
Internet Protocol Version 4, Src: 1.1.1.1 (1.1.1.1), Dst: 115.239.211.112 (115.239.211.112)
  Version: 4
  Header length: 20
⊞ Differentiated Se
  Total Length: 40
  Identification: 0
⊞ Flags: 0x00
```

root@kali: ~

文件(F) 编辑(E) 查看(V) 搜索(S) 终端(T) 帮助(H)

```
root@kali:~# hping3 -S -a 1.1.1.1 -V --flood www.baidu.com
using eth0, addr: 192.168.10.3, MTU: 1500
HPING www.baidu.com (eth0 115.239.211.112): S set, 40 headers + 0 d
```

图 8-8 伪造的 IP 地址生效

第二个测试命令如下：

```
hping3 -S -V --flood --rand-source -c 10000 -d 150 -w 64 -p 80 www.baidu.com
```

选项说明如下：

- --rand-source：使用随机的源 IP 地址。
- -c 10000：发送数据包数量。
- -d 150：发送的每个数据包的大小。
- -w 64：TCP 窗口的大小。
- -p 80：攻击的目的端口，可以随意设置。

启动 Wireshark 抓包。可以看到，hping3 不到 1min 就发送了 33 4005 个数据包。部分伪造随机 IP 地址，如图 8-9 所示。

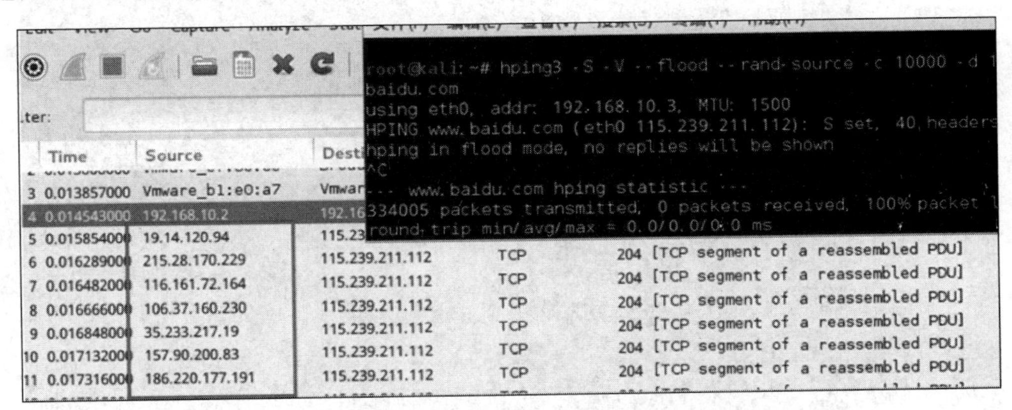

图 8-9　部分伪造的随机 IP 地址

第三个测试命令如下：

```
hping3 -SARFU -V --flood --rand-source -c 10000 -d 150 -w 64 -p 80 www.baidu.com
```

选项说明如下：

-SARFU：发送 SYN、ARP、UDP 等不同协议的数据包。

发送的不同协议的数据包如图 8-10 所示。

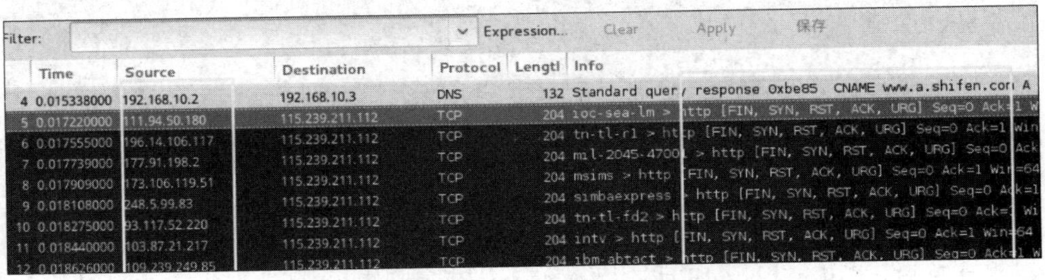

	Time	Source	Destination	Protocol	Lengtl	Info
4	0.015338000	192.168.10.2	192.168.10.3	DNS	132	Standard query response 0xbe85 CNAME www.a.shifen.com A
5	0.017220000	111.94.50.180	115.239.211.112	TCP	204	ioc-sea-lm > http [FIN, SYN, RST, ACK, URG] Seq=0 Ack=1 W
6	0.017555000	196.14.106.117	115.239.211.112	TCP	204	tn-tl-r1 > http [FIN, SYN, RST, ACK, URG] Seq=0 Ack=1 Win
7	0.017739000	177.91.198.2	115.239.211.112	TCP	204	mil-2045-47001 > http [FIN, SYN, RST, ACK, URG] Seq=0 Ack
8	0.017909000	173.106.119.51	115.239.211.112	TCP	204	msims > http [FIN, SYN, RST, ACK, URG] Seq=0 Ack=1 Win=64
9	0.018108000	248.5.99.83	115.239.211.112	TCP	204	simbaexpress > http [FIN, SYN, RST, ACK, URG] Seq=0 Ack=1
10	0.018275000	93.117.52.220	115.239.211.112	TCP	204	tn-tl-fd2 > http [FIN, SYN, RST, ACK, URG] Seq=0 Ack=1 Wi
11	0.018440000	103.87.21.217	115.239.211.112	TCP	204	intv > http [FIN, SYN, RST, ACK, URG] Seq=0 Ack=1 Win=64

图 8-10　发送的不同协议的数据包

3. 利用系统漏洞进行拒绝服务攻击

以下是一个 Windows RDP SynFlood 攻击实验。

令 A 为攻击机(SynFlood 攻击发起者),C 为靶机,B 为 C 要连接的服务器。

首先,查看本地服务器的 IP 地址,如图 8-11 所示。

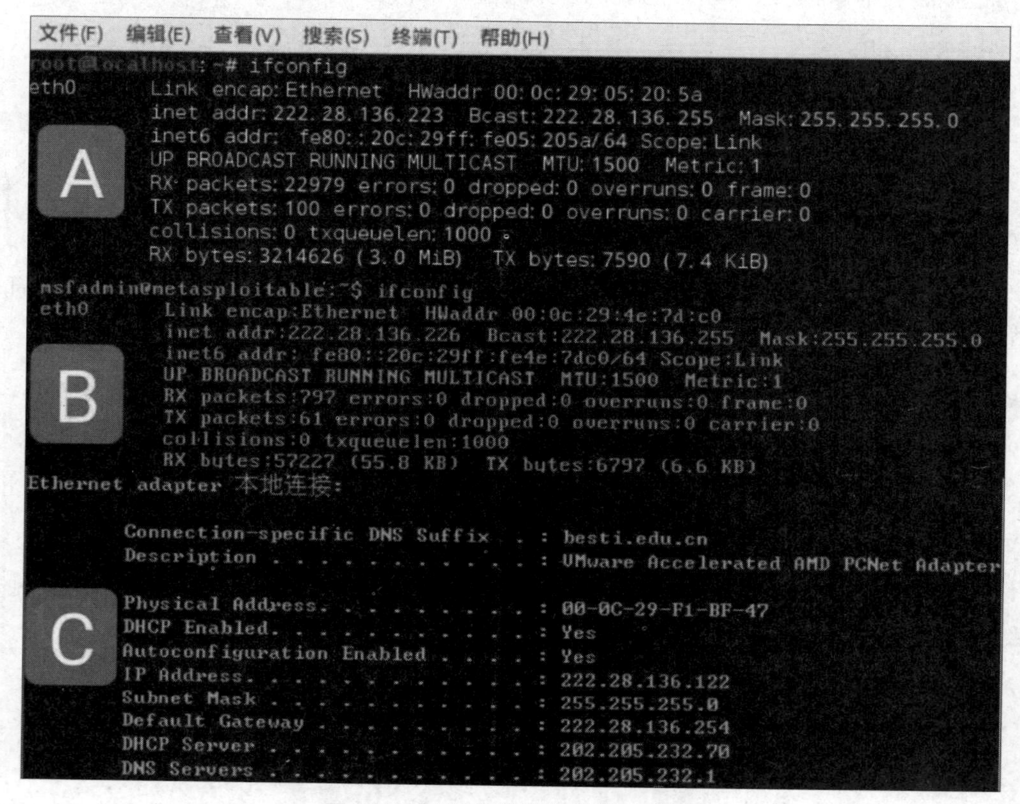

图 8-11 查看本地服务器的 IP 地址

其次,从 C 连接 B 的 23 号端口,如图 8-12 所示。可以看到连接成功。

```
The programs included with the Ubuntu system are free software;
the exact distribution terms for each program are described in the
individual files in /usr/share/doc/*/copyright.

Ubuntu comes with ABSOLUTELY NO WARRANTY, to the extent permitted by
applicable law.

To access official Ubuntu documentation, please visit:
http://help.ubuntu.com/
No mail.
msfadmin@metasploitable:~$
```

图 8-12 连接 B 的 23 号端口

退出连接后,使用 netwox 工具进行 SynFlood 攻击,将 23 号端口指定为目标服务器的 IP 地址,如图 8-13 所示。

最后,从靶机利用 telnet 命令远程登录目标服务器的 23 号端口,攻击结果如图 8-14 所示。

这个登录请求失败,说明拒绝服务攻击成功。

```
|    source Ethernet address, but if it is not possible, it is left                |
|    Blank.                                                                        |
|  - 'rawlinkf' means to try 'raw', then try 'linkf'                               |
|  - 'rawlinkb' means to try 'raw', then try 'linkb'                               |
|  - 'rawlinkfb' means to try 'raw', then try 'linkfb'                             |
|  - 'linkfraw' means to try 'linkf', then try 'raw'                               |
|  - 'linkbraw' means to try 'linkb', then try 'raw'                               |
|  - 'linkfbraw' means to try 'linkfb', then try 'raw'                             |
|  - 'link' is an alias for 'linkfb'                                               |
|  - 'rawlink' is an alias for 'rawlinkfb'                                         |
|  - 'linkraw' is an alias for 'linkfbraw'                                         |
|  - 'best' is an alias for 'linkraw'. It should work in all cases.                |
|                                                                                  |
| This tool may need to be run with admin privilege in order to spoof.             |
+----------------------------------------------------------------------------------+
Usage: netwox 76 -i ip -p port [-s spoofip]
Parameters:
 -i|--dst-ip ip                  destination IP address {5.6.7.8}
 -p|--dst-port port              destination port number {80}
 -s|--spoofip spoofip            IP spoof initialization type {linkbraw}
Example: netwox 76 -i "5.6.7.8" -p "80"
Example: netwox 76 --dst-ip "5.6.7.8" --dst-port "80"
Enter optional tool parameters and press Return key.
netwox 76 -i "222.28.136.226" -p 23
```

图 8-13　攻击 B 的 23 号端口

```
C:\Documents and Settings\Administrator>telnet 222.28.136.226 23
正在连接到222.28.136.226...无法打开到主机的连接 在端口 23 : 连接失败
```

图 8-14　攻击结果

实验报告要求

实验报告应包括以下内容：

- 实验目的。
- 实验过程和结果截图。
- 实验过程中遇到的问题以及解决方法。
- 收获与体会。

思　考　题

1. DoS 和 DDoS 有什么区别？
2. yersinia 工具的攻击实例有哪些？

第 9 章　Kali Linux 漏洞攻击实验

9.1　漏洞攻击简介

漏洞攻击测试的目的就是先于攻击者发现和防止漏洞出现，以攻击者的思维发现漏洞、攻击系统，尝试破坏系统防御机制，发现系统弱点，从攻击者的角度分析、检验网络安全防护的有效性。Kali Linux 是基于 Debian 的发行版本，在其基础上添加了许多信息安全工具，用于渗透测试、安全审计和漏洞攻击测试等。并提供了 Root 用户策略、网络服务策略和更新升级策略，功能十分强大。

9.1.1　安全漏洞介绍

安全漏洞分为操作系统漏洞、协议漏洞、软件漏洞和硬件漏洞 4 类。

1. 操作系统漏洞

计算机操作系统具有资源共享功能和信息交互功能，能够最大限度地满足计算机使用者工作和生活中的各类需求，给人们提供了极大的便利。但不可忽视的是，在计算机操作系统中存在着许多漏洞，且计算机操作系统漏洞暴露的概率随着计算机运行时间的增加而增大，使攻击者有机会对操作系统漏洞进行攻击。

2. 协议漏洞

协议漏洞是指在网络协议设计初期人们对网络安全问题考虑有所欠缺，导致网络协议认证机制和计算机数据信息的保密性不够完善，网络攻击者利用这一缺陷对计算机进行攻击。协议漏洞主要存在于 TCP/IP 中。TCP/IP 无法快速、有效地判断出 IP 地址的真伪，因此 TCP/IP 漏洞经常遭到攻击。网络监听攻击、电子邮件攻击、Web 欺骗攻击、IP 地址欺骗攻击以及 DNS 欺骗攻击都是攻击者利用网络协议的弱点和漏洞对计算机主机进行攻击的主要形式。

3. 软件漏洞

计算机软件漏洞也是影响计算机网络安全的主要因素。计算机软件漏洞可以被网络攻击者利用，使其变成软件缺陷。当软件中的高危漏洞数量足够多时，就会对计算机网络安全造成严重影响。

4. 硬件漏洞

硬件漏洞是硬件本身的具体实现上存在的缺陷，从而使攻击者能够在未授权的情况下访问或破坏硬件和系统。例如，在 Intel Pentium 芯片中存在的逻辑错误可能被攻击者利用，对芯片和系统造成威胁。

9.1.2　安全漏洞攻击方法

安全漏洞攻击方法分为通过 E-mail 进行网络安全攻击、破译密码后进行网络安全攻击和木马攻击 3 类。

1. 通过 E-mail 进行网络安全攻击

通过 E-mail(电子邮件)进行网络安全攻击是指网络攻击者通过向目标主机发送电子邮件破坏其系统文件,或者对目标主机的端口进行 SYN Flood 攻击。防止网络攻击者利用电子邮件进行网络攻击的有效方法是采用加密签名技术。

2. 破译密码后进行网络安全攻击

破译密码也就是密码入侵。众所周知,计算机密码(口令)是其抵御外部入侵的一个重要手段,而入侵者正是利用这一特性,使用破译后的合法用户的账号和密码登录主机,然后对主机实施攻击,窃取和篡改信息。攻击者主要通过以下 3 种方法获得合法用户的账号和密码:

(1) 网络监听。这种方法具有极大的危害性,攻击者通过监听技术能够获取一定网段内所有用户的账号和密码,对互联网安全造成巨大的威胁。

(2) 攻击者在知道合法账号的前提下,使用专门软件破译用户相应的密码。这种方法基本上不存在网段限制,但是工作量巨大,需要有足够的时间和精力。

(3) 攻击者以已窃取的密码文件为依据进行尝试,因此这种攻击方法也被称作字典攻击。

3. 木马攻击

木马病毒中提供了满足计算机用户正常需求的功能,同时也隐藏了一些用户不需要甚至是不知道的其他程序代码。当计算机启动感染了木马病毒的程序时,木马病毒也随之启动并进行监听,一旦达到某一条件,木马病毒中的非法代码就会执行一系列操作,影响计算机的正常运行,例如,对计算机内部的文件进行传输和删除,盗取计算机内部保留的密码,等等。使用杀毒软件能够在一定程度上对木马病毒进行检测和防范。

9.1.3 漏洞攻击原理

1. 拒绝服务攻击原理

拒绝服务(DoS)攻击是针对 TCP/IP 漏洞的网络攻击手段。其原理是:利用 DoS 工具向目标主机发送海量的数据包,消耗网络的带宽和目标主机的资源,造成目标主机网段阻塞,致使网络或系统负荷过载而停止向用户提供服务。常见的拒绝服务攻击方法有 SYN 泛洪攻击、Smurf、UDP 泛洪、LAND(LAN Denial,局域网拒绝服务)攻击、死亡之 ping、电子邮件炸弹等。影响最大、危害最深的是分布式拒绝服务(DDoS)攻击。它利用多台已被攻击者控制的计算机对目标主机进行攻击,很容易导致目标主机系统瘫痪。

对 DoS 攻击的防护措施主要是以下几个:设置防火墙,关闭外部路由器和防火墙的广播地址,利用防火墙过滤 UDP 应答消息和丢弃 ICMP 数据包,尽量关闭不必要的 TCP/IP 服务。

2. 缓冲区溢出攻击原理

简单地说,缓冲区溢出的原因是向一个有限的缓冲区复制了超长的字符串,覆盖了相邻的存储单元。这种覆盖往往导致程序运行失败甚至死机或系统重启。另外,黑客利用这样的漏洞可以执行任意指令,掌握系统的操作权。缓冲区溢出漏洞广泛存在于应用软件和操作系统中,其危害是巨大的,但一直以来并没有引起系统和软件开发者足够的重视。要防御缓冲区溢出攻击，首要的工作是堵住漏洞的源头，在程序设计和测试时对程序进行缓冲区边界检查和溢出检测。对于网络管理员，必须做到及时发现漏洞，并对系统进行修补。有条件的话，还应对系统定期进行升级。

3. 欺骗类攻击原理

欺骗类攻击主要是利用 TCP/IP 自身的缺陷发动攻击。在网络中，如果使用伪装的身份和地址与被攻击的主机进行通信，向其发送假报文，往往会导致目标主机出现错误操作，甚至对发动攻击的主机做出信任判断。这时，攻击者可冒充被信任的主机进入系统，并有机会预留后门供以后使用。根据假冒方式的不同，这种攻击可分为 IP 地址欺骗攻击、DNS 欺骗攻击、电子邮件欺骗攻击、原路由欺骗攻击等。下面以 IP 地址欺骗攻击为例分析欺骗攻击的过程。在这种攻击中，发动攻击的计算机使用一个伪装的 IP 地址向目标主机发送网络请求；当目标主机收到请求后，会使用系统资源提供网络连接服务，并回复确认信息；但由于 IP 地址是假的，目标主机不可能得到回应，在这种情况下，目标主机将会继续重复发送确认信息。尽管操作系统规定了回复的次数和超时的时间，但完成多次回复仍要占用目标主机较长时间，严重降低目标主机的工作效率。例如，Windows NT 系统在默认回复次数下从建立连接到资源的释放大约用时 190s。要防御欺骗类攻击，最好的方法是充分了解主机的系统状况，只启用必要的应用程序，只开放提供必要的服务所用到的端口。

4. 程序错误攻击原理

在网络的主机中存在着许多服务程序错误。换句话说，服务程序无法处理网络通信中面临的所有问题。攻击者利用这些错误，故意向目标主机发送一些错误的数据包。对于目标主机来说，往往不能正确处理这些数据包，这会导致目标主机的 CPU 资源全部被占用甚至死机。服务程序存在错误的情况有很多，多种操作系统都存在服务程序错误。例如，Windows NT 系统中的 RPC 服务就存在着多种漏洞，其中危害最大的要数 RPC 接口远程任意代码可执行漏洞，非常流行的冲击波病毒就是利用这个漏洞编制的。对付这类漏洞的方法是尽快安装漏洞的补丁程序。在没有找到补丁程序之前，应先安装防火墙，视情况切断主机应用层服务，即禁止从主机的所有端口发出和接收数据包。

5. 后门攻击原理

通常网络攻击者在获得一台主机的控制权后，会在主机上建立后门，以便下一次入侵时使用。后门的种类有很多，有登录后门、服务后门、库后门、口令破解后门等。这些后门多数存在于 UNIX 系统中。建立后门常用的方法是在目标主机中安装木马程序。攻击者利用欺骗的手段，通过向目标主机发送电子邮件或文件，并诱使目标主机的用户打开或运行藏有木马程序的邮件或文件；攻击者也可以获得控制权后自己安装木马程序。对付后门攻击的方法是经常检测系统的程序运行情况，及时发现运行中的不明程序，并用木马专杀工具查杀木马。

网络攻击的方法千变万化，尽管可以对网络攻击从原理上进行分类，但在网络攻击的具体实例中，有时又很难简单地将其归入某一类攻击。例如，利用 ping 命令向一台主机发送超过 65 535B 的 EchoRequest 数据包，目标主机就会因缓冲区溢出而拒绝继续提供服务，这种攻击既可以视为拒绝服务攻击，也可以视为缓冲区溢出攻击。正是由于网络漏洞种类繁多,因此攻击方法也多种多样,很难对网络攻击的具体实例进行一一分析。下面将以 DoS 攻击为例,对网络攻击的步骤和方法作进一步的介绍。

9.1.4 常见 Web 漏洞及其防范

1. SQL 注入漏洞

SQL 注入(SQL injection)攻击简称注入攻击。SQL 注入漏洞被广泛用于非法获取网站控制权,是发生在应用程序的数据库级别上的安全漏洞。在设计程序时,忽略了对输入字符串中夹带的 SQL 指令的检查,被数据库误认为是正常的 SQL 指令而得到运行,从而使数据库受到攻击,可能导致数据被窃取、更改、删除,可能进一步导致网站被嵌入恶意代码、被植入后门程序等危害。

通常情况下,SQL 注入的位置如下:

(1) 表单提交,主要是 POST 请求,也包括 GET 请求。

(2) URL 参数提交,主要为 GET 请求参数。

(3) Cookie 参数提交。

(4) HTTP 请求头部的一些可修改的值,例如 Referer、User_Agent 等。

(5) 一些边缘的输入点,例如,MP3 文件的一些文件信息等。

对 SQL 注入攻击常见的防范方法如下:

(1) 所有的查询语句都使用数据库提供的参数化 SQL 语句执行接口。参数化查询语句使用参数而不是将用户输入变量嵌入到 SQL 语句中。当前几乎所有的数据库系统都提供了参数化 SQL 语句执行接口,使用此接口可以非常有效地防止 SQL 注入攻击。

(2) 对进入数据库的特殊字符(如'、"、<、>、&、*/、;等)进行转义处理或转换为编码。

(3) 确认每种数据的类型。例如,数字型数据就必须是数字,数据库中的字段必须为 int 型。

(4) 对数据长度应该严格限定,这样就能在一定程度上使比较长的 SQL 注入语句无法执行。

(5) 网站所有数据层的编码应统一,建议全部使用 UTF-8 编码。上下层编码不一致有可能导致一些过滤模型被绕过。

(6) 严格限制网站用户对数据库的操作权限,向用户提供刚好能够满足其工作需要的权限,从而最大限度地减少注入攻击对数据库的危害。

(7) 避免网站显示 SQL 错误信息,例如类型错误、字段不匹配等,防止攻击者利用这些错误信息进行一些判断。

(8) 在网站发布之前,建议使用专业的 SQL 注入检测工具对网站进行检测,及时修补 SQL 注入漏洞。

2. 跨站脚本漏洞

跨站脚本(Cross-Site Scripting,XSS)攻击发生在客户端,可用于窃取隐私、钓鱼欺骗、窃取密码、传播恶意代码等攻击。

XSS 攻击使用的技术主要为 HTML 和 JavaScript,也包括 VBScript 和 ActionScript 等。XSS 攻击对 Web 服务器虽无直接危害,但是它可以借助网站进行传播,使网站用户受到攻击，导致网站用户账号被窃取，从而对网站也产生严重的危害。

XSS 攻击分为以下几种类型：

(1) 非持久型跨站脚本攻击。它利用反射型跨站脚本漏洞，是目前最普遍的跨站脚本攻击类型。跨站脚本代码一般存在于链接中。用户请求这样的链接时，跨站脚本代码经过服务器端反射回来。这类跨站脚本代码不存储在服务器端(例如数据库中)。

(2) 持久型跨站脚本攻击。这是危害最直接的跨站脚本攻击类型，跨站脚本代码存储于服务器端(例如数据库中)。常见情况是：某用户在论坛发帖，如果论坛没有过滤用户输入的 JavaScript 代码，就会导致其他浏览此帖的用户的浏览器会执行发帖人在帖子中嵌入的 JavaScript 代码。

(3) DOM 跨站脚本攻击。这是一种发生在客户端 DOM(Document Object Model，文档对象模型)中的跨脚本攻击，这主要是客户端脚本处理逻辑导致的安全问题。

防御 XSS 攻击的常用技术如下：

(1) 与 SQL 注入攻击防御的建议一样，应假定所有输入都是可疑的，必须对所有输入中的 script、iframe 等字符串进行严格的检查。这里的输入不仅是来自用户可以直接交互的输入接口的输入内容，也包括 HTTP 请求中的 Cookie 中的变量，HTTP 请求头部中的变量等。

(2) 不仅要验证数据的类型，还要验证其格式、长度、范围和内容。

(3) 不要仅在客户端进行数据的验证与过滤，关键的过滤步骤应在服务器端进行。

(4) 对输出的数据也要检查。数据库中的值有可能在一个大网站的多处输出，在各输出点也要进行安全检查。

(5) 在发布应用程序之前测试所有已知的威胁。

3. 弱口令漏洞

对弱口令(weak password)目前没有严格和准确的定义。通常认为，容易被别人(往往是认识的人甚至熟悉的人)猜到或被破解工具破解的口令均为弱口令。设置密码时通常应遵循以下原则：

(1) 不使用空口令或系统默认的口令。这些口令众所周知，为典型的弱口令。

(2) 口令长度不少于 8 个字符。

(3) 口令不应该为连续的某个字符(例如 AAAAAAAA)或重复某些字符的组合(例如 tzf.tzf.)。

(4) 口令应该为以下 4 类字符的组合：大写字母(A～Z)、小写字母(a～z)、数字(0～9)和特殊字符。每类字符至少包含一个。如果某类字符只包含一个，那么该字符不应为首字符或尾字符。

(5) 口令中不应包含本人、父母、子女和配偶的姓名、出生日期、纪念日期、登录名、E-mail 地址等与本人有关的信息以及词典中的单词。

(6) 口令不应该是用数字或符号代替某些字母的单词。

(7) 口令应该易记且可以快速输入，防止他人窥视输入过程。

(8) 不超过 3 个月就要更换一次口令，防止未被发现的入侵者继续使用已被破解的口令。

4. HTTP 报头追踪漏洞

HTTP/1.1(RFC 2616) 规范定义了 HTTP TRACE 方法，主要用于客户端通过向 Web 服务器提交 HTTP TRACE 请求来进行测试或获得诊断信息。当 Web 服务器启用 HTTP TRACE 功能时，客户端提交的 HTTP 报头会在 Web 服务器响应的内容(Body)中完整地返回，其中很可能包括 Session Token、Cookies 或其他认证信息。攻击者可以利用该漏洞来欺骗合法用户并得到他们的私人信息。攻击者在利用该漏洞时往往与其他方式配合来进行有效攻击，由于 HTTP TRACE 请求可以通过客户端浏览器脚本发起(如 XMLHttpRequest)，并可以通过 DOM 接口访问，因此很容易被攻击者利用。防御 HTTP 报头追踪漏洞的方法通常是禁用 HTTP TRACE 方法。

5. Struts 远程代码执行漏洞

Apache Struts 是建立 Java Web 应用程序的开放源代码架构。Apache Struts 存在一个输入过滤错误，如果遇到转换错误，攻击者即可利用该漏洞注入和执行任意 Java 代码。

网站存在 Struts 远程代码执行漏洞的主要原因是网站采用了 Apache Struts XWork 作为网站应用框架，由于该软件存在远程代码执行高危漏洞，可导致网站面临安全风险。CNVD(China National Vulnerability Database，国家信息安全漏洞共享平台)处置过诸多此类漏洞，例如 GPS 车载卫星定位系统远程代码执行漏洞(CNVD-2012-13934)、Aspcms 留言本远程代码执行漏洞(CNVD-2012-11590) 等。

要修复此类漏洞，只需访问 Apache 官网(http://struts.apache.org)，将 Apache Struts 升级到最新版本即可。

6. 文件上传漏洞

文件上传漏洞通常是由于对网页代码中的文件上传路径变量过滤不严格造成的。如果文件上传功能实现代码没有严格限制用户上传的文件后缀以及文件类型，攻击者即可通过访问 Web 网站的目录上传任意文件，包括网站后门文件(webshell)，进而远程控制网站服务器。

因此，在开发网站及应用程序的过程中，需严格限制和检验上传的文件，禁止上传包含恶意代码的文件。同时，应限制相关目录的执行权限，以防范 webshell 攻击。

7. 私有 IP 地址泄露漏洞

私有 IP 地址是网络用户的重要标识，是攻击者进行攻击前需要了解的信息。获取私有 IP 地址的方法较多，攻击者也会因不同的网络情况采取不同的方法，例如，在局域网内向攻击目标在网络中的名称发送 ping 命令来获得对方的私有 IP 地址，在互联网上使用 IP 版的 QQ 直接显示对方的私有 IP 地址。此类攻击最有效的办法是截获并分析对方的网络数据包，攻击者可以找到并直接通过软件解析截获的数据包中的 IP 包头信息，再根据这些信息了解具体的 IP 地址。

在防御此类攻击时，针对数据包分析方法，可以安装能够自动去掉发送数据包包头 IP 信息的一些软件。不过这些软件有很多缺点，例如，由于耗费资源严重而降低计算机性能，访问一些论坛或者网站时会受到影响，不适合网吧用户使用，等等。现在的个人用户最常用的隐藏 IP 地址的方法是使用代理软件，由于使用代理后，转址服务会对发送出去的数据包有所修改,可以使“数据包分析”方法失效。一些容易泄露用户IP地址的网络软件(如QQ、MSN、IE等)都支持使用代理方式连接互联网。例如,QQ使用ezProxy等代理软件连接后,网页版的QQ都无法显示用户的IP地址。虽然代理可以有效地隐藏用户的IP地址,但是攻击者仍然可以绕过代理,查找到对方的真实IP地址。用户使用何种方法隐藏IP地址也要因情况而异。

8. 未加密登录请求漏洞

由于Web配置不够安全,登录请求把用户名和密码等敏感字段未加密进行传输,攻击者就可以通过窃听网络来劫获这些敏感信息。建议对登录请求中的敏感信息进行加密(如SSH等)后再传输。

9. 敏感信息泄露漏洞

SQL注入漏洞、XSS漏洞、目录遍历漏洞、弱口令漏洞等均可导致敏感信息被泄露,攻击者可以通过漏洞获得敏感信息。针对不同成因,防御方式不同

10. CSRF漏洞

CSRF是Cross-Site Request Forgery的缩写(也缩写为XSRF),意为跨站请求伪造。可以这么理解CSRF:攻击者盗用了合法用户的身份,以合法用户的名义发送恶意请求。CSRF能够做的事情包括:以合法用户的名义发送邮件,发送消息,盗取合法用户的账号,甚至以合法用户的名义购买商品,进行虚拟货币转账,等等。CSRF造成的危害主要是个人隐私泄露以及财产损失。CSRF这种攻击方式在2000年已经被国外的安全人员发现;在国内,直到2006年CSRF漏洞才开始被关注。2008年,国内外多个大型社区和交互网站,如NYTimes(《纽约时报》网站)、Metafilter(大型BLOG网站)、YouTube和百度等,均暴露出存在CSRF漏洞的问题。现在,互联网上的许多站点仍对CSRF漏洞毫无防备,以至于安全业界称CSRF漏洞为“沉睡的巨人”。

9.2 漏洞攻击实验

实验器材

PC(Linux/Windows 10)1台。

预习要求

做好实验预习,掌握实验有关内容。
熟悉实验过程和基本操作流程。
撰写预习报告。

实验任务

通过本实验,掌握利用攻击系统登录靶机并对靶机进行漏洞攻击的技能。

实验环境

下载VMware、Kali Linux、VirtualBox和Metasploitable-Linux软件。

PC 使用 Windows 或 Linux 操作系统。

预备知识

了解 VMware、Kali Linux、VirtualBox 和 Metasploitable-Linux 的安装及使用方法。

实验步骤

在 VMware 上安装 Kali Linux 作为攻击系统，在 VirtualBox 上安装 Metasploitable-Linux 作为靶机。在物理主机上安装 VMware 虚拟机，下载地址为 https://download3.vmware.com/software/wkst/file/VMware-workstation-full-10.0.0-1295980.exe。

第一步，首先在 VMware 上安装 Kali Linux 系统。

（1）进入 Kali Linux 官网下载页面，地址为 https://www.kali.org/downloads/，如图 9-1 所示。可根据操作系统下载相应的软件包。

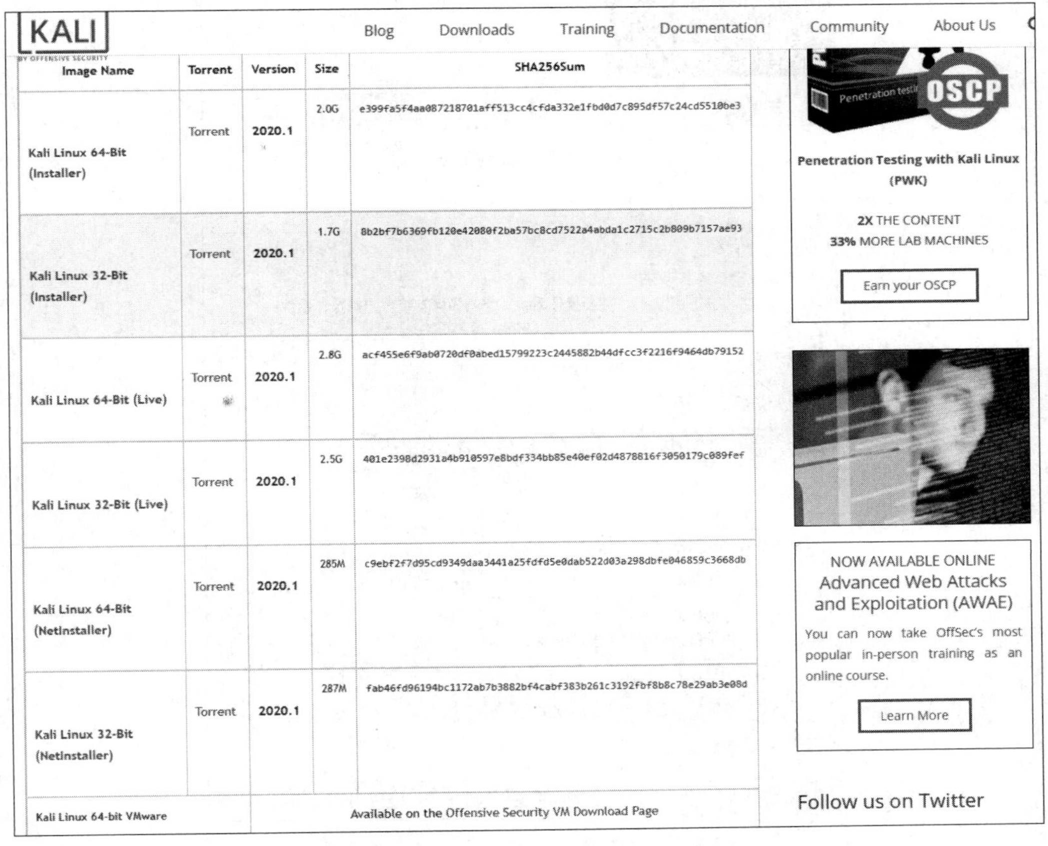

图 9-1　Kali Linux 官网下载界面

（2）打开 VMware Workstation，单击“创建新的虚拟机”。在新建虚拟机向导的欢迎界面中选中“自定义(高级)”单选按钮，如图 9-2 所示。

（3）单击“下一步”按钮，导入安装程序光盘映像文件，如图 9-3 所示。

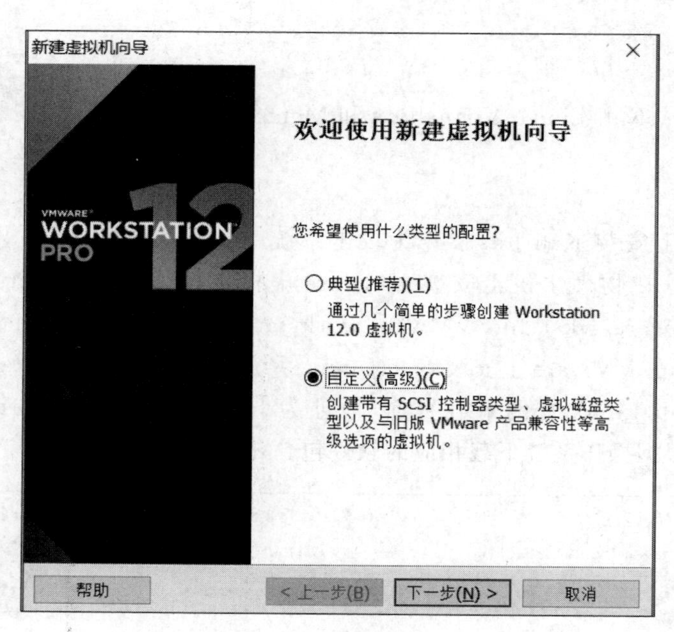

图 9-2 欢迎界面

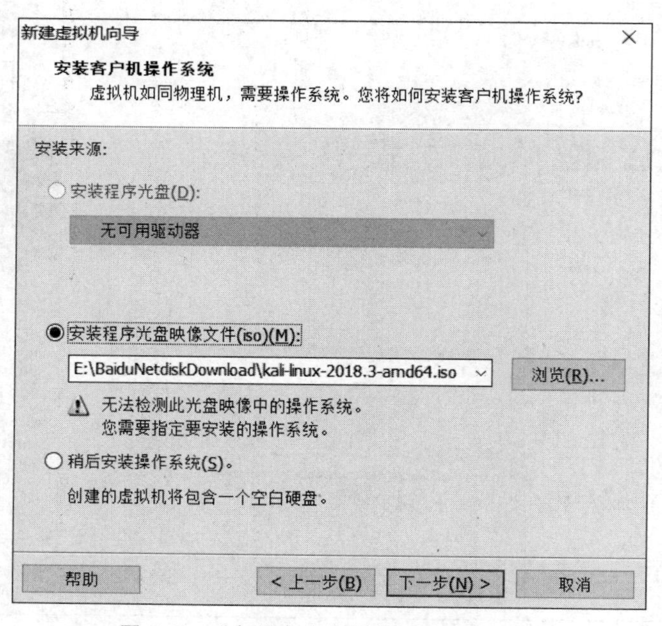

图 9-3 “安装客户机操作系统”对话框

(4) 单击“下一步”按钮，选择客户机操作系统，这里选中 Linux 单选按钮，如图 9-4 所示。

(5)单击“下一步”按钮，命名虚拟机，如图 9-5 所示。

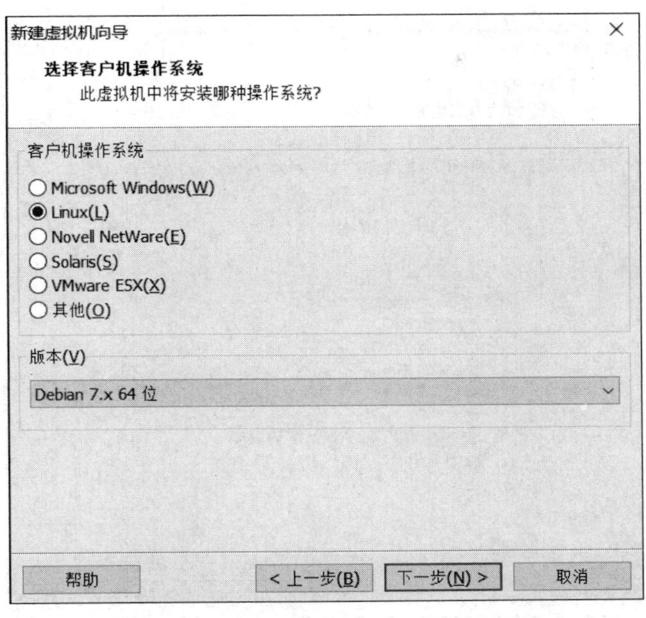

图 9-4 “选择客户机操作系统”对话框

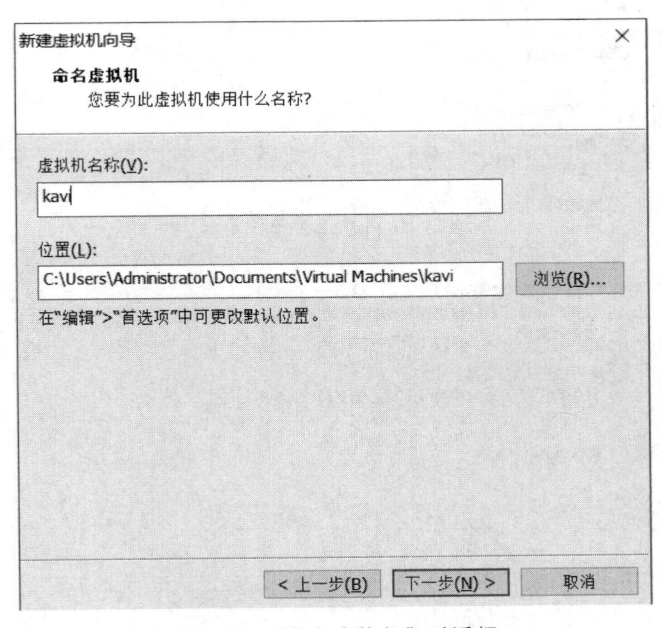

图 9-5 “命名虚拟机”对话框

(6) 单击“下一步”按钮,为虚拟机分配内存。建议不要超过提示的最大推荐内存。这里为虚拟机分配 1GB 内存空间,如图 9-6 所示。

(7) 单击“下一步”按钮,在“网络连接”下选中“使用网络地址转换(NAT)”单选按钮,如图 9-7 所示。

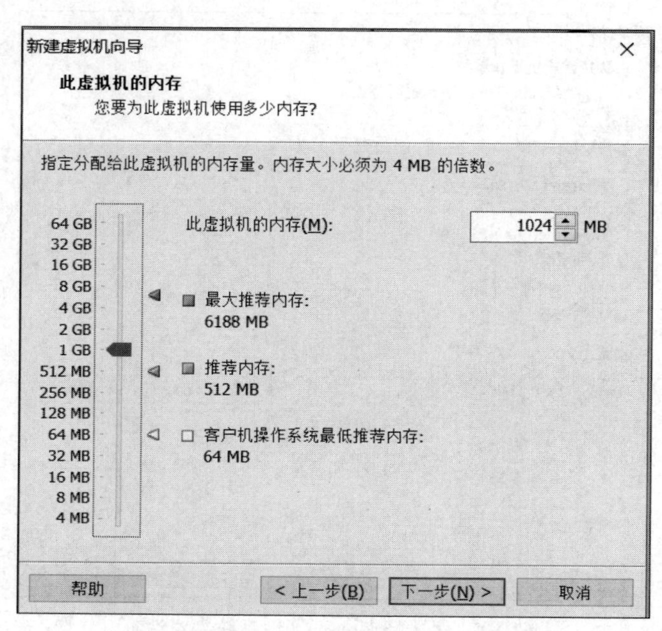

图 9-6 “此虚拟机的内存”对话框

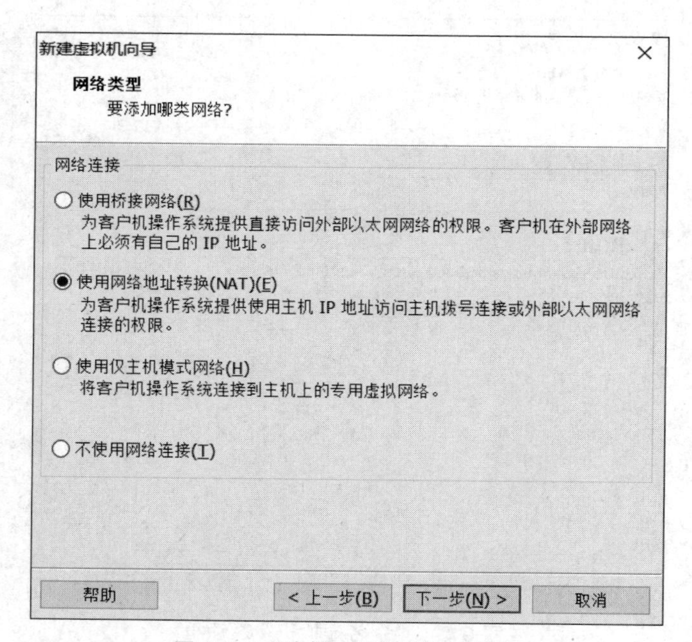

图 9-7 “选择网络类型”对话框

(8) 单击“下一步”按钮，选中 LSI Logic 单选按钮，如图 9-8 所示。

(9) 单击“下一步”按钮，选中 SCSI 单选按钮，如图 9-9 所示。

(10) 单击“下一步”按钮，指定磁盘容量。磁盘容量一定要比建议值大。选中“将虚拟磁盘存储为单个文件”单选按钮，如图 9-10 所示。

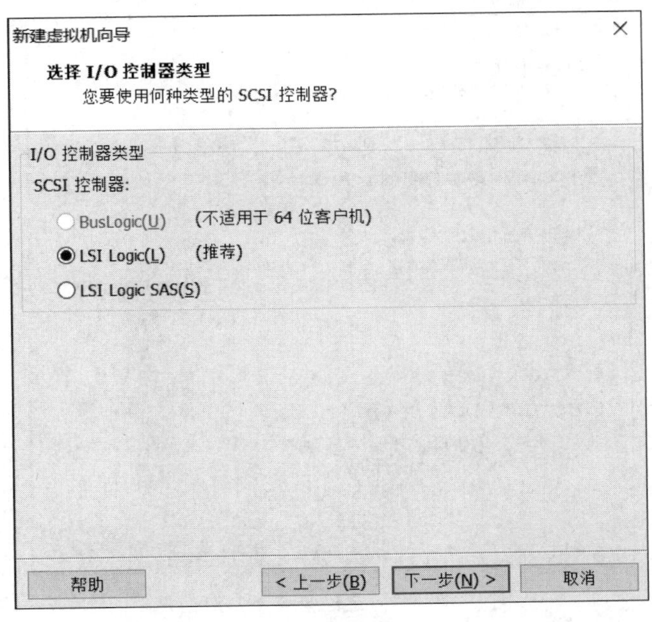

图 9-8 “选择 I/O 控制器类型”对话框

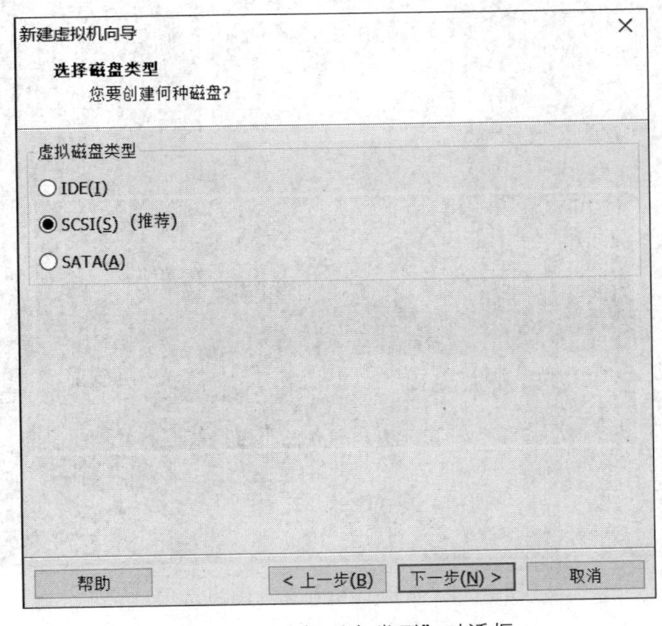

图 9-9 “选择磁盘类型”对话框

单击“下一步”按钮,再单击“完成”按钮,结束虚拟机的创建过程。

(11) 启动虚拟机,选择 Graphical install(图形界面安装)选项,如图 9-11 所示。

(12) 主机名可以自定义。网络和域名可以不填。直接单击“继续”按钮,设置密码即可。在磁盘分区时选中“使用整个磁盘”单选按钮。在“分区方案”中选中“将所有文件放在

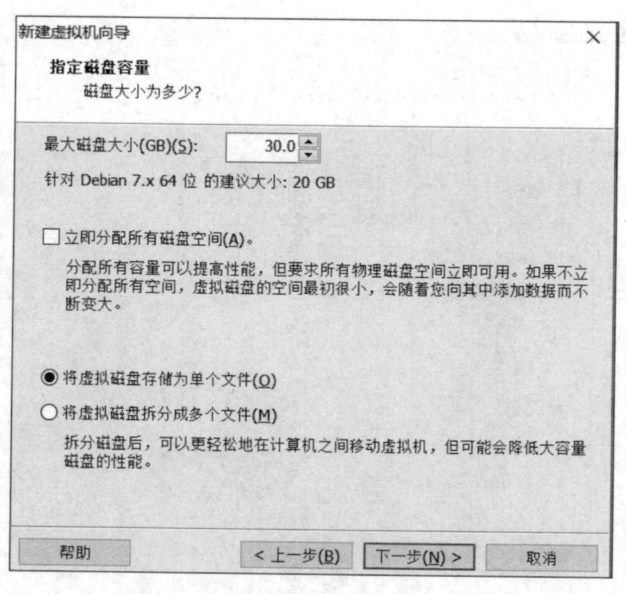

图 9-10 “指定磁盘容量”对话框

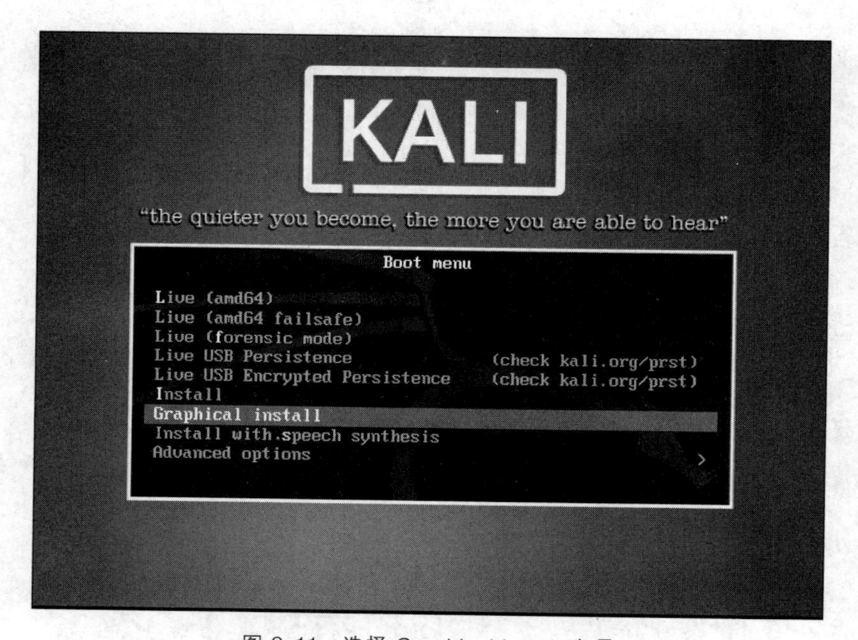

图 9-11 选择 Graphical install 选项

同一个分区中(推荐新手使用)”单选按钮。最后选中“将 GRUB 安装至硬盘”单选按钮。虚拟机安装完成界面如图 9-12 所示。

第二步,在 VirtualBox 上安装 Metasploitable-Linux。

(1) 下载 VirtualBox。VirtualBox 下载页面的地址为 https://www.virtualbox.org/wiki/Downloads,如图 9-13 所示。

图 9-12　虚拟机安装完成界面

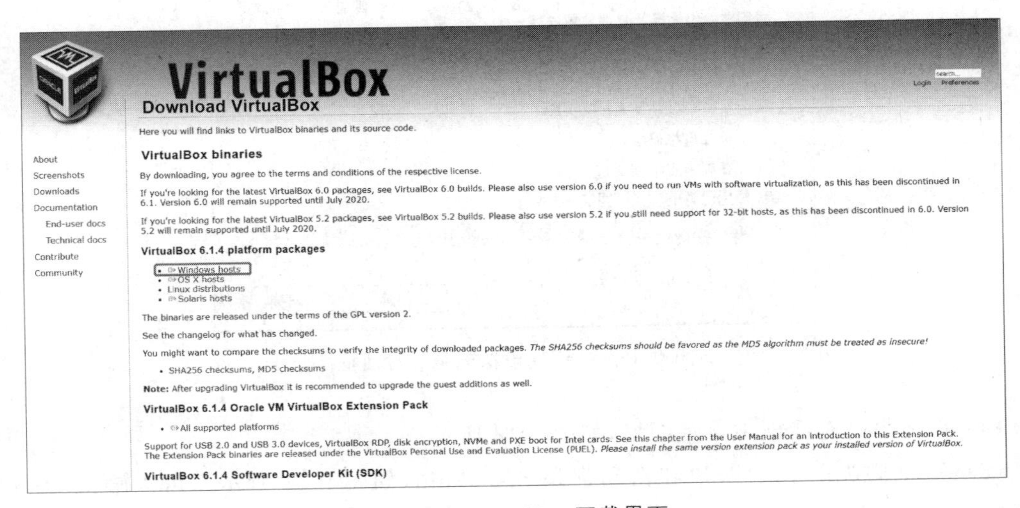

图 9-13　VirtualBox 下载界面

（2）下载 Metasploitable-Linux。Metasploitable-Linux 下载页面的地址为 https://sourceforge.net/projects/metasploitable/。下载完成后，将其安装在 VirtualBox 上。

（3）在 VirtualBox 上新建虚拟电脑，如图 9-14 所示。

单击“下一步”按钮，选中“使用已有的虚拟硬盘文件”单选按钮，再在下面的下拉列表框中选择 Metasploitable.vmdk(普通，8.00GB)选项，单击“创建”按钮，如图 9-15 所示。

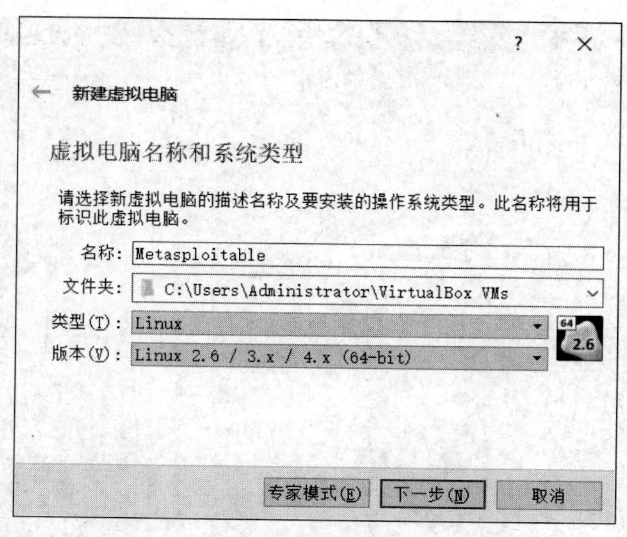

图 9-14 “新建虚拟电脑”对话框

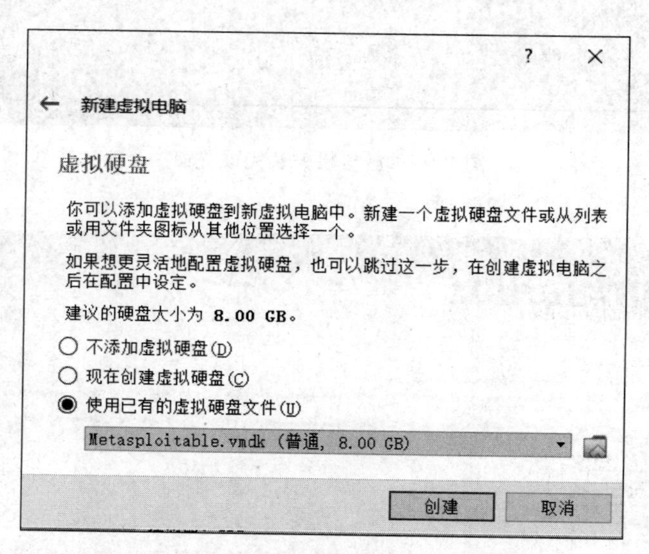

图 9-15 “新建虚拟电脑”对话框

(4) 在弹出的对话框中设置网络，如图 9-16 所示。

(5) 登录虚拟机，初始账户和密码都是 msfadmin，如图 9-17 所示。可以输入 ifconfig 命令查看 IP 地址。

第三步，对靶机进行漏洞攻击。

(1) 查看物理主机、攻击系统和靶机的 IP 地址。物理主机的 Windows 系统 IP 地址以及攻击系统和靶机的 Linux 系统 IP 地址均在终端用 ifconfig 命令查看。物理主机的 IP 地址为 192.168.3.10，如图 9-18 所示。攻击系统的 IP 地址为 192.168.159.130，如图 9-19 所示。靶机的 IP 地址为 192.168.56.101，如图 9-20 所示。

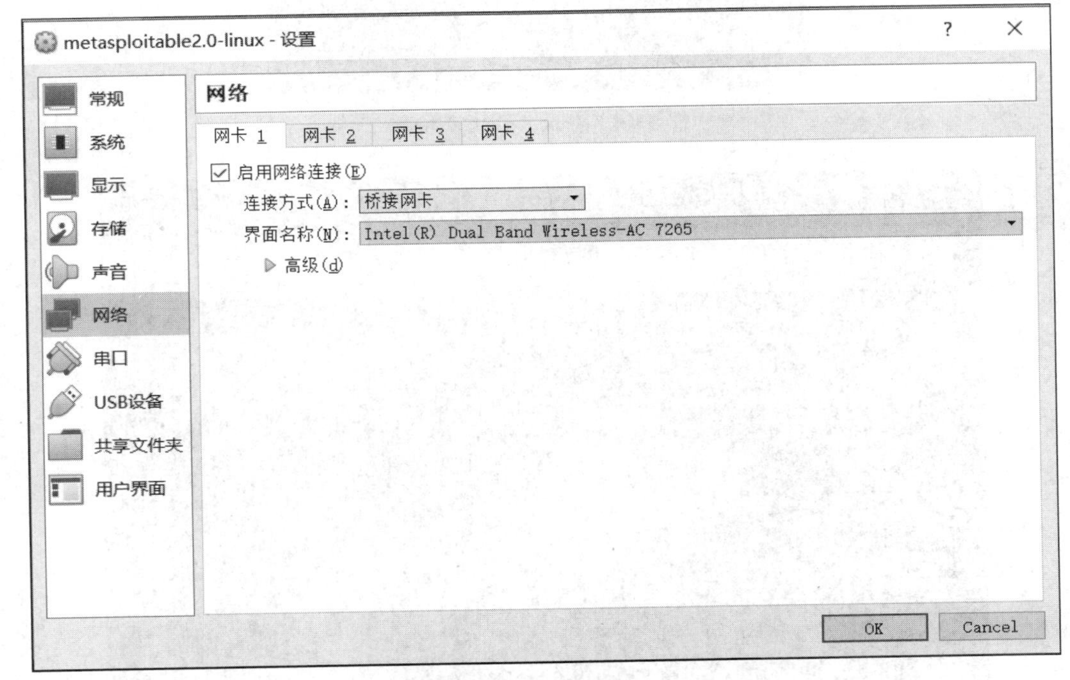

图 9-16　设置网络

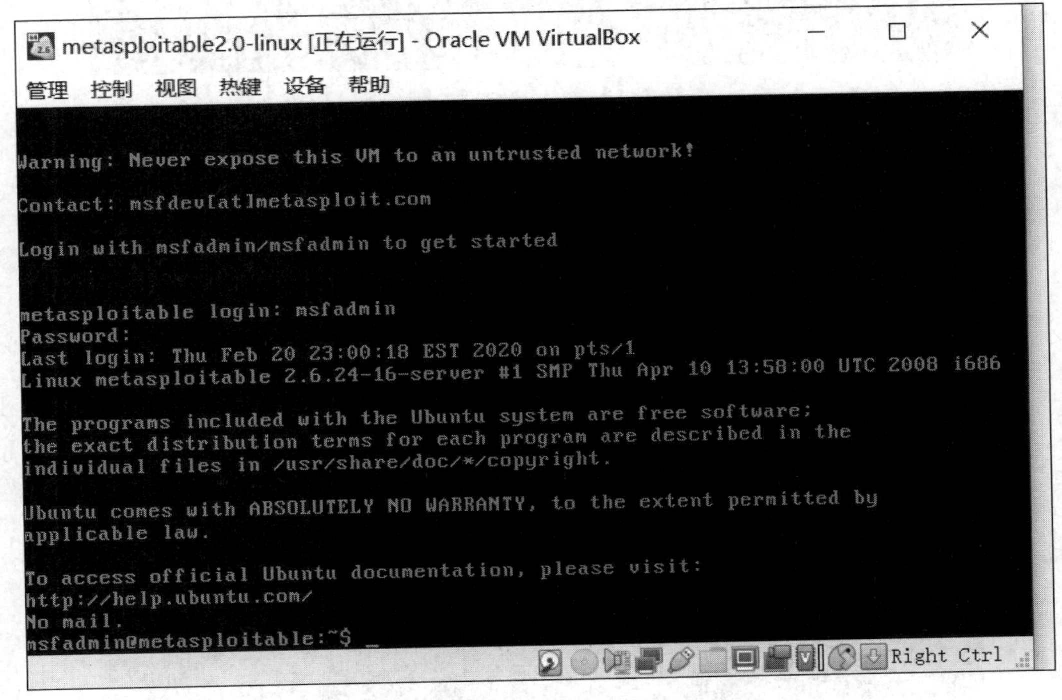

图 9-17　登录虚拟机

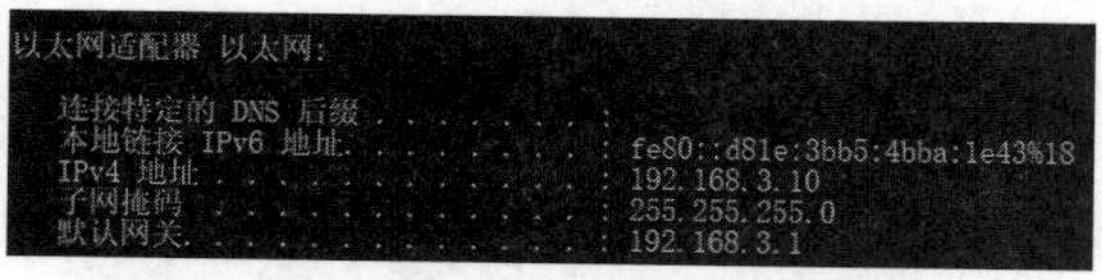

```
以太网适配器 以太网:

   连接特定的 DNS 后缀 . . . . . . . :
   本地链接 IPv6 地址. . . . . . . . : fe80::d81e:3bb5:4bba:1e43%18
   IPv4 地址 . . . . . . . . . . . . : 192.168.3.10
   子网掩码 . . . . . . . . . . . . : 255.255.255.0
   默认网关. . . . . . . . . . . . . : 192.168.3.1
```

图 9-18　物理主机的 IP 地址

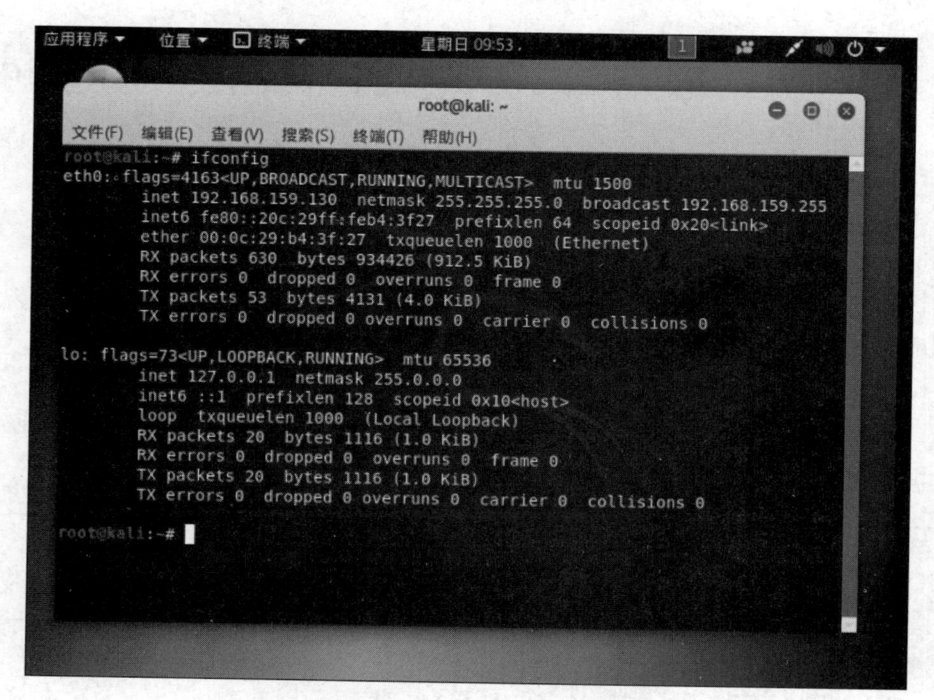

图 9-19　攻击系统的 IP 地址

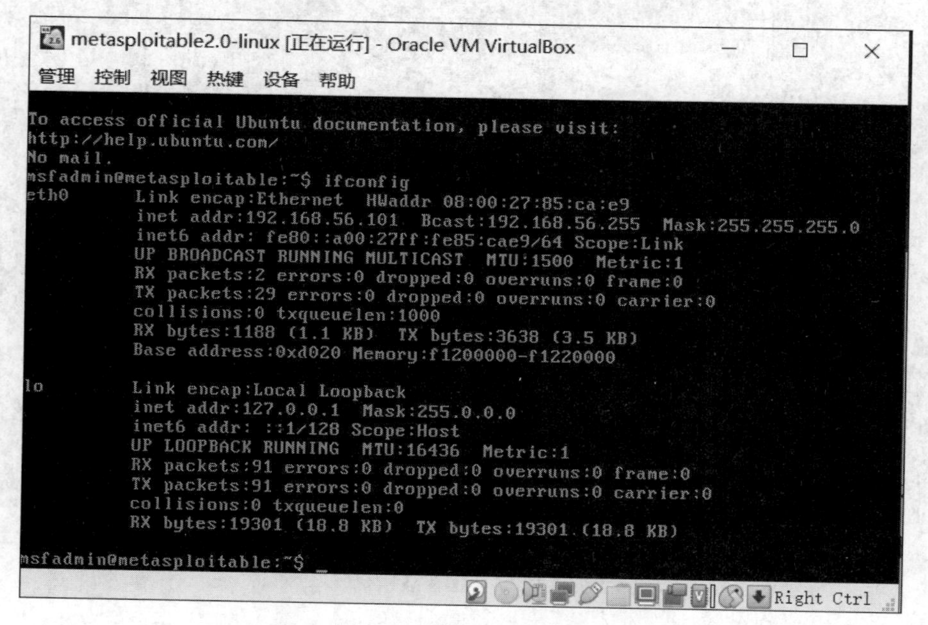

图 9-20　靶机的 IP 地址

(2) 测试网络连接。

先从物理主机分别向攻击系统和靶机发送 ping 命令,如图 9-21 和图 9-22 所示。

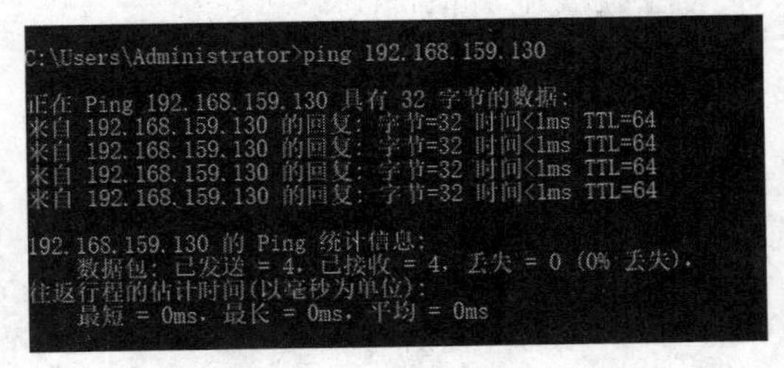

图 9-21　物理主机 ping 攻击系统

```
C:\Users\Administrator>ping 192.168.56.101

正在 Ping 192.168.56.101 具有 32 字节的数据:
来自 192.168.56.101 的回复: 字节=32 时间<1ms TTL=64
来自 192.168.56.101 的回复: 字节=32 时间<1ms TTL=64
来自 192.168.56.101 的回复: 字节=32 时间<1ms TTL=64
来自 192.168.56.101 的回复: 字节=32 时间<1ms TTL=64

192.168.56.101 的 Ping 统计信息:
    数据包: 已发送 = 4, 已接收 = 4, 丢失 = 0 (0% 丢失),
往返行程的估计时间(以毫秒为单位):
    最短 = 0ms, 最长 = 0ms, 平均 = 0ms
```

图 9-22　物理主机 ping 靶机

再从攻击系统向靶机发送 ping 命令,如图 9-23 所示。可按 Ctrl+Z 组合键终止进程。

```
root@kali:~# ping 192.168.56.101
PING 192.168.56.101 (192.168.56.101) 56(84) bytes of data.
64 bytes from 192.168.56.101: icmp_seq=1 ttl=128 time=0.941 ms
64 bytes from 192.168.56.101: icmp_seq=2 ttl=128 time=0.685 ms
64 bytes from 192.168.56.101: icmp_seq=3 ttl=128 time=0.736 ms
64 bytes from 192.168.56.101: icmp_seq=4 ttl=128 time=0.668 ms
64 bytes from 192.168.56.101: icmp_seq=5 ttl=128 time=0.736 ms
64 bytes from 192.168.56.101: icmp_seq=6 ttl=128 time=0.746 ms
64 bytes from 192.168.56.101: icmp_seq=7 ttl=128 time=0.665 ms
64 bytes from 192.168.56.101: icmp_seq=8 ttl=128 time=0.928 ms
64 bytes from 192.168.56.101: icmp_seq=9 ttl=128 time=0.637 ms
64 bytes from 192.168.56.101: icmp_seq=10 ttl=128 time=0.667 ms
^Z
[1]+  已停止                ping 192.168.56.101
```

图 9-23　攻击系统 ping 靶机

但是,靶机不能 ping 通物理主机和攻击系统。

(3) 攻击靶机。直接在浏览器地址栏中输入靶机的 IP 地址,如图 9-24 所示。

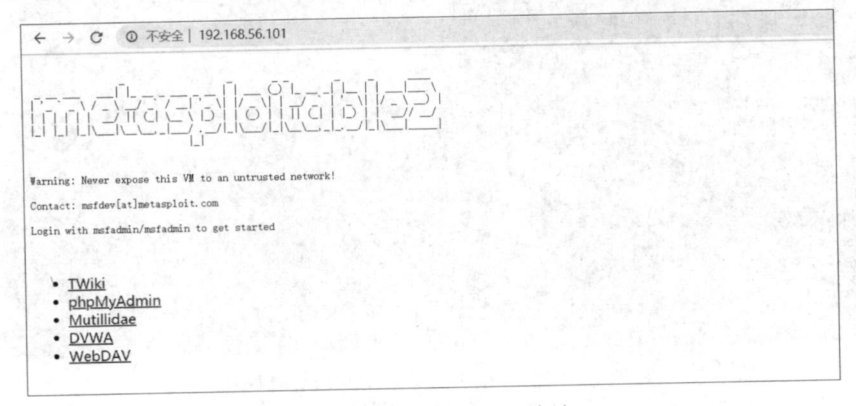

图 9-24　输入靶机 IP 地址

在攻击系统上使用 telnet 命令直接远程登录靶机，如图 9-25 所示。

图 9-25 使用 telnet 命令远程登录靶机

输入用户名和密码，即可成功登录靶机，如图 9-26 所示。

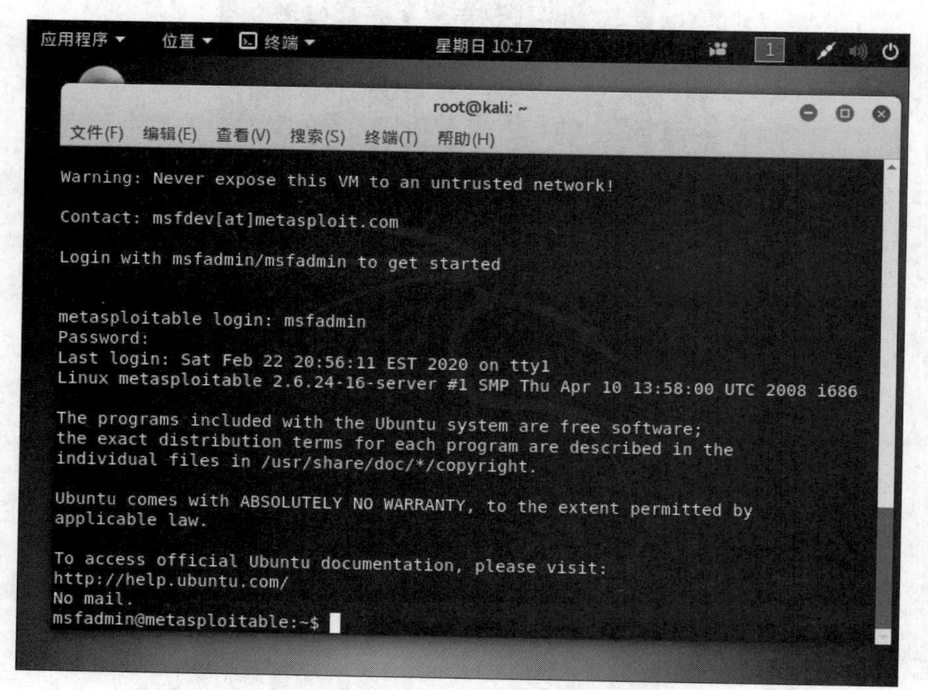

图 9-26 输入用户名和密码成功登录靶机

使用 nmap 命令检测靶机的端口状态，如图 9-27 所示。可以看到，靶机的很多端口处于开启状态。

图 9-27　使用 nmap 命令检测靶机的端口状态

输入 msfconsole 命令，启动 Metasploit，如图 9-28 所示。

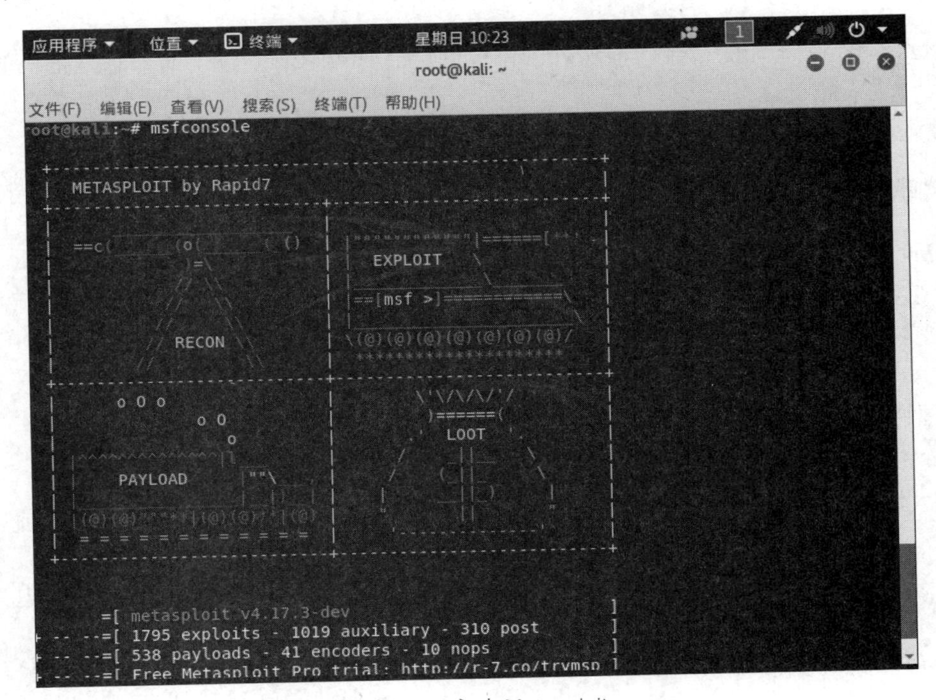

图 9-28　启动 Metasploit

输入 use exploit/unix/ftp/vsftpd_234_backdoor 命令选择漏洞，输入 set RHOST 172.23.32.185 命令设置端口，输入 exploit 命令开始攻击，如图 9-29 所示。

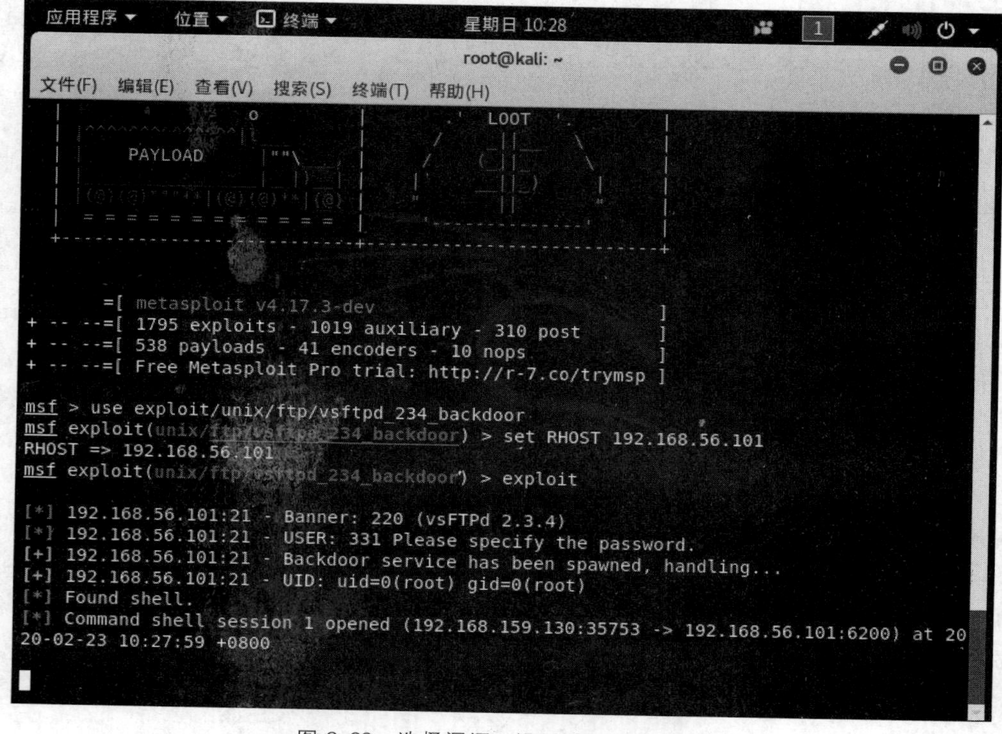

图 9-29 选择漏洞，设置端口开始攻击

输入 uname -a 命令检查当前所处的系统的信息。可以看到输出的信息是靶机的，说明已经成功进入靶机。

输入 shutdown -h now 命令把靶机关闭。至此完成实验。

实验报告要求

实验报告应包括以下内容：

- 实验目的。
- 实验过程和结果截图。
- 实验过程中遇到的问题以及解决方法。
- 收获与体会。

思 考 题

1. 为什么物理主机可以 ping 通攻击系统和靶机，攻击系统可以 ping 通靶机，但是靶机却不能 ping 通物理主机和攻击系统？

2. 简述攻击系统对靶机的攻击流程。

第10章　Kali Linux DNS劫持实验

10.1　DNS劫持简介

域名服务(DNS)劫持简称域名劫持,就是在劫持的网络范围内拦截用户的域名解析请求,分析请求的域名。若用户请求域名在其劫持范围以外,则将请求放行;否则,直接返回假的IP地址或者什么也不做,使得请求失去响应,其效果就是用户不能访问特定的网址或访问的是假网址。

域名劫持可能影响用户的上网体验,用户被引到无关网站,进而无法正常浏览要访问的网站;而用户量较大的网站域名被劫持后,恶劣影响会不断扩大。另外,用户可能被诱骗到假冒网站进行登录等操作、导致隐私数据泄露。

10.1.1　DNS简介

DNS是提供域名解析服务的互联网系统,可将域名(如 www.baidu.com)指向其IP地址(202.108.22.5)。大多数互联网应用必须先查询域名系统,然后才能进行数据通信和互联互通。全球域名总数超过3.5亿个,域名服务器数量超过1000万台,每天提供上千亿次查询服务。如同手机中误删通信录将导致无法拨打电话(除非记得电话号码一样),如果DNS不可用,会导致用户终端无法获知网站IP地址而无法发起访问。对于大多数互联网应用而言,DNS是重要的关键基础服务,对互联网正常运行和健康发展至关重要。目前DNS主要由电信运营商和域名解析企业提供。

DNS解析过程涉及将主机名转换为IP地址。互联网上的每一台设备都会获得一个IP地址,该地址是查找相应互联网设备所必需的。当用户要加载网页时,DNS必须在用户输入的Web网页地址和对应的IP地址之间进行转换。

10.1.2　DNS原理

1. DNS的工作过程

用户平常上网访问网页时的DNS工作过程如下(以访问百度为例):在浏览器输入 http://www.baidu.com/,并按回车键。浏览器首先尝试从缓存中获取 www.baidu.com 对应的IP地址,如果能够获取,浏览器就会使用这个IP地址作为数据包发送时的目的IP地址;否则,浏览器就会查找本机的Host文件,获取 www.baidu.com 对应的IP地址。如果Host文件中也没有 www.baidu.com 对应的IP地址,这时,浏览器便会利用DNS协议向本地域名服务器发出一个IP地址查询的A类型的DNS请求报文。

(1) 若本地域名服务器有对应的DNS记录,将百度域名对应的IP地址发送给用户浏览器。

(2) 若本地域名服务器无对应的DNS记录,向根域名服务器发起对百度域名对应的IP地址的查询。

(3) 若根域名服务器有对应的DNS记录，将IP地址发送给本地域名服务器。本地域名服务器收到应答后，将IP地址发送给用户浏览器并缓存此条记录。

(4) 根域名服务器无对应的DNS记录，向本地域名服务器发送com域的域名服务器的IP地址。

(5) 本地域名服务器收到来自根域名服务器的应答之后，便会向对应的com域的域名服务器发送对百度域名对应的IP地址的查询报文。com域的域名服务器收到查询报文之后，将IP地址发送给本地域名服务器。本地域名服务器收到应答后，将IP地址发送给用户浏览器并缓存此条记录。

2. 域名服务器

以今日头条为例，浏览器访问域名 https://www.toutiao.com/，想要得到其IP地址。首先，浏览器一定要知道域名服务器的IP地址，否则无法上网。浏览器通过域名服务器才能知道某个域名的IP地址。可在"Internet 协议版本 4(TCP/IP)属性"对话框中设置DNS服务器(即域名服务器)的IP地址，如图10.1所示。

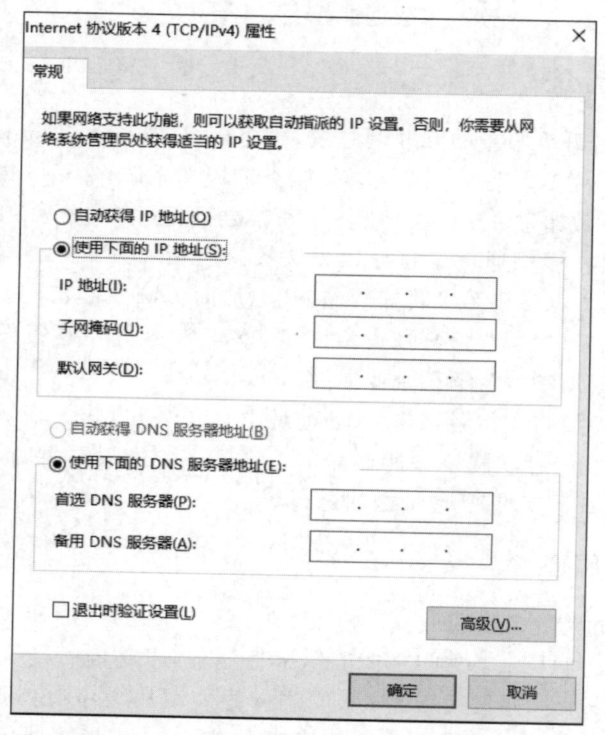

图 10.1 "Internet 协议版本 4 (TCP/IP) 属性" 对话框

域名服务器的IP地址有可能是动态的，每次上网时由网关分配，这种机制被称为DHCP(Dynamic Host Configuration Protocol，动态主机配置协议)。域名服务器的IP地址也有可能是事先指定的固定地址。在Linux系统中，域名服务器的IP地址保存在/etc/resolv.conf文件中。

3. 本地域名服务器

本地域名服务器一般是指用户计算机上网时IPv4或者IPv6设置中填写的DNS服务

器(见图 10.1)。这个域名服务器有可能是手工指定,也有可能是 DHCP 自动分配的。如果用户的计算机直连运营商网络,默认设置情况下域名服务器地址为 DHCP 分配给运营商的服务器地址。如果用户的计算机和运营商之间还有无线或有线路由器,那么极有可能路由器内置了域名转发器,它的作用是将发往路由器的所有域名请求转发到上层域名服务器。此时,由于路由器也接管了下挂计算机的 DHCP 服务,所以它分配给用户计算机的域名服务器地址就是它的 IP 地址,所以用户计算机的域名服务器分配到的 IP 地址可能是 192.168.1.1,实际上就是路由器的 IP 地址,而路由器的域名转发器将请求转发到上层运营商的域名服务器。所以把这里说的域名服务器视为局域网的域名服务器或者是运营商的域名服务器都可以(因为最终都是转发给运营商)。

权威域名服务器是特殊的域名服务器,所谓"权威"是针对特定域名来说的。所以,一般会说某域名的权威域名服务器是哪一个,而不能脱离域名讨论权威域名服务器。域名服务商负责其分配的域名的权威解析(当然也有在一处购买域名,然后挂靠到其他权威域名服务器的情况)。

4. 域名层次结构

域名系统采用的是分布式的解析方案。域名系统采用树形结构,这个树状结构称为域名空间,如图 10-2 所示。

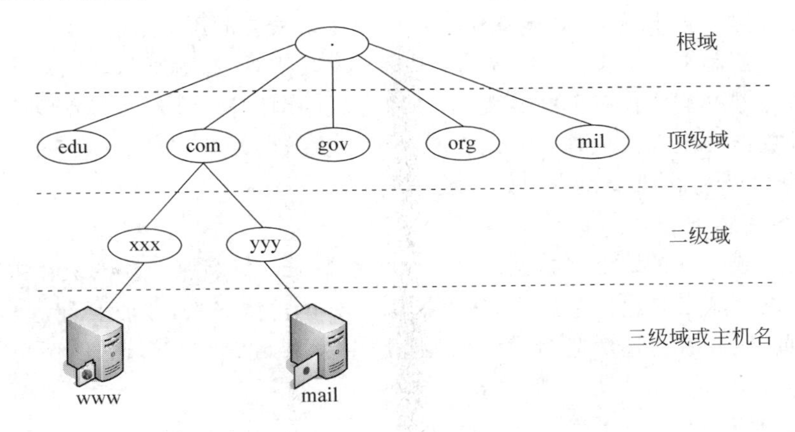

图 10-2 域名空间

树形结构最顶层称为根域,用"."表示,相应的域名服务器称为根域名服务器。整个域名空间的解析权都归根域名服务器所有。但根域名服务器无法承受庞大的查询负载,因此它采用委派机制,在根域下设置了一些顶级域,然后将不同顶级域解析权分别委派给相应的顶级域名服务器。例如,将 com 域的解析权委派给 com 域名服务器。以后,只要根域名服务器收到以 com 结尾的域名解析请求,都会转发给 com 域名服务器。同样,为了减轻顶级域名服务器的压力,又下设若干二级域;二级域又下设三级域或主机。

10.1.3 DNS 劫持

1. 什么是 DNS 劫持

DNS 劫持就是劫持域名服务器并通过某些手段取得某域名的解析记录控制权,进而修改此域名的解析结果,导致用户对该域名的访问由原 IP 地址转到修改后的指定 IP 地址,其结果就是用户不能访问特定的网址或访问的是假网址，从而实现窃取资料或者破坏原有正常服务的目的。DNS 劫持是通过篡改域名服务器上的数据，返回给用户一个错误的查询结果来实现的。

DNS 劫持会表现出明显症状。例如，用户在成功连接宽带后，首次打开任何页面都指向运营商提供的“电信互联星空”“网通黄页广告”等页面；又如，用户访问 Google 域名的时候出现了百度的网站。这些都属于 DNS 劫持。

以下是轰动一时的几个 DNS 劫持案例：

- 2009 年，巴西最大的银行——Bandesco（巴西银行）遭受 DNS 缓存病毒攻击，1% 的用户被诱骗访问了钓鱼网站。
- 2010 年，百度域名被劫持。
- 2012 年，日本 3 家银行的网上银行服务被钓鱼网站劫持。用户登录这 3 家银行的网上银行服务界面时，出现要求用户输入信息的虚假界面。

2. DNS 劫持的方法

1）利用域名服务器进行 DDoS 攻击

正常的域名服务器递归查询过程可能被攻击者利用，以发动 DDoS 攻击。假设攻击者已知被攻击主机的 IP 地址，攻击者使用该地址作为发送解析命令的源地址。这样，当使用域名服务器进行递归查询后，域名服务器将响应发送给最初的用户，而这个用户正是被攻击者。如果攻击者控制了足够多的“肉鸡”（傀儡机），反复进行上述操作，那么被攻击者就会受到来自域名服务器的响应信息 DDoS 攻击，被攻击者的网络被拖垮，直至发生中断。

防御这种攻击的重大挑战是：由于攻击者没有直接与被攻击主机进行通信，隐匿了自己的行踪，让被攻击主机难以追查原始的攻击来源。

2）DNS 缓存感染

攻击者通过域名解析请求将数据放入一个存在漏洞的域名服务器的缓存中。这些缓存信息会在用户查询域名时返回给用户，从而把用户对正常域名的访问引导到攻击者设置的挂马、钓鱼网页上，或者通过伪造的邮件和其他服务获取用户口令信息，使用户遭受进一步的侵害。

3）DNS 信息劫持

TCP/IP 通过序列号等多种方式避免仿冒数据的插入，但攻击者如果监听客户端和域名服务器的会话，就可以猜测域名服务器响应给客户端的域名查询序列号。每个 DNS 报文包括一个 16 位序列号，域名服务器根据这个序列号获取请求源位置。攻击者在域名服务器响应之前将虚假的响应发送给客户端，从而欺骗客户端访问恶意网站。假设当提交给某个域名服务器的域名解析请求的 DNS 报文包数据被截获，然后攻击者将一个虚假的 IP 地址作为响应信息返回给请求者，请求者就会把这个虚假的 IP 地址作为它请求解析的域名的 IP 地址，这样他就被欺骗到了别处，而无法连接想要访问的网站。

4）DNS 重定向

攻击者将域名称查询重定向到恶意域名服务器上，这样，被劫持域名的解析就完全处于攻击者的控制之下。

5）ARP 欺骗

ARP 欺骗就是通过伪造 IP 地址和 MAC 地址在网络中产生大量的 ARP 通信，使网络阻塞，攻击者只要持续不断地发出伪造的ARP响应包就能更改目标主机ARP缓存中的IP地址和MAC地址映射表条目，造成网络中断或实施中间人攻击。ARP欺骗主要存在于局域网中。局域网中若有一台计算机感染ARP病毒，则该计算机就会通过ARP欺骗手段截获所在网络内其他计算机的通信信息，并由此造成网络内其他计算机的通信故障。如果IDC机房被ARP病毒入侵，则攻击者可以采用ARP响应包压制正常主机或者域名服务器，以使用户访问错误的网站。

6）本机DNS劫持

用户的计算机系统（简称本机）被木马或流氓软件感染后，也可能会出现部分域名访问异常，例如访问挂马或者钓鱼站、无法访问正常网站等情况。本机DNS劫持方式包括Host文件篡改、SPI链注入、BHO插件等方式。

3. DNS劫持流程

DNS劫持流程如下：

（1）攻击者攻陷一些网站。

（2）攻击者向这些网站植入路由DNS劫持代码。

（3）攻击者等待用户访问这些网站。

（4）用户访问这些网站后，就会执行路由DNS劫持代码。

（5）用户的路由器如果存在漏洞就会中招。

（6）用户上网流量被劫持。

4. 基于HTTPS的DNS劫持原理

HTTPS是以安全为目标的HTTP通道，简单来说，HTTPS是HTTP的安全版，即在HTTP中加入SSL层。HTTPS的安全基础是SSL，因此加密就需要SSL。很多人基于对SSL层加密的信任认为无法嗅探HTTPS请求。那么，攻击者是怎么做到嗅探HTTPS的？

简单来说，攻击者为了绕过HTTPS，采用了SSL剥离（SSL Strpping）技术。攻击者阻止用户和使用HTTPS的网站之间建立SSL连接，使用户和代理服务器（攻击者控制的服务器）之间使用了未加密的HTTP通信。

攻击者可以使用SSL剥离工具实施攻击，例如SSLStrip。这些工具能够阻止用户和使用HTTPS的网站之间建立SSL连接，进行中间人攻击。因为使用SSLStrip会提醒用户连接没有使用SSL加密，攻击者为了迷惑用户，会重写URL，在域名前添加“ssl-.”前缀。当然，这个域名是不存在的，只能在攻击者控制的服务器上才能解析。

这种攻击往往不是基于服务器端进行的。特别是SSL剥离技术，其攻击手法既不是针对固件，也不是利用固件漏洞。

5. 基于SSLStrip的DNS劫持原理

基于SSLStrip的DNS劫持原理如下：

（1）攻击者利用中间人攻击来劫持HTTPS请求流量。

（2）将HTTPS连接全部替换为HTTP，同时记录所有改变的连接。

（3）使用HTTP与目标主机连接。

（4）与合法服务器建立HTTPS连接。

（5）目标主机与合法服务器之间的全部通信请求均经过代理（攻击者控制的服务器）转发。

(6) 完成被劫持的请求。

基于 SSLStrip 的 DNS 劫持原理如图 10-3 所示。

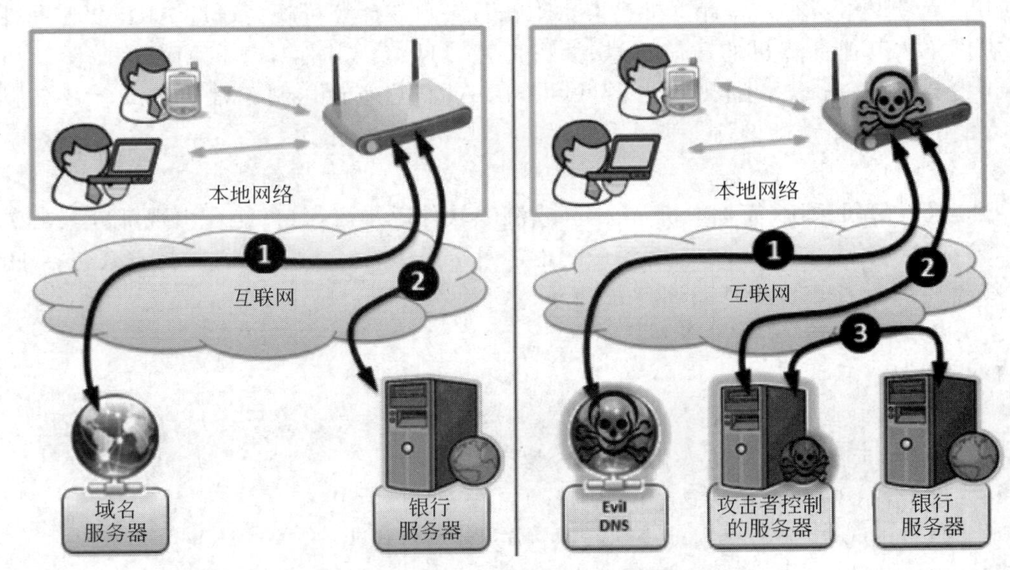

图 10-3 基于 SSLStrip 的 DNS 劫持原理

10.1.4 防范 DNS 劫持

在网络层面可以通过以下方法防范 DNS 劫持:

(1) 互联网公司准备两个以上域名。一旦其中一个域名被攻击者劫持,用户还可以访问另一个域名。

(2) 手动设置域名服务器。在地址栏中输入 http://192.168.1.1(如果页面不能显示,可尝试输入 http://192.168.0.1)。在页面中输入路由器的用户名和密码,然后单击“确定”按钮。

在“DHCP 服务器-DHCP”对话框,将主 DNS 服务器地址设置为更可靠的 114.114.114.114,将备用 DNS 服务器地址设置为 8.8.8.8。最后单击“保存”按钮即可。

(3) 修改路由器密码。在地址栏中输入 http://192.168.1.1(如果页面不能显示,可尝试输入 http://192.168.0.1)。在页面中输入路由器的用户名和密码。路由器初始用户名和密码均为 admin;如果修改过用户名和密码,则填写修改后的用户名和密码。最后单击“确定”按钮。

若输入的用户名和密码正确,会进入路由器密码修改页面,在“系统工具”的“修改登录口令”界面即可完成路由器密码的修改(原用户名和密码与上面步骤中输入的一致)。

10.2 DNS 劫持实验

实验器材

PC(Windows XP/Windows 10)1 台。

预习要求

做好实验预习，掌握 DNS 劫持的相关内容。
熟悉实验过程和基本操作流程。
撰写预习报告。

实验任务

通过本实验，掌握以下技能：
(1) 了解 Kali Linux 的基本操作方法。
(2) 掌握 Ettercap 软件的使用方法。

实验环境

PC 使用 Windows 10 操作系统，接入互联网，并安装 Kali Linux 虚拟机和 Windows XP 虚拟机。

预备知识

了解 Kali Linux 虚拟机的安装方法。

实验步骤

测试本机系统可上网。在 DOS 命令窗口输入 ipconfig/all 命令，查看执行结果，如图 10-4 所示。

图 10-4　ipconfig/all 命令的执行结果

打开 kali Linux，在命令行输入以下命令查找 etter.dns 文件：

```
locate etter.dns
```

输入以下命令启动 vi 编辑器，对 etter.dns 文件进行编辑：

```
vi /etc/Ettercap/etter.dns
```

以上两个命令如图 10-5 所示。

```
heu333@kali:~/桌面
文件(F) 动作(A) 编辑(E) 查看(V) 帮助(H)
heu333@kali:~/桌面$ locate etter.dns
/etc/ettercap/etter.dns
heu333@kali:~/桌面$ vi /etc/ettercap/etter.dns
```

图 10-5 查找 etter.dns 文件并启动 vi 编辑器

在打开的 vi 编辑器窗口中输入 i，对文件进行编辑，如图 10-6 所示。编辑完成后按 Esc 键，再输入:wq 命令保存文件。

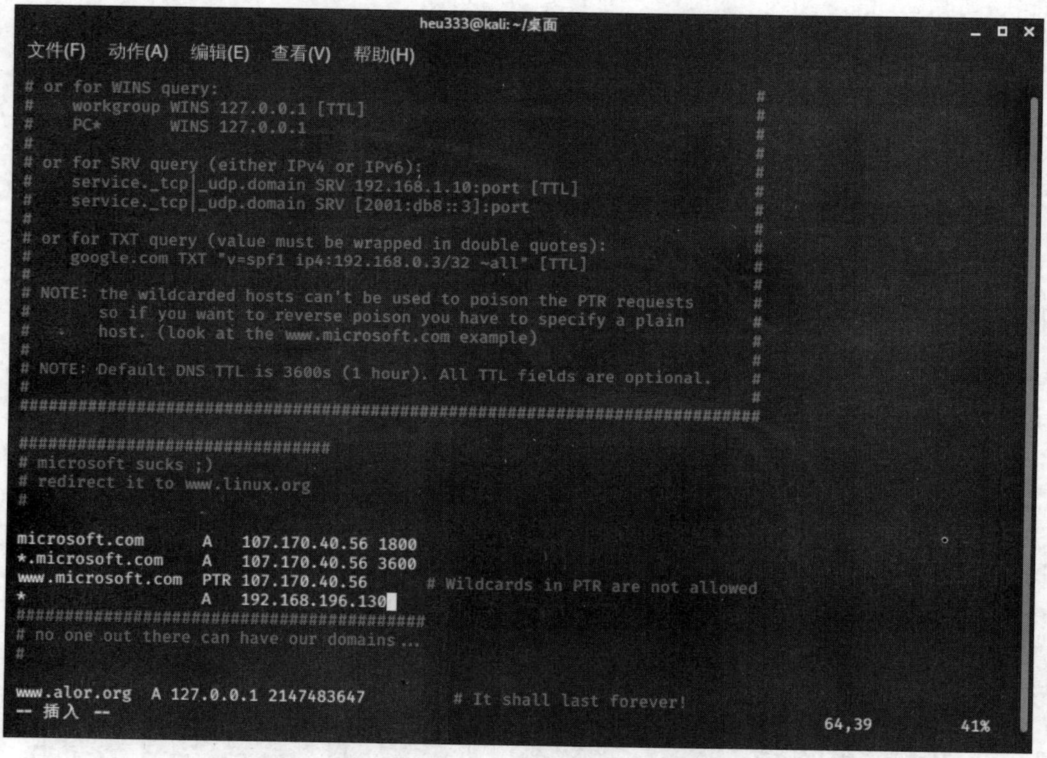

```
heu333@kali:~/桌面
文件(F) 动作(A) 编辑(E) 查看(V) 帮助(H)
# or for WINS query:                                                        #
#    workgroup WINS 127.0.0.1 [TTL]                                         #
#    PC*       WINS 127.0.0.1                                               #
#                                                                           #
# or for SRV query (either IPv4 or IPv6):                                   #
#    service._tcp|_udp.domain SRV 192.168.1.10:port [TTL]                   #
#    service._tcp|_udp.domain SRV [2001:db8::3]:port                        #
#                                                                           #
# or for TXT query (value must be wrapped in double quotes):                #
#    google.com TXT "v=spf1 ip4:192.168.0.3/32 ~all" [TTL]                  #
#                                                                           #
# NOTE: the wildcarded hosts can't be used to poison the PTR requests       #
#       so if you want to reverse poison you have to specify a plain        #
#       host. (look at the www.microsoft.com example)                       #
#                                                                           #
# NOTE: Default DNS TTL is 3600s (1 hour). All TTL fields are optional.     #
#                                                                           #
#############################################################################

################################
# microsoft sucks ;)
# redirect it to www.linux.org
#

microsoft.com      A   107.170.40.56 1800
*.microsoft.com    A   107.170.40.56 3600
www.microsoft.com  PTR 107.170.40.56      # Wildcards in PTR are not allowed
*                  A   192.168.196.130
##########################################
# no one out there can have our domains...
#

www.alor.org  A 127.0.0.1 2147483647      # It shall last forever!
-- 插入 --                                             64,39        41%
```

图 10-6 编辑 etter.dns 文件

在 Kali Linux 中打开 Ettercap 软件。在 Primary Interface 下拉列表框中选择 eth0 端口，如图 10-7 所示。

扫描存活的主机，如图 10-8 所示。

找到 dns_spoof 插件，如图 10-9 所示。双击 dns_spoof，打开该插件。

打开 MITM Attack：ARP Poisoning，其界面如图 10-10 所示。

在主菜单中选择 Start→Start sniffing 命令，如图 10-11 所示。

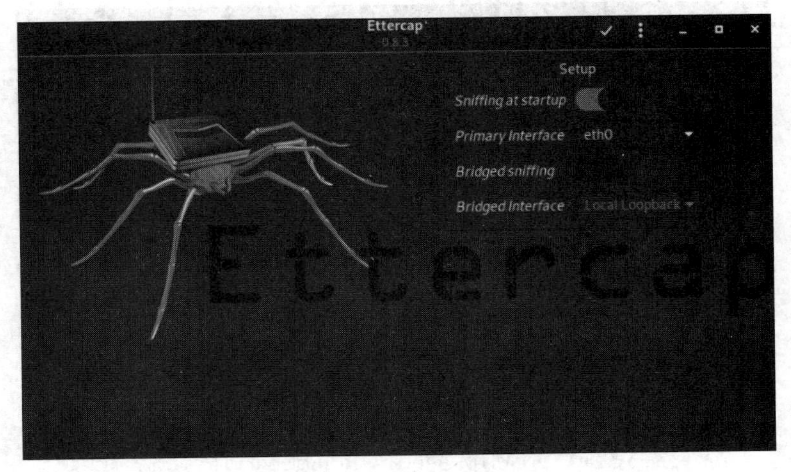

图 10-7　选择 eth0 端口

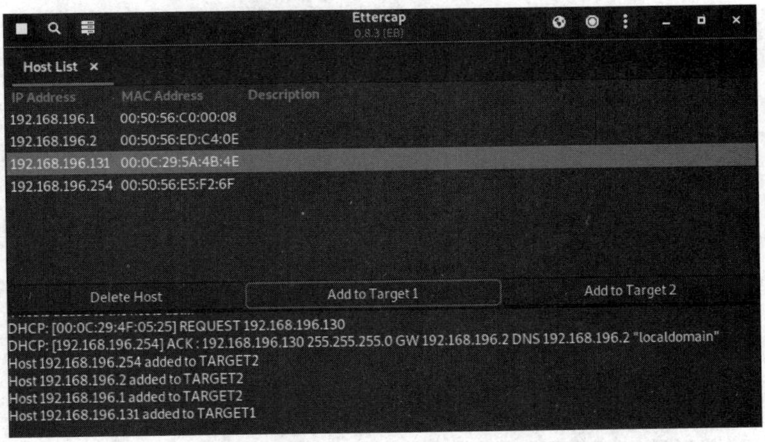

Ettercap
0.8.3 (EB)

Host List

IP Address	MAC Address	Description
192.168.196.1	00:50:56:C0:00:08	
192.168.196.2	00:50:56:ED:C4:0E	
192.168.196.131	00:0C:29:5A:4B:4E	
192.168.196.254	00:50:56:E5:F2:6F	

Delete Host　Add to Target 1　Add to Target 2

DHCP: [00:0C:29:4F:05:25] REQUEST 192.168.196.130
DHCP: [192.168.196.254] ACK : 192.168.196.130 255.255.255.0 GW 192.168.196.2 DNS 192.168.196.2 "localdomain"
Host 192.168.196.254 added to TARGET2
Host 192.168.196.2 added to TARGET2
Host 192.168.196.1 added to TARGET2
Host 192.168.196.131 added to TARGET1

图 10-8　扫描存活的主机

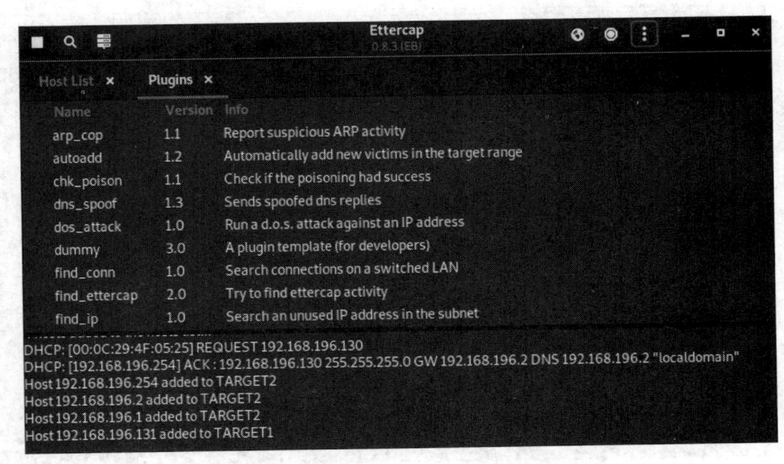

图 10-9　找到 dns_spoof 插件

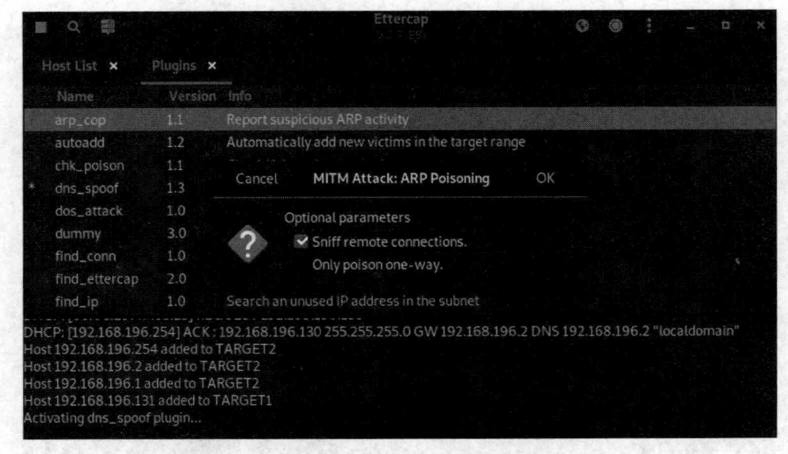

图 10-10　MITM Attack: ARP Poisoning 界面

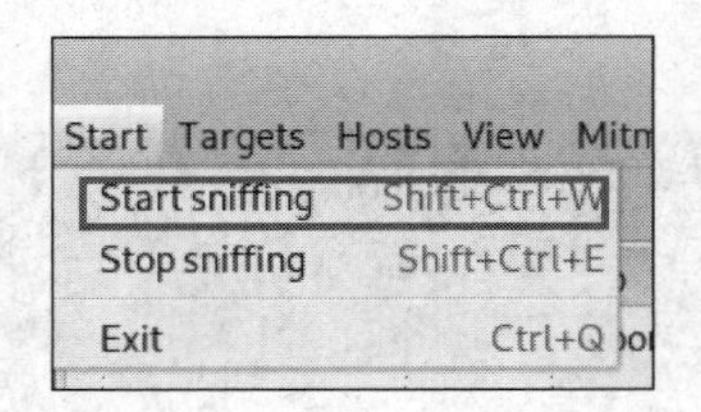

图 10-11　选择 Start sniffing 命令

完成所有操作以后，在命令行中输入以下命令，启动 Apache2：

```
service apache2 start
```

在 Windows 上访问新浪网站，发现其主页被劫持，如图 10-12 所示。

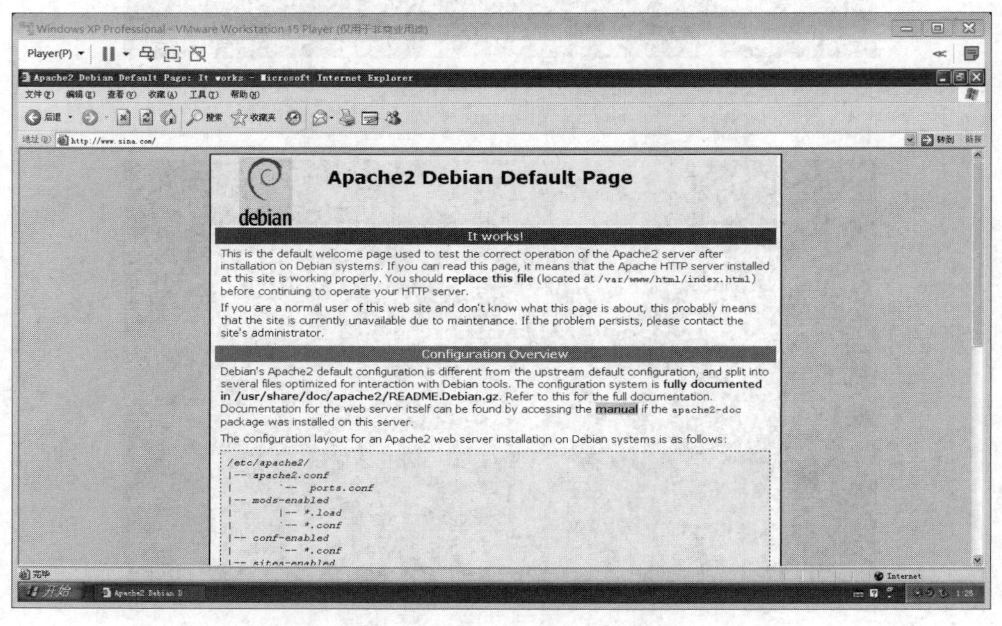

图 10-12　新浪网站主页被劫持

可以看到，ping 命令回显的 IP 地址并不是新浪网站的 IP 地址，而是 Kali Linux 虚拟机的 IP 地址，如图 10-13 所示。

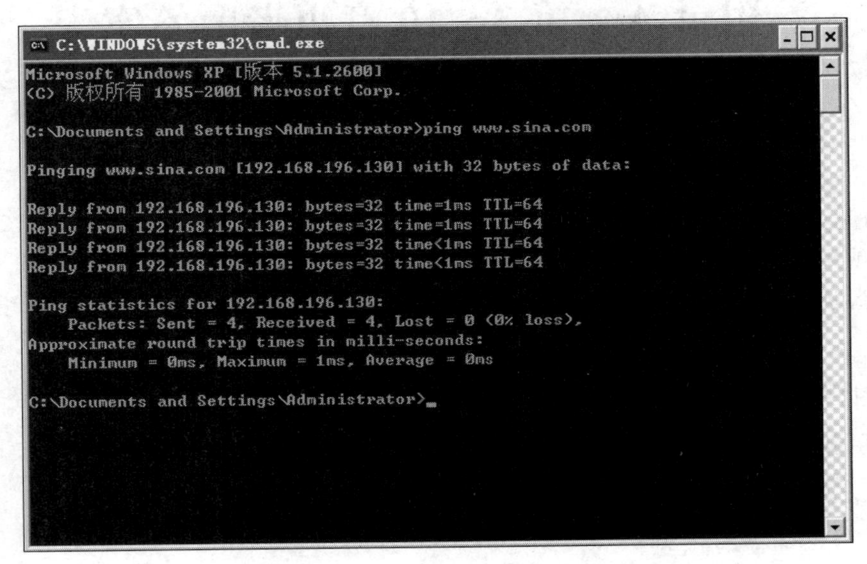

图 10-13　ping 命令回显的 IP 地址

实验报告要求

实验报告应包括以下内容：

- 实验目的。
- 实验过程和结果截图。
- 实验过程中遇到的问题以及解决方法。
- 收获与体会。

思　考　题

1. 如何利用 DNS 进行 DDoS 攻击？
2. 说明 DNS 缓存感染的含义。

附录A　第3～10章思考题答案

A.1　第3章思考题答案

1. 如何解决在Kali Linux 2.0中WMware安装成功但无法使用的问题。

答：解决这一问题的步骤如下。

(1) 添加源，命令如下：

```
leafpad /etc/apt/sources.list
deb http://mirrors.ustc.edu.cn/kali kali-rolling main non-freecontrib
```

(2) 更新并升级，命令如下：

```
apt-get update
apt-get upgrade
```

(3) 安装，命令如下：

```
apt-get install open-vm-tools-desktop fuse
```

(4) 重启，命令如下：

```
reboot
```

如果按上面的步骤还是不能解决问题，可能安装的WMware是虚拟机自带的工具。需要删除已经安装的WMware，然后重新安装WMware。

2. 如何解决dpkg被中断的问题。

答：安装Linux的过程中，有时会显示"dpkg被中断，必须手工运行sudo dpkg -configure -a解决此问题"的提示，然而按照提示操作却并没能解决问题。其实导致这个问题的主要原因是/var/lib/dpkg/updates文件夹下的文件有问题，可能是其他软件安装过程导致的。这时，删除该文件夹下的所有文件，然后更新并升级软件即可。命令如下：

```
sudo rm /var/lib/dpkg/updates/*
sudo apt-get update
sudo apt-get upgrade
```

sudo apt-get update命令会重建这些文件，所以不必担心删除这些文件后会出问题。

sudo apt-get upgrade命令会更新计算机中已安装的软件的明细，根据软件的明细将软件更新到最新版。

说明：dpkg是Debian Packager的缩写。它是为Debian专门开发的套件管理系统，以方便软件的安装、更新及移除。所有源自Debian的Linux发行版都使用dpkg。

A.2　第 4 章思考题答案

1. 内网穿透的方法有哪些?

答:内网穿透的方法有以下几种。

(1) 完全锥形 NAT。

(2) 受限制锥形 NAT。

(3) 端口受限制锥形 NAT。

(4) 对称型 NAT。

2. 花生壳穿透是如何实现的?

答:花生壳利用 DDNS(动态域名服务)将用户的动态 IP 地址映射到固定的域名上。用户每次连接网络的时候,客户端程序就会通过信息传递把该主机的动态 IP 地址传送给位于运营商主机上的服务器程序。服务器程序负责提供域名服务并实现动态域名解析。动态域名服务的主要作用就是捕获用户动态变化的 IP 地址,然后将其与域名相对应,这样其他上网用户就可以通过该域名与该用户交流了。

A.3　第 5 章思考题答案

1. 客户端在不知道服务器(192.168.241.131)开放的端口时如何与服务器连接?

可以利用 nmap 192.168.241.131 或者 nc -zv 192.168.241.131 命令对端口进行扫描后再连接服务器。

2. 如何利用 nc 从服务器(192.168.241.131)向客户机传输文件?

答:可以在服务器的终端输入 nc -l 333 ＜test 命令,在客户机的终端输入 nc 192.168.241.131 333 ＞test2 命令,即可将服务器的 test 文件传输到客户机,并将其重命名为 test2。

A.4　第 6 章思考题答案

1. 网络嗅探有什么积极意义?

答:网络嗅探需要用到网络嗅探器,其最早是为网络管理员配备的工具。有了网络嗅探器,网络管理员可以随时掌握网络的实际情况,查找网络漏洞和检测网络性能。当网络性能急剧下降的时候,可以通过网络嗅探器分析网络流量,找出网络阻塞的来源。网络嗅探器也是很多程序开发人员在编写网络程序时抓包测试的工具。因为网络程序都是以数据包的形式在网络中传输的,所以难免有协议头定义不正确的。

2. 网络嗅探器可能造成的危害有哪些?

答:网络嗅探器能够捕获口令以及专用的或者机密的信息,可以用来危害网络邻居的安全,或者用来获取更高级别的访问权限,分析网络结构,进行网络渗透。

A.5 第 7 章思考题答案

1. 交换式以太网中的嗅探方式有哪些？

答：交换式以太网中的嗅探方式有以下几种。

- 端口镜像。
- 集线器输出。
- 网络分流器。
- ARP 欺骗。
- MAC 地址泛洪攻击。

2. ARP 嗅探与 ARP 欺骗有什么区别？

答：ARP 嗅探与 ARP 欺骗有以下区别。

(1) ARP 嗅探一般存在于共享网络中。在共享网络中一般使用集线器作为接入层。对于经过集线器的数据报文，集线器一律以广播处理。在同一网段中的计算机只要将网卡设置成混杂模式，即可对报文进行 ARP 嗅探。

(2) ARP 嗅探在交换网络中不适用。因为交换机是通过 MAC 地址端口映射表来转发数据报文的，所以，在交换网络中，如果只将网卡设置成混杂模式，而不进行 ARP 欺骗，其结果只能接收到网络中的广播包。

(3) 在共享网络中使用 ARP 欺骗是多此一举。ARP 欺骗会影响网络流量，对网络造成很大的影响；另外，ARP 欺骗会产生大量的 ARP 报文，很容易被发现。而 ARP 嗅探对整个网络几乎没有影响，因为 ARP 嗅探只进行监听，而不会产生多余的数据报文。

A.6 第 8 章思考题答案

1. DoS 和 DDoS 有什么区别？

答：DoS 是拒绝服务攻击，DDoS 是分布式拒绝服务攻击，两者都是攻击目标服务器和网络服务的方式。DoS 是利用自己的计算机攻击目标服务器，是一对一的关系；而 DDoS 是在 DoS 的基础上产生的一种新的攻击方式，它利用自己控制的成百上千台傀儡机组成一个 DDoS 攻击群，在同一时刻对目标服务器发起攻击。

从理论上来说，无论目标服务器的资源有多少，即带宽大小、内存容量、CPU 速度是多少，都无法避免 DoS 与 DDoS 攻击。任何资源都有极限值，例如，一台服务器每秒可以处理 1000 个数据包，而通过 DoS 攻击向这台服务器发送 1001 个数据包，这台服务器就无法正常运行。

从技术上来说，DoS 和 DDoS 都攻击目标服务器的带宽和连通性，使得目标服务器的带宽资源耗尽，无法正常运行。

2. yersinia 工具的攻击实例有哪些？

答：yersinia 工具的攻击实例包括 VLAN 跳跃、STP 攻击、ARP 欺骗和 DHCP 攻击。

A.7 第9章思考题答案

1. 为什么物理主机可以 ping 通攻击系统和靶机，攻击系统可以 ping 通靶机，但是靶机却不能 ping 通物理主机和攻击系统？

答：由于物理主机和攻击系统有防火墙，因此靶机不能 ping 通物理主机和攻击系统。

2. 简述攻击系统对靶机的攻击流程。

答：首先利用 telnet 命令远程连接靶机，登录到靶机系统。然后利用 nmap 命令检测靶机，利用 use exploit/unix/ftp/vsftpd_234_backdoor 命令选择靶机漏洞。最后设置端口，利用 exploit 命令开始攻击。

A.8 第10章思考题答案

1. 如何利用 DNS 进行 DDoS 攻击？

正常的 DNS 服务器递归询问过程可能被攻击者用来发动 DDoS 攻击。假设攻击者已知被攻击主机的 IP 地址，攻击者使用该 IP 地址作为发送解析命令的源地址。这样，当使用域名服务器进行递归查询后，域名服务器响应发送给最初的用户，而这个用户正是被攻击者。如果攻击者控制了足够多的傀儡机，反复进行上述操作，那么被攻击者就会受到来自域名服务器的响应信息 DDoS 攻击。

2. 说明 DNS 缓存感染的含义。

攻击者使用域名解析请求将数据放入一个存在漏洞的 DNS 服务器的缓存中。这些缓存信息会在用户查询域名时返回给用户，从而把用户对正常域名的访问引导到攻击者所设置的挂马、钓鱼网页上，或者通过伪造的邮件和其他服务获取用户口令信息，使用遭受进一步的侵害。

参考文献

[1] Allen H,Shon H. 正义黑客的道德规范、渗透测试、攻击方法和漏洞分析技术[M]. 北京：清华大学出版社,2012.

[2] 黄晓芳. 网络安全技术原理与实践[M]. 西安：西安电子科技大学出版社,2018.

[3] 赵华伟,刘理争. 网络与信息安全实验教程[M]. 北京：清华大学出版社,2012.

[4] 刘建伟,毛剑,胡荣磊. 网络安全概论[M]. 北京：电子工业出版社,2009.

[5] 王倍昌. 走进计算机病毒[M]. 北京：人民邮电出版社,2010.

[6] 何大可,彭代渊,唐小虎. 现代密码学[M]. 北京：人民邮电出版社,2009.

[7] 克里斯·桑德斯. Wireshark 数据包分析实战[M]. 诸葛建伟,陆宇翔,曾皓辰,译. 北京：人民邮电出版社,2018.

[8] 王秋红. 密码学基本原理综述[J]. 科技资讯,2011(33)：52-62.

[9] 郑东,赵庆兰,张应辉. 密码学综述[J]. 西安邮电大学学报,2013,18(6)：1-10.

[10] 谢林光. AES 算法的分析与研究[J]. 中国科技信息,2007(20)：95-97.

[11] 刘光金. 网络嗅探技术在计算机信息安全中的应用分析[J]. 电脑与电信,2014(12)：52-53.

[12] 宁小红. 基于混杂模式下网络嗅探器的实现[J]. 福建电脑,2013,29(11)：143-144.

[13] 王率. 网络欺骗和嗅探技术研究[J]. 网络安全技术与应用,2013(9)：88-89.

[14] 蔡林. 网络嗅探技术在信息安全中的应用[J]. 计算机时代,2008(6)：16-18.

[15] 刘建亮. 计算机网络安全漏洞分析研究[J]. 中国新技术新产品,2019(15)：31-32.

[16] 叶子维,郭渊博,李涛,等. 一种基于知识图谱的扩展攻击图生成方法[J]. 计算机科学,2019,46(12)：165-173.

[17] 冯建强,李铮. 浅谈计算机漏洞及其防范[J]. 科学咨询(科技·管理),2012(3)：87-88.

[18] 陆英. 安全漏洞及 DDoS 攻击的应对措施[J]. 计算机与网络,2019,45(18)：53-54.

[19] 魏远,张平. 典型的 DNS 威胁与防御技术研究[J]. 网络安全技术与应用,2017(11)：31-33,35.

[20] 胡小梅,刘嘉勇. 基于 DNS 劫持的流量监测系统设计与实现[J]. 网络安全技术与应用,2016(1)：110-112.

[21] 翟钰,武舒凡,胡建武. 防火墙包过滤技术发展研究[J]. 计算机应用研究,2004(9)：144-146.

[22] 宿洁,袁军鹏. 防火墙技术及其进展[J]. 计算机工程与应用,2004(9)：147-149,160.

[23] 高峰,许南山. 防火墙包过滤规则问题的研究[J]. 计算机应用,2003(S1)：311-312.

[24] 郝玉洁,常征. 网络安全与防火墙技术[J]. 电子科技大学学报：社会科学版,2002(1)：5-7.

[25] 黄菊. 包过滤防火墙和代理防火墙的比较[J]. 郑州航空工业管理学院学报,2003(4)：118-120.

[26] 古权,胡家宝. 自适应代理防火墙的分析和研究[J]. 现代计算机：专业版,2001(12)：37-40.

[27] 时向泉,沈雁,谢琳. HTTP 代理防火墙工具的原理与实现[J]. 计算机工程与科学,1999(5)：9-12.

[28] 陈崑. 分布式防火墙在数字化校园信息安全中的应用[D]. 成都：电子科技大学,2015.

[29] 董小燕. 基于 Kali Linux 的网络安全课程教学设计[J]. 软件导刊,2018,17(9)：222-226.

[30] 刘倩. 基于 Kali Linux 的网络安全技术探讨与研究[D]. 长春：吉林大学,2016.

[31] 雷惊鹏,沙有闯. 利用 Kali Linux 开展渗透测试[J]. 长春大学学报,2015,25(6)：49-52.

[32] 徐光. 基于 Kali Linux 的 Web 渗透测试研究[J]. 信息安全与技术,2015,6(3)：56-58.

[33] 徐阳东. Kail Linux 在网络安全教学中的应用探究[J]. 电脑知识与技术,2017,13(17)：117-118,142.

[34] 白雪,刘学,邱春玲. UDP内网穿透技术在网络实验室系统中的应用[J]. 科技通报,2013,29(9):77-80.
[35] 孙君文,郑正奇. 用UPNP技术实现NAT内网穿透[J]. 电子技术,2009,46(1):74-75.
[36] 徐勤军. 穿透NAT原理浅析[J]. 闽南师范大学学报(自然科学版),2008,21(3):51-55.
[37] 陈永东. 基于多类型NAT的TCP穿透技术研究[D]. 成都:四川师范大学,2016.

图书资源支持

感谢您一直以来对清华版图书的支持和爱护。为了配合本书的使用，本书提供配套的资源，有需求的读者请扫描下方的“书圈”微信公众号二维码，在图书专区下载，也可以拨打电话或发送电子邮件咨询。

如果您在使用本书的过程中遇到了什么问题，或者有相关图书出版计划，也请您发邮件告诉我们，以便我们更好地为您服务。

我们的联系方式：

地　　址：北京市海淀区双清路学研大厦 A 座 714

邮　　编：100084

电　　话：010-83470236　010-83470237

客服邮箱：2301891038@qq.com

QQ：2301891038（请写明您的单位和姓名）

资源下载：关注公众号“书圈”下载配套资源。

资源下载、样书申请

书圈

获取最新书目

观看课程直播